Edwin Pahlich

Prinzipien
der Geschwindigkeitskontrolle
von Stoffwechselabläufen

Edwin Pahlich

Prinzipien der Geschwindigkeitskontrolle von Stoffwechselabläufen

Orientierungshilfe für die praktische Arbeit

Mit 34 Abbildungen

Springer Fachmedien Wiesbaden GmbH

CIP-Kurztitelaufnahme der Deutschen Bibliothek

Pahlich, Edwin:
Prinzipien der Geschwindigkeitskontrolle von
Stoffwechselabläufen: Orientierungshilfe für d.
prakt. Arbeit / Edwin Pahlich. — Braunschweig;
Wiesbaden: Vieweg, 1984.

ISBN 978-3-528-06852-3   ISBN 978-3-663-13978-2 (eBook)
DOI 10.1007/978-3-663-13978-2

1984

Umschlaggestaltung: Peter Neitzke, Köln
Satz: Vieweg, Braunschweig

„Nutzen kann man nur, was man durchschaut"

aus G. Mann, „Wallenstein"

Vorwort

Die langjährige Beschäftigung mit Fragen der Stoffwechselregulation und Enzymkinetik im Rahmen der Ausbildung von Studenten der Biologie und verwandter Gebiete gab den Anstoß für die Abfassung des Buches „Prinzipien der Geschwindigkeitskontrolle von Stoffwechselabläufen". Der genannte Hörerkreis bringt zunächst ein großes Interesse für Themen mit „modernen biochemisch-physiologischen" Fragestellungen auf. Dieses Interesse erlischt bei vielen Kandidaten aber dann sehr schnell, wenn qualitative Aussagen durch quantitative Formulierungen präzisiert werden sollen. Gerade das ist aber gefordert, wenn zellphysiologische Abläufe und ihre Veränderungen im Gefolge experimenteller Eingriffe möglichst exakt und zweifelsfrei beschrieben werden sollen. Denn die zellphysiologischen Abläufe — dazu gehören Einzelreaktionen, Reaktionssequenzen und Transportvorgänge — haben ein typisches Zeitverhalten. Sie sind entweder stabil (stabile steady state Struktur, Homöostasie) oder veränderlich (Übergangsphasen). Beides läßt sich durch die Ermittlung der sogenannten Systemparameter erfassen und in Verbindung mit bestimmten Variablen auch quantitativ ausdrücken. Systemparameter sind die Geschwindigkeits- und Transportkonstanten, aber auch Gleichgewichts-, Michaelis- und Inhibitorkonstanten. Die Auslenkungen der Reaktandenkonzentrationen aus den jeweiligen Gleichgewichtslagen (Massenwirkungsquotienten) stellen eine wichtige Gruppe der variablen Größen dar. Die Verknüpfung von beiden in geeigneten kinetischen und thermodynamischen Gesetzen liefert Gleichungssysteme, mit denen prinzipiell eine zweifelsfreie Beschreibung von Stoffwechselsituationen möglich ist. Die Ermittlung von Systemparametern und die sachkundige Handhabung der dazugehörigen Gesetzmäßigkeiten bietet eine Möglichkeit, die Diskussion über das dynamische System Zelle zu versachlichen, auch und gerade weil die quantitative Betrachtung limitierende Randbedingungen besser sichtbar werden läßt, auf die sich Aussagen gründen.

Um quantitativ zu arbeiten, müssen viele Experimentatoren erst die eingangs erwähnte Hürde der „Quantifizierung von Aussagen" überwinden. Denn die Ermittlung von Maßzahlen im weitesten Sinne ist noch nicht identisch mit quantitativer Arbeit. Quantitative Auswertung von Versuchsansätzen liefert die Parameter und Variablen, die in gesetzmäßiger Verknüpfung (durch Einsetzen in geeignete Funktionen) die quantitative Aussage darstellen. So betrachtet führt eine mehr qualitativ und deskriptiv geführte Diskussion von Phänomenen auch des Stoffwechsels, nicht sehr viel weiter. Was bedeutet es schon, wenn eine Reaktion gegenüber einer Kontrolle „schneller" verläuft oder für den Organismus „wirtschaftlicher" ist, „normale" Reservoirkonzentrationen nach Behandlungen auf „unökonomische" Beträge abfallen oder ansteigen, feingefügte Gleichgewichte „gestört" werden etc. Hier schaffen nur quantitativ benennbare Bewertungskriterien klare Aussagen. Aber schon die Ermunterung, durch kleine mathematische Operationen vorgegebene quantitative Abhängigkeiten (Formeln) umzuschreiben, um sie einer Betrachtung zugänglicher zu machen, erweckt Einspruch (wir studieren doch nicht Mathematik!). Die Einbeziehung physikochemischer Aspekte gar, etwa die Ermittlung des Potentialgefälles aus einer vorgegebenen Redoxsituation oder die Berechnung des Massenwirkungsquotienten aus bekannten steady-state-Konzentrationen von Metaboliten, stößt geradezu auf Ablehnung.

Dieses Verhalten ist umso erstaunlicher, als der größte Teil des benannten Interessentenkreises Diplom- und Staatsexamensarbeiten anfertigt, die darauf abzielen, den Einfluß einer Behandlung X auf das biologische System Y zu ergründen. Dieses Vorgehen setzt aber voraus, daß Bewertungskriterien quantifiziert werden. Als Frage formuliert: Welches Paket von Meßwerten berechtigt eigentlich zu welchen Schlußfolgerungen? Ist eine gemessene Pool-Verschiebung von irgendwelchen Bausteinen der Zelle (Aminosäuren z. B.) bereits ein hinreichendes Argument, um auf eine „Umorientierung des Stoffwechsels" rückzuschließen? Sagt die Aktivitätsveränderung eines Enzyms schon aus, daß die Flußrate einer Sequenz geändert worden ist? Beweist die Hemmung einzelner Enzyme durch Schwermetalle oder Luftverunreinigungen, daß ein Stoffwechsel unwiederbringlich geschädigt ist etc.?

Mit den aufgeworfenen Fragen kommen wir zum Anliegen dieses Buches. Es soll Orientierungsrahmen und Starthilfe sein für einen Leserkreis, der untersuchen will, welche Auswirkungen eine Behandlung X auf das biologische System Y hat. Die Abhandlung soll aufzeigen, daß die Erkennung und Beurteilung von Veränderungen (z. B. im Bereich des Stoffwechselgeschehens) nur möglich ist, wenn bestimmte Kombinationen von experimentellen Daten vorliegen. Diese Erkenntnis resultiert aus der „Theorie dynamischer Prozesse". Es wird versucht, mit einem Minimum an theoretischem Aufwand darzulegen, daß außerbiologische Fachgebiete wie die Physik, Chemie, auch die Mathematik, unabdingbare Voraussetzungen liefern, um mit biologischen Problemen fertig zu werden. Die Aufdeckung der Zusammenhänge von der „biologischen Seite" her sollte hilfreich sein, auch Fachbücher der „Randgebiete" wieder heranzuziehen und deren Rüstzeug verstärkt zu nutzen.

Der vorgegebene Text soll primär ein Orientierungsrahmen sein. Das heißt, daß viele Probleme bei der Quantifizierung biologischer Phänomene prinzipiell angesprochen werden, die Weiterführung und Vertiefung aber dem Leser überlassen bleibt. Wenn es mit dem Buch gelingen sollte, die grundsätzliche Bedeutung von Energieprofilen herauszuarbeiten, so ist der Leser aufgerufen, in Fortführung der einfachen Beispiele Gleichungen höheren Grades zu lösen, um z. B. Auslenkungen aus Fließgleichgewichten quantitativ darzustellen. Oder wenn prinzipiell die Bedeutung von ΔH-Werten für die Beurteilung von Temperatureffekten klar geworden sein sollte, so ist es dem Experimentator überlassen, tiefer in die Materie des zweiten Hauptsatzes einzudringen, um anliegende biologische Fragestellungen zu lösen. Auch die Ausarbeitung von Enzymmechanismen, deren Kenntnis gefordert ist, wenn mit Hilfe der Haldane-Beziehung beispielsweise die Funktion von Isoenzymen erklärt werden soll, überschreitet den Rahmen dieses Buches und verlangt die Eigeninitiative. Dies gilt erst recht, wenn z. B. Enzyme mit Hystereseeigenschaften Gegenstand von Untersuchungen sind.

Die Beispiele mögen genügen, um nochmals das Ziel der Themenzusammenstellung des Buches aufzudecken. Es geht darum aufzuzeigen, was alles bedacht und berücksichtigt werden muß, wenn das Ziel von Untersuchungen die Analyse dynamischer Abläufe ist. Enzymreaktionen und einfache Stoffwechselsequenzen sind in diesem Kontext insofern gute Modellsysteme, als sie gut untersucht und noch überschaubar sind. Außerdem vermitteln diese Modellsysteme Einblicke, die direkt auf Stoffwechseluntersuchungen abzielen. Damit knüpfen sie die Verbindung zu einem Sachgebiet, das Gegenstand weitverbreiteten Forschungsinteresses ist. Das Buch sollte für Studenten der Biologie und verwandter Gebiete ebenso nutzbringend sein wie für Experimentatoren und Betreuer von Laborarbeiten, die Systeme mit dynamischen Eigenschaften untersuchen.

Für viele wertvolle Diskussionsbeiträge während der Anfertigung des Manuskriptes möchte ich mich bei allen Mitarbeitern und Kollegen bedanken. Besonderer Dank gilt Herrn Kollegen F. Jauker und Herrn Dr. R. Kindt, die das Manuskript sehr kritisch durchgelesen und wesentliche Verbesserungsvorschläge gemacht haben. Ein ganz besonderer Dank gebührt meiner Frau, die ihre ohnehin knapp bemessene freie Zeit geopfert hat, um mir die umfangreichen Schreibarbeiten abzunehmen.

Giessen, Herbst 1983   Edwin Pahlich

Inhaltsverzeichnis

Glossar

$[A]$	Konzentration eines Reaktanden in Mol 1^{-1}
A	Reaktand oder Metabolit A
k	Geschwindigkeitskonstante
k_1, k_{-1}	Geschwindigkeitskonstanten der Vor- bzw. Rückreaktion
s	Einheit der Zeit in Sekunden
$[A]_0$	Konzentration eines Reaktanden/Metaboliten zum Zeitpunkt null
$[A]_t$	Konzentration eines Reaktanden/Metaboliten zum Zeitpunkt t
$[A]_\infty$ $[A]_{eq}$	Konzentration eines Reaktanden/Metaboliten im Gleichgewicht $[A]_{eq}$ bzw. nach der Reaktionszeit $t \to \infty$
v	Reaktionsgeschwindigkeit
S	Substrat einer enzymkatalysierten Reaktion
n	Ordnung einer Reaktion
P	Produkt einer enzymkatalysierten Reaktion
τ	Relaxations- oder charakteristische Zeit
ϵ	Extinktionskoeffizient in cm^2 Mol^{-1}
$t_{1/2}$	Halbwertzeit
E	Enzym
ΔS	Auslenkung von S aus dem (Fließ)-Gleichgewicht $\Delta S = [S]_t - \dfrac{P_{eq}}{K_{eq}}$
K_{eq}	Thermodynamische Gleichgewichtskonstante (berücksichtigt Aktivitätskoeffizienten) $K_{eq} = \dfrac{[P]_{eq}}{[S]_{eq}}$
S_{eq}	Gleichgewichtskonzentration von S
K	Kelvin
P_{eq}	Gleichgewichtskonzentration von P
K_C	konzentrationsbedingte Gleichgewichtskonstante (berücksichtigt nicht die Aktivitätskoeffizienten)
K_H	pH-abhängige Gleichgewichtskonstante $K_H = \dfrac{K_{eq}}{[H^+]}$, bzw. $K_H = K_{eq} \cdot [H^+]$
ΔG^0	freie Enthalpie unter Standardbedingungen $\Delta G^0 = \Delta H^0 - T \, \Delta S^0$
$\Delta G^{0\,\prime}$	freie Enthalpie unter Standardbedingungen bei pH 7,0
$\Delta G_{aktuell}$	freie Enthalpie für aktuelle Reaktionssituationen $\Delta G_{aktuell} = RT \ln \dfrac{\Gamma}{K_{eq}}$

ΔH^0 Enthalpie

T absolute Temperatur in Kelvin

ΔS^0 Entropie

kcal   Kilokalorie = 4,187 kJ (Kilojoule)

R allgemeine Gaskonstante ($1{,}987$ cal Mol^{-1} · Grad^{-1} oder $8{,}314$ J Mol^{-1} · Grad^{-1})

Γ Massenwirkungsquotient $\Gamma = \dfrac{[P]_t}{[S]_t}$

n^* Anzahl der Elektronen, die bei Redoxvorgängen übertragen werden

F Faraday-Konstante ($23{,}06$ kcal Volt^{-1} Mol^{-1} ; $96{,}56$ kJ Volt^{-1} Mol^{-1})

E^0 Redoxpotential (Volt)

$\left.\begin{array}{l}[S]_{ss} \\ [P]_{ss}\end{array}\right\}$ steady-state-Konzentrationen von S und P

K_s Dissoziationskonstante des ES-Komplexes $K_s = \dfrac{k_{-1}}{k_1}$

K_{ss} steady-state Konstante des ES-Komplexes $K_{ss} = \dfrac{k_{-1} + k_2}{k_1}$

K_B Bindungskonstante der ES-Bildung $K_B = \dfrac{k_1}{k_{-1}}$

K_M Michaelis-Konstante, kann K_s oder K_{ss} sein, aber auch zusätzliche Bedeutungen haben

K_M^S Michaelis-Konstante des Substrates

V_{max} Reaktionsgeschwindigkeit eines Enzyms bei Substratsättigung $V_{max} = k_2 \cdot E_t$

K_M^P Michaelis-Konstante des Produktes

$S_{0,9}$ Substratkonzentration bei 90 %iger Sättigung des aktiven Zentrums eines Enzyms

$V_{max}^S \triangleq V_{max}^{vor}$ Reaktionsgeschwindigkeit eines Enzyms unter Sättigungsbedingungen in der Vorreaktion

$V_{max}^P \triangleq V_{max}^{rück}$ Reaktionsgeschwindigkeit eines Enzyms unter Sättigungsbedingungen in der Rückreaktion

$S_{0,1}$ Substratkonzentration bei 10 %iger Sättigung des aktiven Zentrums eines Enzyms

$\overline{Y}$ fraktionelle Sättigung $\overline{Y} = \dfrac{v}{V_{max}}$

α „reduzierte Ligandenkonzentration" $\alpha = \dfrac{[S]}{K_M}$

R_S Kooperativitätsindex $R_S = \dfrac{\alpha_{0,9}}{\alpha_{0,1}}$

n_H Hill-Koeffizient

I Inhibitormolekül

K_i Inhibitorkonstante

K^* komplexe Konstante unterschiedlicher Bedeutung (siehe jeweilige Textstelle)

τ_{ss} Relaxationszeit von steady-state-Vorgängen (z.B. Enzymkatalyse)

L allosterische Konstante $L = \dfrac{T}{R}$

T wenig aktive T-Form eines allosterischen Enzyms

R hochaktive R-Form eines allosterischen Enzyms

n Anzahl der Bindungszentren (aktiven Zentren) bei allosterischen Enzymen

c Quotient der Affinitätskonstanten der aktivierten gegenüber der nicht

aktivierten Enzymform $c = \dfrac{K_s^R}{K_s^T}$

1 Einleitung

1.0 Stoffwechsel und quantitative Biologie

Weite Bereiche der biologischen Wissenschaften haben sich in den verflossenen Jahrzehnten dahingehend entwickelt, daß die qualitative Behandlung biologischer Phänomene einer quantitativen Beschreibung gewichen ist. Diese Beobachtung gilt ganz besonders für den Bereich des Stoffwechsels von Zellen. Deshalb wird der Zellstoffwechsel in der vorliegenden Abhandlung gleichsam als Modellsystem vorgestellt, an dem prinzipielle Erkenntnisse darüber gewonnen werden können, was mit quantitativer Beschreibung biologischer Systeme gemeint ist, nach welchen Regeln sie vollzogen wird und welchen Nutzeffekt sie hervorbringt.

Ein Ziel der quantitativen Behandlung von Vorgängen im Zellstoffwechsel ist die Suche nach Gesetzmäßigkeiten, die eine vollständige und zweifelsfreie Beschreibung von Veränderungen über die Zeit ermöglichen. Solche Veränderungen betreffen vornehmlich die Konzentrationen von Ionen, Metaboliten, Bausteinen, Coenzymen, Makromolekülen etc., aber auch Biosynthese- und Abbauraten von Zellorganellen, Membranen und anderen Zellstrukturen. Das Ziel einer quantitativen Beschreibung ist es letztlich, die wachsende und sich differenzierende Zelle so umfassend zu charakterisieren, daß eine möglichst weitgehende Vorhersage über ihr zu erwartendes Reaktionsverhalten in bestimmten Situationen erreicht wird.

Gemessen an dem derzeitigen Stand der theoretischen Möglichkeiten liegt dieses Ziel noch in weiter Ferne. Gerade deshalb ist und sollte es für experimentell arbeitende Biologen ein besonderer Anreiz sein, sich mit Problemen der quantitativen Biologie zu befassen.

Um das anvisierte Ziel zu erreichen, sind prinzipiell zwei Probleme zu lösen. Es gilt zunächst einmal die thermodynamische Struktur (Kap. 4) von Reaktionen und Reaktionssequenzen aufzuklären. Die thermodynamische Struktur wird durch das Energieprofil beschrieben, dessen Meßgröße die Gibbssche freie Energie ΔG ist. Das Energieprofil deckt Potentialdifferenzen innerhalb von Reaktionsgefügen auf und gibt somit Auskunft über die Höhe und Richtung eines Energiegefälles. Mit der Kenntnis der Potentialdifferenzen von Reaktionssystemen lassen sich Aussagen darüber machen, in welche Richtung ein Reaktionsablauf unter gegebenen Reaktionsbedingungen erfolgen wird. Die thermodynamische Struktur gibt also Auskunft über die Kräfteverteilung innerhalb veränderlicher Systeme und die Wege der möglichen Auflösung ungleich verteilter Kräftemuster.

Die zweite wichtige Komponente für die quantitative Beschreibung von Reaktionen ist die Erfassung des kinetischen Ablaufs. Der kinetische Ablauf einer Reaktion sagt etwas aus über die Geschwindigkeit von Konzentrationsveränderungen. Die quantitative Beschreibung von Konzentrationsveränderungen gelingt mit den sogenannten Zeitgesetzen (Kap. 2).

Sind also thermodynamische Struktur und Zeitgesetz für ein Reaktionssystem bekannt, ist damit auch dessen quantitative Beschreibung prinzipiell vollzogen. Folgende verallgemeinernde Formulierung der quantitativen Beschreibung biologischer Abläufe läßt sich treffen:

Die quantitative Beschreibung veränderlicher Systeme klärt die gegenseitige Abhängigkeit zwischen Kräften (thermodynamische Struktur) und Flüssen (Zeitgesetze) auf. In den zugrunde liegenden Gesetzen sind die Flüsse in der Regel als Funktionen der Kräfte dargestellt.

1.1 Dynamik des Stoffwechsels

Beginnen wir zunächst mit der Betrachtung der Flüsse im Stoffwechsel, deren Gesamtheit die *Dynamik des Stoffwechsels* ausmacht. Welche Phänomene verbergen sich konkret hinter dieser Bezeichnung?

Unter dem dynamischen Verhalten funktionierender Zellsysteme versteht man ganz allgemein ihre Fähigkeit, ganze Bereiche der gesamten Stoffwechselmaschinerie nach Bedarf anlaufen zu lassen und wieder abzustellen, Spezialisierungen hinsichtlich Synthese- oder Abbauleistungen vorzunehmen, auf Vorrat zu wirtschaften oder scheinbar Überflüssiges (Sekundärstoffe bei Pflanzen) zu produzieren. All diese Fähigkeiten müssen als Beleg dafür gelten, daß die Abläufe in der Zelle keinem starren Reaktionsschema folgen, sondern sich flexibel den jeweiligen Erfordernissen anpassen. Diese Fähigkeit der Anpassung erweckt unter Umständen sogar den Eindruck eines finalen, zweckgebundenen Verhaltens des Stoffwechsels. Als „zweckgebundene Reaktion" könnte z.B. die Anlage von Reservestoffen bei günstiger Ernährungslage genannt werden, ebenso die Synthese von widerstandsfähigem Wandmaterial bei der Enzystierung von Bakterien- und Algenzellen oder die Anhäufung von Prolin (als osmotisch wirksame Substanz?) in salz- und trockenbelasteten Pflanzenzellen. Die Aufzählung könnte beliebig fortgesetzt werden. Worauf es hier ankommt, ist die Feststellung, daß diese scheinbar finalen Abläufe nichts anderes als die Folge extern ausgelöster Zwangsläufigkeiten der Stoffwechselumorientierung sind. Die Aufklärung dieser Zwangsläufigkeiten, d.h. die Benennung der Natur der auslösenden Triebkräfte, die Beschreibung der Wechselwirkungen, kurz, die Aufdeckung der faktoriellen Wechselwirkungen der zugrunde liegenden zeitabhängigen Veränderungen im Stoffwechselgeschehen sind das Ziel der Bemühungen um die Dynamik des Stoffwechsels.

1.2 Zellstoffwechsel als Fließsystem

Es wird heute allgemein akzeptiert, daß die von der Physik und der Chemie her bekannten Gesetze der Thermodynamik und Dynamik auch im Bereich des Lebendigen Gültigkeit besitzen (Klotz 1971, Lehninger 1974, v. Bertalanffy et al. (1977)). Dies ist leicht einzusehen, wenn man sich vergegenwärtigt, daß eine wesentliche Funktion des Stoffwechsels die Energieumwandlung ist. Energieumwandlungen aber werden mit den Gesetzen der Thermodynamik beschrieben.

Den Energieumwandlungen liegen aber chemische Reaktionen zugrunde. Damit wird klar, daß auch die von der Chemie her bekannten Zeitgesetze für die Beschreibung von Reaktionsabläufen unter zellphysiologischen Bedingungen gültig sind.

Dennoch ist auf eine Besonderheit hinzuweisen, durch die sich typische biologische Reaktionssysteme auszeichnen. Biologische Reaktionssysteme sind offene Systeme, die in der Regel Gleichgewichte nicht erreichen, also Situationen vermeiden, bei denen Flüsse und Antriebskräfte (Umsatzraten und ΔG-Werte) gleich Null sind. Stattdessen sind biologische Systeme so strukturiert, daß Ungleichgewichte aufrechterhalten werden. Ungleichgewichte gehören aber verschiedenen Kategorien an und sind aus thermodynamischer und dynamischer Sicht unterschiedlich zu behandeln.

Prigogine und Stengers (1980) haben in ihrer gut verständlichen, in die Problematik einführenden Abhandlung detailliert dargestellt, worin sich Ungleichgewichtsreaktionen unterscheiden. Im Zusammenhang mit der hier versuchten Darlegung der Schwerpunkte soll nur erwähnt werden, daß Flüsse als Folge von Ungleichgewichten lineare oder nichtlineare Funktionen der Antriebskräfte sein können. Welche dieser beiden Möglichkeiten im Einzelfall aktuell ist, hängt davon ab, wie weit das betrachtete System vom Gleichgewicht entfernt ist. Sind Reaktionssysteme weit entfernt vom Gleichgewicht (nichtlineare Funktionen), können sie sogenannte „dissipative Strukturen" ausbilden und oszillieren. Diese Vorgänge sind unter anderem von höchstem Interesse für das Verständnis der Strukturausbildung und Stabilität im biologischen System und können für die Entstehung von Polaritäten verantwortlich sein. Ihre Betrachtung ist in dem vorliegenden Text weitgehend ausgeklammert, da die zugehörige Theorie erhebliche mathematische Kenntnisse voraussetzt (z.B. Prigogine 1961, De Groot 1952).

Die in diesem Buch aufgezeigten Zusammenhänge sollten aber helfen, sich eine Basis zu erarbeiten, um die „Thermodynamik irreversibler Prozesse" und damit auch die „dissipativen Strukturen" verstehen zu lernen.

In diesem Buch ist der Behandlung der zweiten Kategorie von Ungleichgewichten besonderes Interesse gewidmet. Es handelt sich um die Systeme, bei denen die Flußraten lineare Funktionen der Antriebskräfte sind. Sie gehören dem Bereich der linearen Thermodynamik an und sind durch ein stabiles, vorhersagbares Verhalten charakterisiert.

Was sind das nun für lineare Funktionen, die die Flußraten und Antriebskräfte miteinander verknüpfen? Durch welche Parameter sind sie festgelegt? Wie ermittelt man die Funktionen für vorgegebene Reaktionsbedingungen, und welchen Nutzen kann man aus ihrer Kenntnis ziehen?

Dieser Katalog von Fragen wird in den folgenden Kapiteln sukzessive beantwortet werden. Zunächst aber soll ein bekanntes offenes Reaktionssystem aus dem Bereich der Pflanzenphysiologie vorgestellt werden, um vor allem nomenklatorische und verfahrenstechnische Dinge zu klären.

1.3 Die Nitratreduktion: ein Beispiel

Pflanzen sind auch stickstoffautotroph, sie sind also in der Lage, Nitrat des Bodens aufzunehmen, zu reduzieren und dem organischen Stoffwechsel zuzuführen. Sehr vereinfacht dargestellt geschieht dabei folgendes (Schema 1):

Schema 1: Erläuterungen siehe Text

Boden	Zellmembran	Cytoplasma	Plastid

$$NO_3^- \longrightarrow \Big| \longrightarrow NO_3^- \rightleftharpoons NO_2^- \longrightarrow \Big| \longrightarrow NO_2^- \rightarrow NH_4^+$$

Nitrat wird über die Wurzel aufgenommen und gelangt (ungeachtet dazwischen liegender Gefäßtransporte) über Plasmamembranen (Plasmalemma) in die Zelle. In dem Grundplasma der Zelle wird NO_3^- zu NO_2^- reduziert. Das Nitrit wird über die Membranen der Chloroplasten in deren Matrix geschleust, wo es zu NH_4^+ umgesetzt wird. Dieser und die folgenden Schritte sind für unsere Betrachtung bereits nicht mehr berücksichtigt, da sie den Gedankengang unnötig komplizieren würden. Dagegen ist bedacht, daß die Transportprozesse prinzipiell auch als Rückreaktionen ablaufen können.

Das angeführte Reaktionssystem besteht aus mehreren Komponenten und ist typisch für ein offenes Reaktionssystem oder Fließsystem. Systeme sind als reaktionsfähige Strukturen definiert, die aus Elementen oder Komponenten bestehen, welche in einem Raum-Zeitgefüge miteinander in Wechselwirkung stehen. Die Charakterisierung von Systemen erfolgt durch eine Reihe von Kenngrößen oder *Systemparametern* (siehe unten).

Wie dem Schema 2 zu entnehmen ist, besteht das hier aufgeführte Reaktionssystem aus mehreren Komponenten.

Schema 2: Erläuterungen siehe Text

$$[X] \xrightarrow{\text{Zufluß}} [A] \underset{}{\overset{\substack{\text{reversible} \\ \text{Reaktion}}}{\rightleftharpoons}} [B] \xrightarrow{\text{Abfluß}} [Y]$$

[X] und [Y] sind die Konzentrationen von A und B in einem Reservoir (*pool*) bzw. einem Verbraucherort oder Bassin (*sink*). [A] und [B] sind die Konzentrationen von A und B am Ort des metabolischen Redoxgeschehens. Ihre Konzentrationen werden oft als „Pool-Größen" bezeichnet. Die Pfeile symbolisieren die Stoff-Flüsse. X → A und B → Y stellen Ungleichgewichtsreaktionen dar.

Die thermodynamische Struktur dieser Sequenz sei so beschaffen, daß ein Energiegefälle in Richtung Y vorherrsche. Damit wären die Voraussetzungen für einen Reaktionsfluß von X nach Y gegeben. Das reversible Reaktionssystem A ⇌ B strebt unter den gegebenen Reaktionsbedingungen einem Konzentrationsverhältnis zu, das dem Gleichgewicht dieser Reaktion entspricht. Da für das Reaktionssystem aber angenommen wird, daß A stetig aus dem Reservoir nachgeliefert wird, B dagegen ständig in das Bassin abfließt, sind je nach Größe der durch die Pfeile symbolisierten Einzelflüsse beliebige Konzentrationsverhältnisse von A und B möglich. Sind die Geschwindigkeiten der hintereinandergeschalteten Abläufe (die Flüsse) so aufeinander abgestimmt, daß über die Zeit das Verhältnis A : B konstant bleibt, befindet sich das System im Fließgleichgewicht, dem *steady state*. Obwohl in diesem Zustand dauernd Umsatz erfolgt, ist das Reaktionssystem nach außen hin unverändert; das Fließgleichgewicht befindet sich in einer *stationären Phase*. Wird nun eine der Reaktionsgeschwindigkeiten geändert, etwa durch Veränderungen der Membrandurchlässigkeit, so ist das stabile stationäre Gefüge gestört. Das System reagiert auf die Störung, indem es sich neu „arrangiert", eine *dynamische Phase* durchläuft. In deren Gefolge verändern sich die „Pool"-Größen von A und B, somit auch deren Konzentrationsverhältnis zueinander. Auf diesem Wege ist es möglich, daß sich ein neues steady-state-Gefüge ausbildet.

Diese Beschreibung vermittelt einen qualitativen Eindruck von den Veränderungen, die sich in einem Fließsystem vollziehen, das von einer stabilen steady-state-Situation (der stationären Phase 1) in ein neues Fließgleichgewicht (stationäre Phase 2) einmündet (s. hierzu 1.4).

Wie sieht nun aber die quantitative Beschreibung eines derartigen Vorgangs aus? Um diese Beschreibung zu geben, sind zwei verschiedene Teilbereiche zu betrachten. Einmal geht es um die Charakterisierung der stationären Phase selbst, zum anderen um den Teilbereich des Übergangs von stationärer Phase 1 zu stationärer Phase 2. Zunächst sei die stationäre Phase behandelt.

Zu diesem Zweck ist im Schema 3 der hier diskutierte Reaktionsablauf noch weiter abstrahiert und enthält jetzt die Parameter oder Kenngrößen, die für die quantitative Beschreibung eines stabilen Fließgleichgewichtes bekannt sein müssen. Die quantitative Beschreibung einer stationären Phase ist im Vorgriff dargestellt, um das Augenmerk auf wichtige Kenngrößen zu lenken.

Schema 3: Erläuterungen siehe Text

$$[X] \xleftrightarrow{K_1} [A] \underset{k_{-1}}{\overset{k_1}{\rightleftharpoons}} [B] \xleftrightarrow{K_2} [Y]$$

K_1 und K_2 sind Konstanten des Zu- und Abflusses (Transportkonstanten), k_1 und k_{-1} sind Geschwindigkeitskonstanten der reversiblen Reaktion $A \rightleftharpoons B$, $[A]$ und $[B]$ sind die Konzentrationen von A und B im stationären Zustand des Systems, also zur Zeit eines stabilen Fließgefüges. $[X]$ und $[Y]$ sind die Konzentrationen von A und B in den jeweiligen Kompartimenten X und Y. Im stationären Zustand wird das Verhältnis der Konzentrationen $[A]:[B]$ durch folgenden Ausdruck (v. Bertalanffy et al. 1977) beschrieben:

$$\frac{[A]}{[B]} = \frac{k_{-1} + \dfrac{K_1 K_2 \cdot [X]}{K_1 [X] + K_2 [Y]}}{k_1 + \dfrac{K_1 \cdot K_2 \cdot [Y]}{K_1 [Y] + K_2 [Y]}} \cdot \tag{1-1}$$

So verwirrend diese Formulierung zunächst auch scheint, zeigt sie doch, daß das Konzentrationsverhältnis im stationären Zustand ausschließlich durch die sogenannten *Systemkonstanten* k_1, k_{-1}, K_1 und K_2 und die „Pool"-Größen der Reaktanden in den Kompartimenten X und Y festgelegt wird. Eine Störung des A/B-Verhältnisses kann also nur durch Veränderungen dieser Größen erfolgen, indem sie temporär oder dauerhaft modifiziert werden.

Mit dieser Formulierung wird auch klar erkennbar, durch welche Parameter die im einleitenden Kapitel angesprochene thermodynamische Struktur der Reaktionssequenz repräsentiert wird. Es sind dies die Konzentrationen der Reaktionspartner unter den Bedingungen der stationären Phase. Die Transport- und Geschwindigkeitskonstanten dagegen sind die Kenngrößen, die das dynamische Verhalten des Systems charakterisieren. Diese Parameter sind es auch, die gemessen werden müssen, um ein offenes Reaktionssystem exakt zu beschreiben.

Für die praktische Arbeit ergeben sich aus der Kenntnis der Gl. (1-1) einige konkrete Fragestellungen:

1. Was sind bei enzymkatalysierten Reaktionen die Geschwindigkeitskonstanten k_1 und k_{-1}?
2. Was besagen die Transportkonstanten K_1 und K_2?
3. Wie ermittelt man die Triebkräfte, die bedingen, daß der Fluß von X nach Y verläuft?

4. Mit welcher Geschwindigkeit verläuft der Gesamtvorgang [X] → [Y] und wie ist seine Geschwindigkeit mit den genannten Konstanten verbunden?
5. Welcher der drei hier angenommenen Schritte legt die Geschwindigkeit des Gesamtablaufs fest, was ist also die geschwindigkeitsbestimmende Größe für die Reaktionsfolge?
6. Läßt sich die Durchflußgeschwindigkeit regulieren, also verändern, und was muß dazu passieren?
7. Und schließlich die wichtigste Frage: Was muß man in einem Gewebeextrakt messen und was muß man berücksichtigen, um die gestellten Fragen experimentell bearbeiten und beantworten zu können?

1.4 Stabilität und Dynamik von Fließsystemen

Im vorangegangenen Abschnitt wurde darauf hingewiesen, daß ein Fließsystem stabile und dynamische Phasen aufweisen kann. Diese Beobachtung soll noch einmal aufgegriffen und näher betrachtet werden. Im Schema 4, das einer detaillierteren Charakterisierung von Stabilität und Dynamik von Fließsystemen dienen soll, sind zwei stationäre Phasen eines Fließsystems durch eine Übergangsphase miteinander verbunden.

Schema 4: Erläuterungen siehe Text

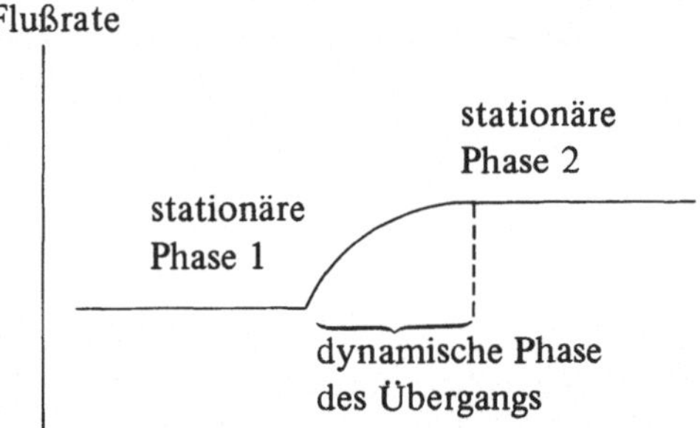

Es ist wichtig zu beachten, daß die stationären Phasen keine Gleichgewichte, sondern Fließgleichgewichte darstellen. Obwohl nach außen hin keine Veränderungen der Metabolitenkonzentrationen sichtbar werden, erfolgt doch stetiger Umsatz (Fluß). Die wesentliche Charakteristik stationärer Phasen ist die Konstanz der Systemparameter über die Zeit (s. Gl. 1-1). Damit weist dieses System eine Eigenschaft auf, die als *Stabilität* bezeichnet wird.
(Das Problem der Stabilität biologischer Systeme ist aber auch viel weiter zu fassen, als es aus dem Beispiel erkennbar wird. Ausgezeichnete Übersichtsartikel zu Fragen der Stabilität stammen z.B. von Sollberger 1965, Stucki 1978, Heinrich et al. 1977, Heinrich und Rapoport 1974.)
Die Übergangsphase dagegen ist dadurch charakterisiert, daß eben diese Systemparameter mit der Zeit verändert werden. Veränderte Permeationseigenschaften der Membranen etwa bedingen veränderte Transportkonstanten, oder die Anhäufung von Produkt im Verbraucherort wirkt über die Konzentration auf das steady-state-Gefüge ein, etc. Die genannten Veränderungen der Systemkonstanten sind aber gleichbedeutend mit Störungen des stabilen Systems, auf die dieses durch „Anpassung" reagiert. Der Übergangsbereich zwischen den stabilen Phasen beschreibt diese „Anpassung"; das Ergebnis der

„Anpassung" sind veränderte „Pool"-Größen der Reaktanden. Die in Gl. (1-1) verwandten Systemparameter sind für den Übergangsbereich also durch entsprechende Differentialquotienten zu ersetzen (z. B. dK_1/dt und dK_2/dt etc.).

Für die praktische Arbeit erwächst aus der Betrachtung des Schemas 4 eine interessante Forderung. Wenn biologische Versuchsobjekte durch externe Reize stimuliert werden (Temperaturschock, Licht-Dunkelwechsel, Applikation von Mineralsalzen oder Metaboliten etc.), ist anzunehmen, daß Fließgleichgewichte gestört werden. Es ist leicht einzusehen, daß Ausmaß und Zielrichtung dieser Störung davon abhängen werden, in welcher Phase ein zu untersuchendes Fließsystem gereizt wurde. Ein steady-state-Gefüge, das sich auf Grund interner Umstrukturierungen (Umdifferenzierung) bereits weitgehend auf die stationäre Phase 2 hin entwickelt hat, wird naturgemäß weniger auf einen externen Stimulus ansprechen, der in dieselbe Richtung wirkt, als eines, das sich noch in der stationären Phase 1 befindet. Mithin sind unterschiedliche Antworten eines Versuchsobjekts auf einen bestimmten externen Reiz nicht unbedingt als Hinweis dafür zu werten, daß ein grundsätzlich abweichendes Reaktionsverhalten vorliegt. Vielmehr können sie darauf beruhen, daß ein und dasselbe Versuchsobjekt in unterschiedlichen Phasen gereizt wurde (unterschiedliche „physiologische Ausgangssituation"). Mit dieser Schwierigkeit sehen sich vornehmlich jene Experimentatoren konfrontiert, die nicht mit synchronisiertem Material arbeiten können.

In erweitertem Sinne sind Stoffwechseluntersuchungen also Stabilitätsanalysen. Mit ihnen soll herausgefunden werden, unter welchen Bedingungen Fließsysteme stabil sind, wann sie in dynamische Phasen einmünden und welchem „Ziel" sie dann zustreben. Die Untersuchung solcher Probleme ist für theoretische wie angewandte biologische Disziplinen gleichermaßen interessant. Einige konkrete Beispiele hierzu sind in dem letzten einleitenden Abschnitt zusammengetragen. (An dieser Stelle sei noch auf weiterführende Literatur verwiesen: z.B. Haken 1978, Hess 1973, Romanowsky et al. 1974.)

1.5 Aktuelle Fragestellungen und Stoffwechseldynamik, einige Beispiele

Untersuchungen über die Auswirkung von Eingriffen in das Stoffwechselgeschehen werden von vielen biologisch orientierten Fachdisziplinen und unter den verschiedensten Fragestellungen durchgeführt. Ziel dieser Untersuchungen ist es in der Regel, herauszufinden, ob externe Eingriffe das Stoffwechselgefüge verändert haben, in welchem Umfang Veränderungen eingetreten sind und schließlich zu beurteilen, welche Konsequenzen sich aus den Veränderungen für die Funktion der Zelle ergeben. Naturgemäß interessiert in diesem Zusammenhang besonders die Frage, ob die beobachteten Stoffwechselstörungen im Sinne einer Stoffwechselumdifferenzierung, einer momentanen, reversiblen Anpassung an eine veränderte Situation, oder einer irreversiblen Störung, eines Schadeffektes also, zu interpretieren sind.

Nach den oben gemachten Ausführungen sind diese alternativen Möglichkeiten aber nur zu erfassen, wenn die Systemkonstanten ganzer Reaktionsgefüge ermittelt worden sind. Mit diesen Konstanten und ihren Veränderungen über die Zeit sind schließlich auch Aussagen über die oben zitierte Stabilität des Stoffwechsels möglich.

Folgende Fragen sind zu klären:

Verursacht der störende Eingriff temporäre Veränderungen des Systems, kommt es also zu „overshoot"-Verhalten oder „falschem Start" (von Bertalanffy et al. 1977), in deren Gefolge sich das System wieder im Sinne der Ausgangssituation stabilisiert?

Führt der externe Reiz dazu, daß die stationäre Ausgangssituation verlassen wird? In einem solchen Fall kann das System stationäre Phasen auf anderem Niveau als dem des Ausgangssystems erreichen oder dauerhaft instabil bleiben. Letzteres kommt oft einer irreversiblen Schädigung gleich.

Oder beginnt das System im Gefolge einer Störung um einen Mittelwert zu oszillieren? Diese und ähnliche Möglichkeiten müssen erwogen werden und können anhand einer Systemanalyse, also über die Bestimmung der Systemparameter, experimentell beantwortet werden. Der Gedankengang soll an Beispielen konkretisiert werden. Die Beispiele entstammen einigen z.Z. interessierenden Forschungsschwerpunkten.

1.5.1 Stoffwechselstörungen durch künstliche Eingriffe: „Belastungsphysiologie"

In einer Zeit, in der immer mehr Menschen bewußt wird, wie umweltbedingte Einwirkungen die Gesundheit und Existenz des Individuums bedrohen können, ist die Bereitschaft für Untersuchungen über die Wirkung eben dieser Faktoren auf die Zelle und ihren Stoffwechsel verständlicherweise sehr groß. Dieses Interesse spiegelt sich auch darin wider, daß im wissenschaftlichen Bereich weltweit in großem Umfang Forschungen durchgeführt werden, die die Aufklärung der Wirkung schadstoffbedingter Belastungen des Stoffwechsels zum Inhalt haben. Genannt seien Untersuchungen der Biozid- und Drogenwirkungen (Ermittlung schädigender Dosen, Toxizitätswerte), der Schadeffekte, ausgelöst durch Umweltchemikalien (Festlegung der Grenzwerte) und auch der Düngungseffekte (biologischer Landbau und Nahrungsqualität). In allen Fällen erfolgt zunächst ein externer Eingriff insofern, als bestimmte Chemikalien dem Organismus verabreicht werden. Deren Wirkung auf das physiologische System Zelle soll nun beurteilt werden. Sicherlich sind die Auswirkungen externer Eingriffe auch an Kriterien erkennbar, die einer Stoffwechselveränderung nachgeschaltet sind (z.B. an auftretenden gesundheitlichen Schäden, Nekrosen bei Pflanzen, Ertragsverlust etc.). Veränderungen dieser Art weisen bereits aus, daß bei dem betroffenen Organismus der Stoffwechsel erheblich gestört worden ist. Das bedeutet, daß eine Hilfe im Sinne einer Schadeffektkorrektur dann meistens nicht mehr möglich ist. Es kommt vielmehr darauf an, die sich anbahnende schadhafte Veränderung zum frühest möglichen Zeitpunkt zu erkennen. Daher ist es nur naheliegend, den Stoffwechsel als primären Angriffsort selbst zu untersuchen und daraus Beurteilungen abzuleiten. Da das System Stoffwechsel am besten durch die erwähnten Systemkonstanten beschrieben wird, gilt es also, diese Größen zu bestimmen und als Bewertungsgrundlagen zu verwenden.

1.5.2 Auswirkung standortbedingter Faktoren: „Streßphysiologie"

Hier ist vornehmlich an Fragestellungen gedacht, die standortbedingte Spezialisierungen von Pflanzen betreffen, etwa das interessante Phänomen des diurnalen Säurerhythmus. Während der Tag- und Nachtzeit laufen Stoffwechselsequenzen unterschiedlich schnell ab, was zu einer rhythmischen An- und Absäurerung des Zellsaftes führt. Die Umorientierung des jeweiligen Stoffwechsels bei dem Übergang von der Licht- zur Dunkelphase, die vornehmlich als Maßnahme zur Aufrechterhaltung eines ausgewogenen Wasserhaushaltes der Pflanzen verstanden wird, hat sich im Laufe der Evolution herausgebildet. Die Mechanistik dieses Phänomens ist weitgehend unbekannt, zumindest im Sinne der oben formulierten Prinzipien der Stabilität des Stoffwechsels. Die Aufklärung des Phänomens wäre ein Beitrag zum Verständnis einer durch einen externen Zeitgeber ausgelösten internen reversiblen Umstrukturierung des Stoffwechsels und somit ein Beispiel für die Entstehung biologischer Rhythmen.

Ähnlich grundlegende Erkenntnisse über die Umstellung von Stoffwechselsequenzen werden von der Untersuchung von Pflanzen erwartet, die nach temporärem oder dauerhaftem Wasser- oder Salzstreß Aminosäuren (Prolin) akkumulieren. Der Vorgang wird u.A. als Osmoregulation verstanden. Die Aufklärung der zugrundeliegenden stoffwechselphysiologischen Veränderungen wäre ebenfalls ein Beitrag zum Verständnis der Stoffwechselregulation durch externe Faktoren. Auch in diesen Fällen stellt sich die Frage nach der Stabilität einzelner Reaktionssequenzen und deren Veränderung durch die genannten externen Eingriffe. Das zitierte Beispiel ist ein Beleg dafür, daß trotz des weltweiten Interesses, das diesem Phänomen gezollt wird, Grundkenntnisse über die thermodynamische Struktur der zugehörigen Stoffwechselsequenzen bisher fehlen (Pahlich et al. 1981, Pahlich et al. 1982). Ohne diese Grundkenntnisse ist aber auch eine praxisorientierte Forschung auf spekulative Argumente angewiesen.

1.5.3 Stoffwechselveränderungen und Umdifferenzierung: „Entwicklungsphysiologie"

Im Rahmen einer mehr entwicklungsphysiologisch orientierten Denkweise ist der Stoffwechsel aufzufassen als notwendige Voraussetzung für selektive Genaktivierungen, wie auch als deren Folge. Voraussetzung deshalb, weil z.B. Licht-, Temperatur-, auch Wuchsstoff- und Ionenimpulse nicht von jeder Zelle als Signal für ganz bestimmte Umdifferenzierungen erkannt werden, sondern nur von solchen, die eine „geeignete Stoffwechseldisposition" aufweisen. (Eine Kommentierung der Stoffwechselveränderung als Folge der selektiven Genaktivierung erübrigt sich, da mit neuen Enzymen natürlich auch neue Reaktionen hinzukommen.) Soweit externe Reize als Auslöser für Umdifferenzierungen fungieren, muß man demnach annehmen, daß sie als Signal außerhalb des Kerns erkannt und über den Stoffwechsel als zentripetal verlaufende Sequenz von Ereignissen in den Kern gelangen. Es ist ein physikochemisches Prinzip der Interaktion von Molekülen in Lösungen (Gibbs-Duhem-Beziehung), daß lokale Veränderungen (Reizperzeption an einer Stelle der Zelloberfläche) sich auf alle Glieder des Systems auswirken. Schon aus diesem Grunde sind zentripetale Wirksequenzen nur als Stoffwechselumstrukturierungen zu interpretieren. Diese Umstrukturierungen sollten als die primären Ereignisse auch erfaßbar sein. Auch für entwicklungsphysiologische Fragestellungen sind also sachkundige Stoffwechselanalysen unumgänglich.

Zusammenfassend läßt sich feststellen: Allen genannten Beispielen liegt eine zentrale Frage zugrunde, die sich aus folgender Überlegung ergibt. Zum Zeitpunkt des Eingriffes liegt eine bestimmte Stoffwechselsituation vor, die nach dem Eingriff von einer anderen Situation abgelöst wird. Das zu lösende Problem lautet: Hat der Eingriff das System Stoffwechsel temporär verändert oder eine dauerhafte Umstrukturierung verursacht? Trifft letzteres zu, interessiert die Frage, ob die Umstrukturierung eine stabile Endsituation hervorbringt (Umdifferenzierung) oder dauerhaft instabil bleibt (Schadeffekt). Eine eindeutige Beantwortung dieser Fragen bietet die Ermittlung der Systemparameter.

In den nun folgenden Kapiteln sind zunächst Fragen zu klären, die als „unbiologisch anmutende Hürde" bezeichnet werden könnten. Es geht um die Definition von Begriffen wie Reaktionsgeschwindigkeit, Geschwindigkeitskonstante, Zeitgesetz usw., vor allem aber darum, wie experimentell gewonnene Daten verwertet werden müssen, um die genannten Größen zu gewinnen und die Zusammenhänge zu formulieren.

2 Prinzipien der Reaktionskinetik

2.0 Unidirektionelle und reversible Reaktionen

Stoffwechselreaktionen können prinzipiell zwei Kategorien zugeordnet werden:

a) Reaktionen, die vornehmlich in einer Richtung verlaufen und die deshalb als irreversibel oder unidirektionelle, auch einseitig verlaufende Reaktionen bezeichnet werden. Sie heißen auch „Ungleichgewichts-Reaktionen" ($\Delta G \neq 0$).

b) Reaktionen, die gleichzeitig in erheblichem Umfang Substrat in Produkt und Produkt in Substrat umsetzen. Sie heißen reversible Reaktionen und halten z.T. thermodynamische Gleichgewichte in Reaktionssequenzen ($\Delta G \cong 0$) aufrecht. Man nennt sie „Gleichgewichtsreaktionen".

In dem nun folgenden Abschnitt werden zwei „Modellreaktionen" vorgestellt, die als typisch für eine „Ungleichgewichts-" bzw. eine „Gleichgewichtsreaktion" anzusehen sind. Anhand dieser beiden Reaktionen werden grundsätzliche Zusammenhänge herausgearbeitet, die für das Verständnis von Zeitgesetzen wichtig sind.

Als „Modellreaktionen" dienen der radioaktive Zerfall als Beispiel für eine irreversible Reaktion und die Tautomerisierung der Oxalessigsäure als Beispiel für einen reversiblen Reaktionsablauf. Mit der Behandlung dieser beiden Reaktionen soll gleichzeitig ein Grundgerüst für die Beschreibung und die exakte Charakterisierung von Stoffwechselreaktionen gelegt werden.

2.1 Das integrierte Zeitgesetz: die Konzentration als Funktion der Zeit

Nach den Ausführungen des vorangegangenen Kapitels interessiert es einen Experimentator natürlich vorrangig, wie sich die Reaktionsgeschwindigkeit eines bestimmten Systems als Antwort auf eine vorgegebene Veränderung entwickelt. Die direkte Messung der Reaktionsgeschwindigkeit ist aber nicht möglich. Vielmehr wird sie auf indirektem Wege ermittelt, etwa über die Messung der Veränderung der Konzentration eines Reaktionspartners in Abhängigkeit von der Zeit. Dies geschieht in der Regel über die Messung der Extinktion, der Fluoreszenz, der optischen Drehung oder, im speziellen Falle, der radioaktiven Strahlung. Die genannten Meßgrößen verhalten sich proportional zu den jeweiligen Konzentrationen der gemessenen Substanzen.

Beginnen wir mit der Analyse des radioaktiven Zerfalls. Die Konzentration radioaktiver Isotopen nimmt bekanntlich mit der Zeit ab. Man kann sagen, daß ein Reaktand zu einem Produkt wird. Eine verallgemeinernde Schreibweise ist in Gl. (2-1) getroffen:

$$[A] \xrightarrow{k_1} [B]. \tag{2-1}$$

Über die Messung der Radioaktivität läßt sich die Konzentrationsveränderung von A über die Zeit erfassen. Im Bild 1A ist am idealisierten Beispiel des Zerfalls von $^{32}_{15}[P]$ ein solches

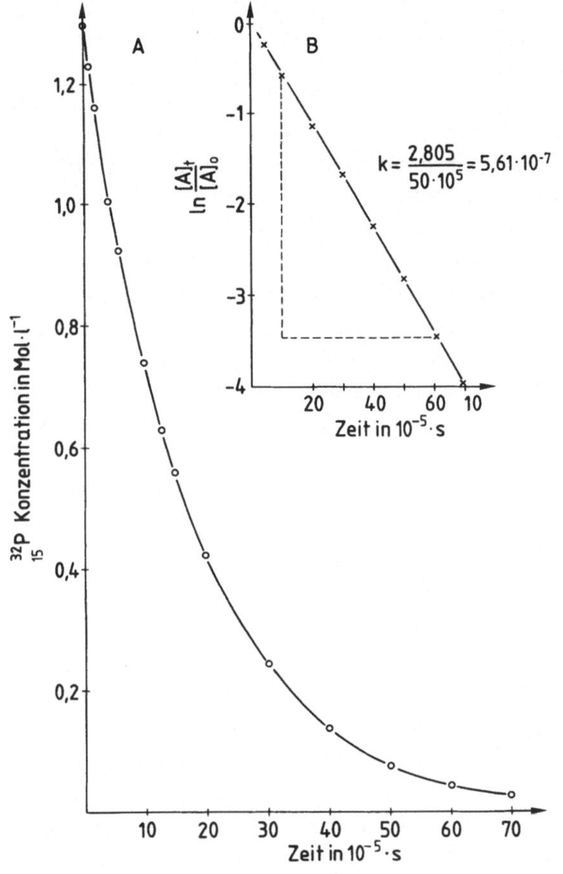

Bild 1

Kinetische Auswertung der Abklingkurve des $^{32}_{15}$[P]-Isotops. Anwendung des integrierten Zeitgesetzes und Ermittlung der Geschwindigkeitskonstanten.

A. Abklingkurve des $^{32}_{15}$[P]-Isotops. Aufgetragen ist die Konzentration des verbliebenen $^{32}_{15}$[P]-Isotops gegen die Reaktionszeit. Das dargestellte Konzentrations-Zeit-Profil wird durch eine e-Funktion beschrieben, die die Form hat: $[A]_t = [A]_0 \cdot e^{-kt}$. Diese Funktion stellt das integrierte Zeitgesetz der Reaktion dar. $[A]_t$ ist die Menge des verbliebenen Isotops $^{32}_{15}$P zur Zeit t, $[A]_0$ ist die Menge dieses Isotops zu Beginn der Messung (t = 0), k ist die Geschwindigkeitskonstante der Reaktion (s^{-1}).

B. Auftragung der Meßdaten von A nach dem linear transfromierten Zeitgesetz. Durch Logarithmieren erhält man aus dem integrierten Zeitgesetz eine „Geradengleichung":
$\ln \frac{[A]_t}{[A]_0} = -k \cdot t$. Aus der Steigung der Geraden ist die Geschwindigkeitskonstante k zu ermitteln. Sie hat den Wert $k = \dfrac{2,805}{50 \cdot 10^5} = 5,61 \cdot 10^{-7} s^{-1}$.

Meßergebnis dargestellt[1]). Jedem Zeitwert in Sekunden s ist eine gemessene Menge radioaktiver Impulse, proportional einer bestimmten Konzentration $[A]_t$ des Isotopes, zugeordnet; die Konzentration ist also in Abhängigkeit von der Zeit dargestellt. Das Schaubild 1A stellt den typischen Verlauf einer unidirektionellen Reaktion im abgeschlossenen System dar, wie sie bei entsprechenden Reaktionssystemen auch durch Messung der Extinktion, der optischen Drehung, der Fluoreszenz etc. erstellbar gewesen wäre. Die abhängige Größe Konzentration (oder deren proportionaler Meßwert) — allgemein als Variable y bezeichnet — ist eine Funktion der Zeit — allgemein als Variable x bezeichnet. Symbolhaft wird dieser Sachverhalt durch die verallgemeinernde Schreibweise dargestellt

$$y = f(x). \tag{2-2}$$

Für den hier betrachteten konkreten Reaktionsablauf hat diese Funktion die Form

$$^{32}_{15}[P]_t = f(t), \tag{2-3}$$

---

[1]) Es ist hier angenommen, daß das Isotop in reiner Form vorliegt.

wobei $^{32}_{15}[P]_t$ die Konzentration des Phosphorisotops zur Zeit (t) ist und t die Zeit angibt. Das Bild 1A zeigt, daß sich die Konzentration des $^{32}_{15}[P]$ nach einer nicht direkt proportionalen Funktion über die Zeit verändert.

Durch welche algebraische Formulierung wird der Reaktionsverlauf des Schaubildes 1A aber beschrieben? Diese Frage zu beantworten heißt, die dem Reaktionsablauf zugrundeliegende Funktion zu erkennen und damit gleichzeitig das gesuchte Zeitgesetz zu formulieren. (Das prinzipielle Vorgehen zur Herleitung von Zeitgesetzen wird in Abschnitt 2.4 besprochen.)

Zeitgesetze (rate laws, rate equations) sind e-Funktionen, die für eine Vielzahl von Reaktionstypen bekannt sind. Sie können entsprechenden Formelsammlungen entnommen werden (z.B. Capellos und Bielski 1972). Da der vorliegende Text in erster Linie Nutzanwender dieser Zeitgesetze ansprechen will, ist hier deren Ableitung zugunsten der sachgerechten Anwendung zurückgestellt. Dennoch sei darauf hingewiesen, daß eine formale Anwendung von Gesetzmäßigkeiten, wenngleich vielfach praktiziert, immer problematisch ist.

Für den in Gl. (2-1) formulierten Reaktionsablauf kann man Formelsammlungen von Zeitgesetzen folgende Funktion entnehmen:

$$[A]_t = [A]_0 \, e^{-k_1 t}$$

$[A]_t$ = Konzentration von A zur Zeit t

$[A]_0$ = Konzentration von A zur Zeit t = 0

$\qquad$ (2-4)

k_1 = Geschwindigkeitskonstante

Die Gl. (2-4) ist eine e-Funktion. Sie stellt die sogenannte *integrierte Form* des Zeitgesetzes dar (s. Abschnitt 2.4). Die Konzentration ist als Funktion der Zeit dargestellt. Danach ist es für die quantitative Beschreibung des Reaktionsablaufes A → B notwendig, die Ausgangskonzentration $[A]_0$ von A neben den Konzentrationen von A nach bekannten Reaktionszeiten $[A]_t$ zu kennen und den Betrag der Geschwindigkeitskonstanten k_1 zu benennen. Da A und t die Meßgrößen sind, muß mit ihrer Hilfe k ermittelt werden. Als Zwischenbilanz sei festgehalten:

> Das integrierte Zeitgesetz eines Reaktionsablaufes ist der algebraische Ausdruck der Funktion, der die Abhängigkeit der Konzentration von der Zeit beschreibt.

Da das integrierte Zeitgesetz (2-4) für die Analyse des radioaktiven Zerfalls des Phosphorisotops herangezogen werden soll, wird die allgemeine Formulierung durch die spezielle Schreibweise (2-5) ersetzt.

$$^{32}_{15}[P]_t = {}^{32}_{15}[P_0] \cdot e^{-k_1 t} \qquad (2\text{-}5)$$

$^{32}_{15}[P]_t$ = Konzentration des $^{32}_{15}[P]$-Isotops zur Zeit t

$^{32}_{15}[P]_0$ = Konzentration des $^{32}_{15}[P]$-Isotops zum Zeitpunkt t = 0, also zu Beginn der Messung

t = Reaktionszeit in s

k_1 = Geschwindigkeitskonstante der Reaktion in s^{-1}

Jetzt kommt der wichtigste Schritt für die Analyse und Charakterisierung des Reaktionsablaufs A → B. Es muß nachgeprüft werden, ob das mehr oder weniger willkürlich ausgewählte Zeitgesetz auch durch die Meßdaten gerechtfertigt wird. Die Nachprüfung geht einher mit der Bestimmung der Geschwindigkeitskonstanten k_1. Sie wird im folgenden Abschnitt beschrieben.

Der hier beschrittene Weg wurde gewählt, da bei der Analyse enzymatischer Reaktionen viele Experimentatoren wie selbstverständlich die Michaelis und Menten-Beziehung heranziehen, ohne in Frage zu stellen, ob dieses Zeitgesetz für enzymkatalysierte Reaktionen überhaupt die geeignete Funktion für die Beschreibung der jeweils vorliegenden Reaktion ist. Die Auswahl eines Zeitgesetzes erfolgt oft willkürlich. Die Überprüfung seiner Gültigkeit ist aber eine Notwendigkeit, auf die mit dem obigen Beispiel ausdrücklich hingewiesen werden soll.

2.2 Überprüfung der Gültigkeit des Zeitgesetzes und Ermittlung der Geschwindigkeitskonstanten

Anhand der Daten des Bildes 1A soll nun geprüft werden, ob das in Gl. (2-5) dargestellte Zeitgesetz für die quantitative Beschreibung der Reaktion anwendbar ist. Um dies zu prüfen, wird Gl. (2-4) umformuliert, sie wird „linear transformiert". (Um die Allgemeingültigkeit dieses Vorgehens hervorzuheben, ist hier das Zeitgesetz wieder in seiner allgemeinen Form verwandt.) Die lineare Transformation bewirkt, daß sich die Abhängigkeit zwischen Konzentration $[A]_t$ und Zeit t als Gerade darstellen läßt, die Gleichung also „linearisiert" wird.

Durch Logarithmieren der Gl. (2-4) erhält man:

$$\ln [A]_t = \ln [A]_0 - k_1 t, \tag{2-6}$$

$$\ln [A]_t - \ln [A]_0 = - k_1 t, \tag{2-7}$$

$$\ln \frac{[A]_t}{[A]_0} = - k_1 t. \tag{2-8}$$

Die Gl. (2-8) hat die Form einer „Geradengleichung" $y = - a \cdot x$, wobei y dem Ausdruck $\ln [A]_t/[A]_0$ entspricht, x die Zeit symbolisiert und a, die Steigung der Geraden, identisch dem Wert k_1 ist.

Trägt man danach den Logarithmus naturalis[2] des experimentell ermittelten Quotienten $[A]_t/[A]_0$ ($= y$) gegen die Zeit t ($= x$) auf und erhält dann eine Gerade mit negativer Steigung, besagt dies zunächst, daß Gl. (2-8) im Einklang mit den Meßwerten ist. Das vorgegebene Zeitgesetz ist geeignet, die vorgegebene Reaktion zu beschreiben[3].

---

[2] Im Verlauf dieses Buches wird in solchen Situationen immer Logarithmus naturalis (ln) verwandt, obwohl grundsätzlich auch der Logarithmus zur Basis 10 (log) verwendbar ist. Die Verbindung der Logarithmen verschiedener Basis zueinander ist gegeben durch: $\ln x = 2{,}303 \log x$. Bei der Arbeit mit logarithmischem Papier ist darauf zu achten, daß dort $\log x$ als Skaleneinteilung verwandt wird.

[3] Reaktionen des Typs $A \rightarrow B$ können natürlich auch unter der Annahme formuliert werden, daß ein Zwischenprodukt auftritt, also $A \rightarrow A^* \rightarrow B$. Ein derartiger Reaktionsablauf verlangt auch ein erweitertes Zeitgesetz. Für Fragestellungen aber, wie sie hier zur Diskussion stehen, ist es sinnvoll, zunächst möglichst weitgehende Vereinfachungen vorzugeben. Erst wenn sich erweist, daß dieses Vorgehen keine Kongruenz zwischen experimentellen Daten und angenommenem Zeitgesetz erbringt, sind Spezifikationen angebracht.

Diese Form der Auswertung setzt voraus, daß A_0 bekannt ist. Gleichung (2-6) dagegen ist geeignet, eine Kinetik auch dann auszuwerten, wenn A_0 nicht bekannt ist. Die Auftragung von $\ln [A]_t$ gegen t erlaubt sogar eine Extrapolation nach $[A]_0$.

Im Bild 1B ist die Darstellung der Meßdaten von 1A mit dem linearisierten Zeitgesetz vorgenommen. Die Meßpunkte liegen auf einer Geraden mit negativer Steigung. Damit ist gezeigt, daß das ausgewählte Zeitgesetz den gemessenen Reaktionsverlauf wiedergibt. Gleichzeitig liefert die Steigung der Geraden den Zahlenwert der bisher unbekannten Kenngröße k_1. Die Geschwindigkeitskonstante k_1 hat in unserem Beispiel den Wert $5{,}61 \cdot 10^{-7} \cdot s^{-1}$ [4]).

Mit der Geschwindigkeitskonstanten k_1 ist der letzte noch fehlende Parameter des Zeitgesetzes ermittelt. Sie bedarf noch einer näheren Besprechung. Die Geschwindigkeitskonstante chemischer Reaktionen ist keine universelle Konstante, sondern variiert mit den vorgegebenen Testbedingungen (Temperatur, Druck, pH-Wert, Ionenmilieu etc.). (Diese Aussage gilt *nicht* für den speziellen Vorgang des radioaktiven Zerfalls.) Sie ist aber konstant für die jeweils vorgegebene Reaktionsbedingung und damit eine ideale Vergleichsgröße für die Beurteilung von Reaktionssituationen. Wenn also untersucht werden soll, welchen Einfluß z.B. eine Temperaturveränderung oder eine pH-Verschiebung auf die Reaktion $A \rightarrow B$ hat, erlaubt der Vergleich der jeweiligen Geschwindigkeitskonstanten eine exakte quantitative Beurteilung der Veränderung.

Der Vollständigkeit halber sei noch auf eine andere Schreibweise des Zeitgesetzes (2-4) hingewiesen. Oft ist es nicht möglich, die Abnahme des Reaktanden A direkt zu messen. Stattdessen wird die Bildung des Reaktionsproduktes B ermittelt. Dies ist z.B. der Fall, wenn über Extinktionsmessungen die Bildung von NADH aus NAD^+ gemessen wird. Dann gilt folgende Überlegung: Wenn $[A]_0$ die Konzentration des Reaktanden A zum Zeitpunkt $t = 0$ und $[B]_t$ der Anteil von $[A]_0$ ist, der zur Zeit t bereits reagiert hat, dann entspricht $[A]_t$ dem Ausdruck $([A]_0 - [B]_t)$. Durch Einsetzen in Gl. (2-4) erhält man:

$$[A]_t = ([A]_0 - [B]_t = [A]_0 \cdot e^{-k_1 t}. \tag{2-9}$$

Diese Gleichung drückt ebenfalls die Veränderung der Konzentration von A über die Zeit aus, diesmal aber indirekt ermittelt aus der Menge des gebildeten Produktes B. In vielen Fällen ist dieses Verfahren der direkten Messung von A vorzuziehen. Folgende Beziehung beschreibt die besprochene Situation:

$$
\begin{aligned}
([A]_0 - [B]_t) &= [A]_0 \cdot e^{-k_1 t}, \\
[B]_t &= [A]_0 - [A]_0 \cdot e^{-k_1 t}, \\
[B]_t &= [A]_0 (1 - e^{-k_1 t}).
\end{aligned}
\tag{2-10}
$$

Als Fazit der bisherigen Betrachtung ist festzuhalten, daß das integrierte Zeitgesetz für den irreversiblen Übergang $A \xrightarrow{k_1} B$ eine e-Funktion ist. Die Anwendung der linear transformierten Form des Zeitgesetzes ermöglicht die Ermittlung der Geschwindigkeitskonstanten der Reaktion. Das linearisierte Zeitgesetz liefert zudem eine Handhabe, um zu überprüfen, ob das ausgewählte Zeitgesetz den vorliegenden Reaktionsablauf beschreibt.

---

[4]) Die Einheit der Geschwindigkeitskonstanten in reziproken s erhält man, wenn Gl. (2-8) nach k_1 aufgelöst wird.

2.3 Das differentielle Zeitgesetz: die Reaktionsgeschwindigkeit als Funktion der Konzentration

Für die Beschreibung des Reaktionsverlaufs des Bildes 1A ist eine e-Funktion, das integrierte Zeitgesetz, herangezogen worden. Es stellt die Abhängigkeit zwischen Konzentration und Zeit während des Reaktionsablaufs quantitativ dar. Wie verhält es sich aber mit der Reaktionsgeschwindigkeit v des Übergangs $A \rightarrow B$, also der Zerfallsrate des ${}^{32}_{15}[P]$ im Verlauf der Reaktion?

Aus der sich verändernden Steilheit der Kurve in Bild 1A wird ersichtlich, daß die ${}^{32}_{15}[P]$-Konzentration zu Beginn des Zerfalls ($t = 0$, ${}^{32}_{15}[P] = 1, 3$ Mol l^{-1}) zunächst sehr schnell abnimmt. Später verlangsamt sich der Vorgang offensichtlich. Die Steilheit der Kurve zu jedem Zeitpunkt t, identisch mit den Tangentensteigungen in diesen Punkten, ist demnach ein Maß für die Geschwindigkeit des Reaktionsablaufs. Andererseits hängt die Steilheit der Kurve, die *Reaktionsgeschwindigkeit,* wiederum von der Konzentration des Reaktanden zu jeder Zeit t ab. Die Reaktionsgeschwindigkeit v ist also eine Funktion der Konzentration c, oder allgemein ausgedrückt:

$$v = f(c). \tag{2-11}$$

Der Zerfall von ${}^{32}_{15}[P]$ läßt sich danach auch durch eine Formulierung beschreiben, in der die Konzentration die unabhängige Variable, die Reaktionsgeschwindigkeit dagegen die abhängige Variable ist. Die algebraische Formulierung der genannten Funktion liefert das sogenannte *differentielle Zeitgesetz* der Reaktion. Es hat für den hier behandelten Zerfall die Form

$$v = k_1 \cdot [A]_t. \tag{2-12}$$

Diese Formulierung ist der algebraische Ausdruck für die Beobachtung, daß die Reaktionsgeschwindigkeit proportional zur Reaktandenkonzentration ist. Die Proportionalitätskonstante k_1 ist wieder die Geschwindigkeitskonstante. Sie ist natürlich mit der Geschwindigkeitskonstanten des integrierten Zeitgesetzes identisch (s. Abschnitt 2.4).

Wie aus der Gleichung hervorgeht, ist die Reaktionsgeschwindigkeit die Momentangeschwindigkeit zu jedem Zeitpunkt t des Reaktionsablaufs. Sie ist also nur für einen ganz bestimmten, konzentrationsabhängigen Bereich des Reaktionsablaufs verwirklicht und ist daher für Vergleichszwecke (z.B. für Untersuchungen des Einflusses von pH-, Temperatur-, Ionenstäre-Veränderungen auf den Reaktionsablauf) nur bedingt verwertbar, im Gegensatz zur Geschwindigkeitskonstanten, die als Systemkonstante angesehen werden muß.

Die Geschwindigkeitskonstante ist auch ohne größeren Aufwand mittels des differentiellen Zeitgesetzes zu bestimmen. Am Beispiel der Reaktionskinetik des Nuklidzerfalls (Bild 1A) soll der Vorgang ihrer Ermittlung demonstriert werden. Zu diesem Zweck werden Tangenten angelegt, ihre Steigungen bestimmt (Bild 2A) und gemäß der Geradengleichung des Zeitgesetzes (2-12) ausgewertet. Aufgetragen wird v (Tangentensteigung)[5] gegen $[A]_t$. Das Ergebnis dieser Auswertung ist in Bild 2B dargestellt. Als erstes Resultat

---

[5] Wenn die einer Kinetik zugrundeliegende Funktion bekannt ist (Gl. (2-4)), ergibt sich die Tangentensteigung aus der ersten Ableitung der Funktion, $dy/dt = y'$. Die erste Ableitung der Gl. (2-4) lautet z.B. $y' = -k_1[A]_0 \cdot e^{-k_1 t}$.

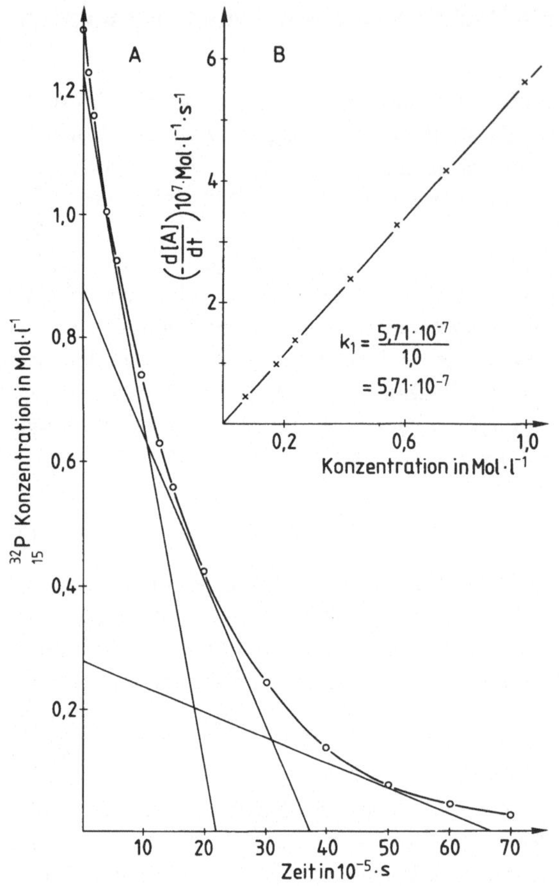

Bild 2

Kinetische Auswertung der Abklingkurve des $^{32}_{15}$[P]-Isotops. Anwendung des differentiellen Zeitgesetzes und Ermittlung der Geschwindigkeitskonstanten.

A. Abklingkurve des $^{32}_{15}$[P]-Isotops. Um den Differentialquotienten $\dfrac{dA}{dt}$ = v, die Momentangeschwindigkeit der Reaktion, zu bestimmten Zeitpunkten zu ermitteln, sind bei den Konzentrationen $[A]_t$ = 1* − 0,74 − 0,58 − 0,425* − 0,24 − 0,175 − 0,075* Mol l^{-1} Tangenten an die Kurve gelegt. Um die Übersichtlichkeit nicht zu gefährden, wurden die Tangenten nur bei den mit * gekennzeichneten Konzentrationen eingezeichnet.

B. Auftragung der Steigungen der Tangenten aus A gegen die jeweiligen Konzentrationen. Gemäß dem differentiellen Zeitgesetz $\dfrac{dA}{dt}$ = v = $k_1 \cdot [A]$ resultiert aus dieser Auftragung eine Gerade, deren Steigung den Zahlenwert von k_1 darstellt; $k_1 = 5,61 \cdot 10^{-7} s^{-1}$. Der Wert der Geschwindigkeitskonstanten k_1 entspricht der Steigung der Tangenten bei der Konzentration 1 Mol l^{-1} im Konzentrations-Zeit-Profil.

steht jetzt fest, daß die experimentellen Werte bei ihrer Auswertung nach dem differentiellen Zeitgesetz eine Gerade liefern. Damit ist wiederum nachgewiesen, daß das eingesetzte Zeitgesetz den Reaktionsablauf beschreibt und somit für die gemessene Reaktion gültig ist. Die Steigung der Geraden entspricht dem Zahlenwert der Geschwindigkeitskonstanten k_1.

Am Rande sei erwähnt, daß der Zahlenwert der Geschwindigkeitskonstanten auch der Tangentensteigung bei 1 molarer Konzentration entspricht. Dies ist aus der Abbildung ersichtlich und ergibt sich auch aus dem Zeitgesetz, wenn $[A]_t$ den Wert 1 annimmt. Dann ist v = $k_1 \cdot 1$.

Es bleibt also festzuhalten:

> Die Reaktionsgeschwindigkeit einer Reaktion ist das Produkt aus der aktuellen Konzentration des Reaktanden $[A]_t$ und der für die Reaktion typischen Geschwindigkeitskonstanten.

Die differentielle Form des Zeitgesetzes läßt besonders deutlich erkennen, daß Veränderungen der Reaktionscharakteristik von der Geschwindigkeitskonstanten her kommen müssen; sie ist also eine echte Systemkonstante. Die Geschwindigkeitskonstanten bio-chemischer Reaktionen, die ja enzymkatalysiert sind, hängen auch von den jeweils herr-schenden Reaktionsbedingungen ab und sind gerade deshalb geeignete Größen, an deren Veränderungen Einflüsse auf einen Reaktionsablauf studiert werden können. Die Reak-tionsgeschwindigkeit dagegen eignet sich nur bedingt zu Vergleichen und Situations-beurteilungen.

2.4 Gegenseitige Abhängigkeit von differentiellem und integriertem Zeitgesetz

Differentielles und integriertes Zeitgesetz sind nach den vorangegangenen Ausführungen gleichermaßen geeignet, um die wichtige Kenngröße Geschwindigkeitskonstante einer Reaktion zu ermitteln. Dennoch sind beide nicht als gleichwertig anzusehen. Das diffe-rentielle Zeitgesetz charakterisiert eine Augenblickssituation, es formuliert quasi das dynamische Problem. Das integrierte Zeitgesetz dagegen liefert die Lösung des Problems. Der Kurvenverlauf, den die Auftragung der Konzentration gegen die Zeit hervorbringt[6], enthält alle Informationen, die das dynamische System charakterisieren, ja determinieren. Stoffwechselprozesse, die mit derartigen Zeitgesetzen beschrieben werden können, sind also auch vorhersehbar. Das gilt jedoch nicht für Prozesse, bei denen Flußraten und An-triebskräfte durch nicht-lineare Funktionen festgelegt sind (dissipative Strukturen). Solche Vorgänge sind noch nicht so weit verstanden, als daß sie einer quantitativen, vorhersagbaren Beschreibung unterzogen werden könnten!
Worin liegt nun der „innere Zusammenhang" zwischen differentiellem und integriertem Zeitgesetz? In dem folgenden Kapitel soll das Prinzip dargestellt werden, nach dem die beiden Zeitgesetze auseinander abgeleitet werden können und zwar auf algebraischem Wege. Ausgangspunkt für die Betrachtung sei erneut Bild 1A. Die Reaktionsgeschwindig-keit v des Überganges A → B ergibt sich aus der Steigung der Tangenten (Bild 2), also aus einem Differentialquotienten. Es gilt:

$$v = -\frac{d\,[A]}{dt} = k_1 \cdot [A]. \tag{2-13}$$

Das negative Vorzeichen des Differentialquotienten besagt, daß A mit der Zeit abnimmt[7]. Der Differentialquotient sagt aus, daß die Veränderung von A (dA) in kurzen Zeitinter-vallen (dt) ausschließlich von der dann vorliegenden Menge von A abhängt. Differential-quotienten der beschriebenen Form sind aber die ersten Ableitungen von Stammfunk-tionen. Die Stammfunktionen erhält man durch Integration der Differentialgleichung. Dazu wird zunächst eine Umformung der Gl. (2-13) nötig, nämlich $-d\,[A]/[A] = k_1 \cdot dt$.

---

[6] In Anlehnung an die Newtonschen Bewegungsgesetze werden solche Kurvenverläufe oft als Trajek-torien bezeichnet. Dieser Ausdruck wird besonders häufig bei bestimmten Darstellungen oszilla-torischer Phänomene des Stoffwechsels angewandt.

[7] Ein positives Vorzeichen würde bedeuten, daß der betroffene Reaktand im Verlauf der Reaktion zunimmt.

Diese Gleichung kann integriert werden.

$$-\int \frac{d\,[A]}{[A]} = k_1 \int dt. \qquad (2\text{-}14)$$

Die Integration in den Grenzen t_0 und t, entsprechend $[A]_0$ und $[A]$, erfolgt dann für die Bedingung $-\ln\,[A] = k_1 \cdot t + I$ nach (I ist die Integrationskonstante).

$$-\int_{[A]_0}^{[A]} \frac{d\,[A]}{[A]} = k_1 \int_{t_0}^{t} dt \;^{8)} \qquad (2\text{-}15)$$

$$-\ln\,[A] = k_1\,t + I$$
$$\underline{-[(-\ln\,[A]_0) = k_1\,t_0 + I]}$$
$$-\ln\,[A] + \ln\,[A]_0 = k_1\,t + I - k_1\,t_0 - I \qquad (2\text{-}16)$$

$$\ln \frac{[A]_0}{[A]} = k_1\,(t - t_0)$$

oder in exponentieller Schreibweise:

$$[A] = [A]_0\, e^{-k_1\,(t - t_0)}. \qquad (2\text{-}17)$$

Für $t_0 = 0$ wird daraus das in Gl. (2-4) beschriebene Zeitgesetz.

Damit sind die wesentlichen Aussagen über den algebraischen Zusammenhang zwischen den Zeitgesetzen gemacht. Im weiteren Verlauf des Buches wird auf diese Operation nicht mehr eingegangen, sondern die jeweiligen Zeitgesetze nur zitiert.

2.5 Anfangsgeschwindigkeiten von Reaktionen und differentielle Methode

Abklingkurven radioaktiver Substanzen zeichnen sich dadurch aus, daß eine Störung des Reaktionsablaufs durch das gebildete Produkt oder die einsetzende Rückreaktion nicht erfolgt. Dies ist ein Sonderfall. In der Regel setzt schon bald nach Beginn der Reaktion, besonders bei katalysierten Reaktionen, die Rückreaktion ein (s. Kap. 6). Dies äußert sich natürlich in einer scheinbaren Verlangsamung des Umsatzes $A \to B$. Um für die Analyse derartiger Fälle dennoch das besprochene differentielle Zeitgesetz für unidirektionelle Abläufe nutzen zu können, ist ein experimenteller Trick anzuwenden. Er beruht auf der Beobachtung, daß in den ersten Sekunden oder Minuten nach Beginn der Reaktion zu wenig Produkt vorhanden ist, um eine merkliche Rückreaktion zu verursachen. Somit ist unter diesen Bedingungen die Rückreaktion solange zu vernachlässigen, solange das

---

$^{8)}$ Das bestimmte Integral ist definiert als:

$$\int_{x_0}^{x} f(x) = \int f(x) - \int f(x_0).$$

Aus diesem Ansatz ergibt sich die obige Berechnung.

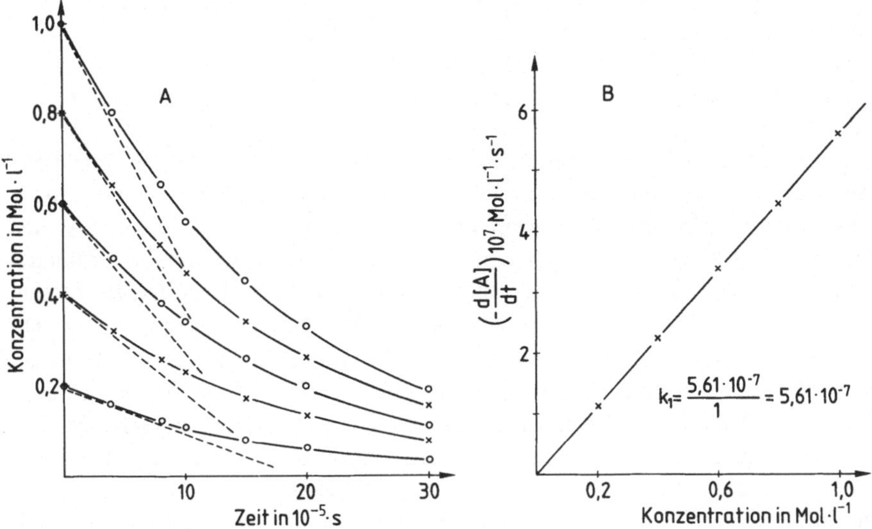

Bild 3 Anwendung der differentiellen Methode. Bestimmung der Geschwindigkeitskonstanten aus den Tangentensteigungen zu Beginn der Reaktion.

A. Konzentrations-Zeit-Profile des Zerfalls von $^{32}_{15}[P]_0$. Die einzelnen Kurven repräsentieren Abklingkurven, die man erhält, wenn die Reaktion mit unterschiedlichen Konzentrationen $^{32}_{15}[P]_0$ gestartet werden. Die Anfangssteigungen (t = 0) der Tangenten entsprechen den Reaktionsgeschwindigkeiten

$$v_0 = \left(- \frac{^{32}_{15}[P]_0}{dt} \right) \text{ zu Beginn der Reaktion.}$$

B. Auftragung der Tangentensteigungen, also der Anfangsgeschwindigkeiten v_0 gegen die Anfangskonzentration von $^{32}_{15}[P]$ gemäß dem differentiellen Zeitgesetz $\left(- \frac{d[P]}{dt} = v_0 = k \cdot [P] \right)$. Die Steigung der Geraden ist die Geschwindigkeitskonstante; $k_1 = 5{,}61 \cdot 10^{-7} s^{-1}$

Produkt $k \cdot [P] = v_{\text{rück}}$ ebenfalls sehr klein ist ([P] ist die Konzentration des Reaktionsproduktes). Startet man den Versuch also mit unterschiedlichen Anfangskonzentrationen des Reaktanden, ist über die Ermittlung der jeweiligen Tangentensteigung zum Zeitpunkt t = 0 ebenfalls eine differentielle Auswertung der Kinetik möglich. Bei der Anwendung dieser Methode kommt es also darauf an, das Zeitintervall zwischen Start der Reaktion und Beginn der Messung möglichst klein zu halten. Nur dann erhält man Tangentensteigungen, die die Anfangsgeschwindigkeit v_0 wiedergeben.

In Bild 3-A ist ein derartiges Versuchsergebnis dargestellt; die Anfangskonzentrationen des Reaktanden sind jeweils verändert worden. Die Auswertung der Tangentensteigungen zum Zeitpunkt t = 0 nach dem differentiellen Zeitgesetz ist in Bild 3-B vorgenommen. Das Bild zeigt, daß aus der Auftragung der Tangentensteigung gegen die jeweilige Konzentration eine Gerade resultiert. Auch diese Methode erlaubt die Anwendung des differentiellen Zeitgesetzes.

Diese Form der Anwendung der differentiellen Methode für die Analyse kinetischer Daten hat für die Untersuchung enzymkatalysierter Reaktionen die wohl weiteste Verbreitung gefunden. Sie ist als Methode der *Ermittlung von Anfangsgeschwindigkeiten* (v_0) bekannt und liefert die Reaktionsgeschwindigkeiten in Abhängigkeit von jeweils veränderten vorgegebenen Substratkonzentrationen. Sie kann auch für komplexere Reaktionsabläufe als den hier dargestellten Fall angewandt werden, besonders auch für Reaktionen, an denen mehrere Reaktanden beteiligt sind. Voraussetzung ist dann aber, daß die zusätzlichen Reaktanden (etwa B, C und D) in so hohen Konzentrationen eingesetzt werden, daß sie für den Gesamtablauf als konstant angesehen werden können (s. Abschnitt 2.6). Die differentielle Methode ist auch geeignet, sehr schnell ablaufende Reaktionen auszuwerten, deren Geschwindigkeitskonstanten sehr groß sind (die Reaktion ist dann in Zeitbereichen von μs oder ms abgeschlossen). Das Problem für die Analyse solcher Reaktionsabläufe liegt darin, in hinreichend kleinen Zeitintervallen nach dem Start der Reaktion zu messen. Verfahren, die das ermöglichen, sind z.B. Relaxations- und „Stopped-Flow"-Methoden.

Die Anwendung der differentiellen bzw. integrierten Zeitgesetze für kinetische Analysen bietet jeweils Vor- und Nachteile. Die Vorteile der differentiellen Methode liegen darin, daß Störungen des Ablaufs der Reaktion durch Produkte praktisch ausgeschaltet sind und damit übersichtliche Bedingungen für die Interpretation der Kinetik geschaffen sind. Ihr Nachteil ist, daß Tangentensteigungen oft nicht exakt festgelegt werden können. Die Anwendung integrierter Zeitgesetze dagegen hat immer dann Nachteile, wenn durch Rückreaktionen oder Rückkopplung der Reaktionscharakter verändert wird. Ihr Vorteil ist, daß aus einem einzigen Reaktionsablauf alle Informationen erhalten werden können, die für die Charakterisierung eines kinetischen Vorgangs nötig sind.

2.6 Die Ordnung der Reaktion, eine erste Komplikation

Die Reaktionsgeschwindigkeit des bisher betrachteten Falles des Überganges $A \xrightarrow{k_1} B$ ist eine konzentrationsabhängige Größe. Sie ist nach dem formulierten Zeitgesetz $(-d[A]_t/dt) = v = k \cdot [A]_t$ nur der Konzentration von A proportional. A erscheint in dieser Gleichung in der ersten Potenz $(v = k \cdot [A]_t^1)$. Ein solches Verhalten ist typisch für eine Reaktion 1. Ordnung. Ist die Reaktionsgeschwindigkeit dagegen von der Konzentration mehrerer gleicher oder unterschiedlicher Reaktanden abhängig, besitzt die Reaktion eine höhere Ordnung. Der Exponent ist dann > 1, in der Regel 2 oder 3. Ist die Reaktion von der Konzentration unabhängig, der Exponent also 0 $(v = k \cdot A^0$, oder $v = k)$, ist sie nullter Ordnung. Das oben zitierte Zeitgesetz muß noch erweitert werden, um der Ordnung der Reaktion gerecht zu werden.

Die Ordnung der Reaktion ist der experimentell zu ermittelnde Exponent der Konzentration. Für eine eingehendere Besprechung dieser Größe sei auf Lehrbücher der Physik und Chemie verwiesen (z.B. Moore und Hummel 1976 oder Morris 1976), sowie auf spezielle Literatur (Capellos und Bielski 1972). In dem hier verfolgten Zusammenhang soll lediglich dargestellt werden, wie die Ordnung der Reaktion ermittelt wird. Um dies zu tun, wird das differentielle Zeitgesetz in abgewandelter Form geschrieben:

$$-\frac{d[A]}{dt} = v = k \cdot [A]^n. \tag{2-18}$$

Der Exponent n der Konzentration A entspricht der Ordnung der Reaktion.

Durch Logarithmieren erhält man daraus:

$$\ln\left(-\frac{d[A]}{dt}\right) = \ln v = \ln k + n \ln [A]. \qquad (2\text{-}19)$$

Mit der Umformung des Gesetzes ist nun wiederum eine Gleichung formuliert, die sich als Gerade darstellen läßt. Trägt man $\ln v$ gegen den Logarithmus der Konzentration von A auf, erhält man eine Gerade mit der Steigung n, der Ordnung der Reaktion. Für $\ln A = 0 \, (A = 1)$ ist $\ln v = \ln k$. Also auch auf diesem Wege läßt sich die Geschwindigkeitskonstante ermitteln. In Bild 4 sind die Werte des Bildes 3-B entsprechend dem erweiterten Zeitgesetz analysiert worden. Die Steigung der Geraden beträgt 1. Dies ist die Ordnung der Reaktion. Der Antilogarithmus von $-14,40$ (der Wert $\ln v$ für $\ln A = 0$ (oder $A = 1$)) ist $5,61 \cdot 10^{-7}$. Dies ist der Zahlenwert der Geschwindigkeitskonstanten der Reaktion. Die Kenntnis der Ordnung der Reaktion ist eine weitere wichtige Voraussetzung für die Wahl der geeigneten Zeitgesetze.

Die Erweiterung des Zeitgesetzes um den Exponenten der Konzentration, der Ordnung der Reaktion, macht eine erneute Diskussion der Einheit der Geschwindigkeitskonstanten erforderlich (vgl. Fußnote 4). Für eine Reaktion 2. Ordnung mit dem differentiellen Zeitgesetz $-d[A]/dt = k \cdot [A]^2$ beträgt sie $1\,\mathrm{Mol}^{-1}\mathrm{s}^{-1}$, wie sich leicht zeigen läßt, wenn die Gleichung nach k aufgelöst wird. Für eine Reaktion n-ter Ordnung gilt allgemein als Dimension $[\text{Konzentration}]^{1-n} \cdot [\text{Zeit}]^{-1}$.

Um sichtbar zu machen, welche Reaktionsordnung für die jeweilige Geschwindigkeitskonstante gilt, wird k oft mit einem Index versehen. ${}^0k, {}^1k, {}^2k, {}^nk$ bedeutet dann, daß die Geschwindigkeitskonstante einer Reaktion nullter, erster, zweiter oder n-ter Ordnung angehört. Wegen der Dimensionsunterschiede ist ein Vergleich von Geschwindigkeitskonstanten verschiedener Ordnung miteinander nicht möglich!

Die Ordnung einer Reaktion muß nicht ganzzahlig sein, wie in den obigen Beispielen dargestellt. Auch gebrochene Ordnungen werden oft beobachtet, vornehmlich bei enzym-

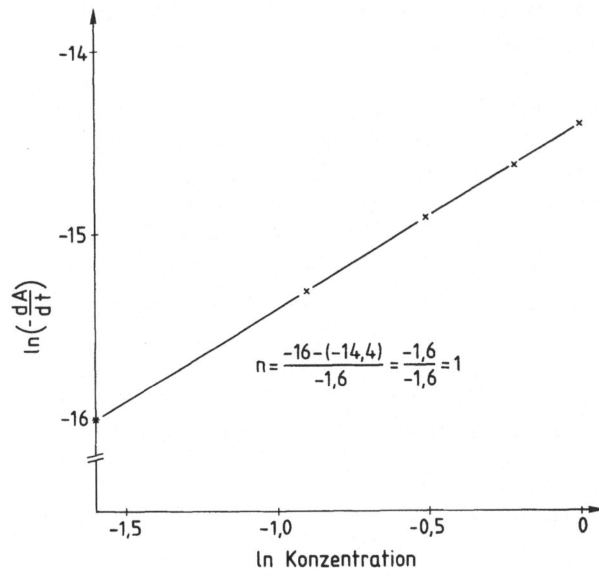

Bild 4

Ermittlung der Ordnung einer Reaktion

Die Auswertung der Daten aus Bild 3 B erfolgt mit dem erweiterten Zeitgesetz:

$$\ln\left(-\frac{d[A]}{dt}\right) = \ln v = \ln k + n \cdot \ln|A|.$$

Die Steigung der Geraden gibt die Ordnung der Reaktion an. Sie hat den Wert $n = \dfrac{-1,6}{-1,6} = 1$, die Reaktion ist erster Ordnung. Für $A = 1$ ($\ln A = 0$) gilt $\ln v = \ln k$. Auch mittels dieser Beziehung kann man die Geschwindigkeitskonstante k ermitteln.

Tabelle 1: Zeitgesetze für einfache, nicht reversible Reaktionssysteme in ihren differentiellen und integrierten Formen (verändert nach Laidler 1958)

Reaktion	Zeitgesetz		Ordnung der Reaktion	Dimension der Geschwindigkeitskonstanten k
	differenzierte Form	integrierte Form		
$A \rightarrow B$	$v = -\dfrac{dA}{dt} = k$	$k \cdot t = A$	0	$M\,s^{-1}\,l^{-1}$
$A \rightarrow B$	$v = -\dfrac{dA}{dt} = k\,(A_0 - B)$	$k \cdot t = \ln \dfrac{A_0}{A_0 - B}$	1	s^{-1}
oder	$v = -\dfrac{dA}{dt} = k \cdot A_0$	$k \cdot t = \ln \dfrac{A}{A_0}$	1	s^{-1}
$2\,A \rightarrow B$	$v = -\dfrac{dA}{dt} = k\,(A_0 - B)^2$	$k \cdot t = \dfrac{B}{A_0\,(A_0 - B)}$	2	$M^{-1}\,s^{-1}\,l$
$A + B \rightarrow C$	$v = -\dfrac{dA}{dt} = k\,(A_0 - B) \cdot (B_0 - B)$	$k \cdot t = \dfrac{1}{A_0 - B_0} \ln B_0 \dfrac{(A_0 - B)}{A_0\,(B_0 - B)}$	2	$M^{-1}\,s^{-1}\,l$

katalysierten Reaktionen. Ein Sonderfall sind Reaktionen pseudo-erster Ordnung. Denn unter geeigneten Reaktionsbedingungen sind Reaktionen höherer Ordnung, also zweiter oder dritter Ordnung, ebenfalls wie Reaktionen erster Ordnung zu behandeln, wenn die an der Reaktion zusätzlich beteiligten Reaktanden B und C in großem Überschuß gegenüber A vorliegen. Ihre Konzentrationen verändern sich dann während der Messung praktisch nicht, sie gehen als konstante Größen in die Betrachtung ein. In einem solchen Fall spricht man von Reaktionen *pseudo-erster-Ordnung*, eine für enzymatische Reaktionen oft verwandte Vereinfachung. Dann gelten natürlich die Zeitgesetze 1. Ordnung, womit nochmals betont werden soll, daß deren Kenntnis und Handhabung für den praktischen Gebrauch von besonders vielseitigem Interesse ist.

Die Ordnung einer Reaktion ist also die experimentell ermittelte Abhängigkeit der Reaktionsgeschwindigkeit von dem Exponenten der Konzentration.

In Tabelle 1 sind für einige einfache Reaktionen unterschiedlicher Ordnung die Zeitgesetze zusammengestellt. Nochmals sei betont, daß man in jedem Fall sorgfältig prüfen muß, welches Zeitgesetz Gültigkeit hat. Das kann man dem formulierten Reaktionstyp (z.B. $A \rightarrow B$) nicht ansehen, sondern man braucht die experimentelle Bestätigung.

Aus der erweiterten Schreibweise des differentiellen Zeitgesetzes, wie es in Gl. (2-19) formuliert ist, läßt sich auch eine Beziehung ableiten, mit der man auf einem anderen Wege die Ordnung der Reaktion ermitteln kann. Liegen für zwei verschiedene Konzentrationen die Anfangsgeschwindigkeiten der Reaktion vor, kann nach folgendem Verfahren vorgegangen werden:

$$(v_0)_1 = k_1 \cdot [A]_1^n \quad \text{und} \quad (v_0)_2 = k_1 \cdot [A]_2^n. \tag{2-20}$$

Nach Logarithmieren beider Zeitgesetze und Auflösen nach $\ln k_1$, können beide Ausdrücke gleichgesetzt werden. Man erhält:

$$\ln (v_0)_1 - n \ln [A]_1 = \ln (v_0)_2 - n \ln [A]_2. \tag{2-21}$$

Die Umformung dieser Gleichung ergibt:

$$n = \frac{\ln (v_0)_1/(v_0)_2}{\ln [A]_1/[A]_2} \; . \tag{2-22}$$

Zwei Messungen nach der differentiellen Methode genügen also, um die Ordnung der Reaktion unter Zuhilfenahme der Gl. (2-22) festzustellen.

2.7 Halb(wert)zeit und charakteristische Zeit

Ein Reaktionsablauf läßt sich auch analysieren, wenn man den Zeitpunkt ermittelt, zu dem gerade die Hälfte des Reaktanden umgesetzt worden ist. Diese Betrachtungsweise ist besonders im Zusammenhang mit der Charakterisierung von Abklingkurven radioaktiver Isotopen bekannt. Für eine Reaktion 1. Ordnung und die Bedingung, daß $[A]_0 = [A]_0/2$ ist, ergibt sich in Verbindung mit dem Zeitgesetz (2-4) folgende Beziehung:

$$\frac{[A]_0}{2} = [A]_0 \cdot e^{-kt_{1/2}}, \tag{2-23}$$

wobei $t_{1/2}$ die Halbwertzeit ist.
Nach wegkürzen von $[A]_0$ resultiert daraus

$$1/2 = e^{-kt_{1/2}} \tag{2-24}$$

und nach Logarithmieren

$$\ln 1/2 = - k \cdot t_{1/2} . \tag{2-25}$$

Da $\ln 1/2$ gleich $-\ln 2$ ist, erhält Gl. (2-25) durch Einsetzen und Auflösen nach t die Form

$$t_{1/2} = \frac{\ln 2}{k} \; . \tag{2-26}$$

Über die Beziehung (2-26) sind Halbwertzeit und Geschwindigkeitskonstante für eine Reaktion 1. Ordnung miteinander verbunden und können — je nach Ausgangslage — zur gegenseitigen Bestimmung herangezogen werden. Für die Abklingkurve des Bildes 1A errechnet sich die Halbwertzeit wie folgt:

$$t_{1/2} = \frac{0{,}693}{6{,}53 \cdot 10^{-7}} = 12{,}3 \cdot 10^5 \; (s).$$

Die Halbwertzeit von Reaktionen 1. Ordnung ist unabhängig von der Ausgangskonzentration (siehe radioaktive Zerfallsreihe).
Eine andere wichtige Größe zur Charakterisierung eines Reaktionsablaufs ist die *„charakteristische Zeit"* τ (Higgins 1965). Sie ist die Zeit, zu der A_0 auf den e-ten Teil seiner ursprünglichen Konzentration abgefallen ist. Die charakteristische Zeit ist eine gebräuchliche Größe für die Beurteilung der Zeithierarchien von Stoffwechselflüssen (Heinrich und Rapoport 1974) und wird auch zur Charakterisierung reversibler Reaktionen herangezogen. Ihre Definition für Reaktionen 1. Ordnung ergibt sich aus folgenden Abhängig-

keiten: In Analogie zur Herleitung der Halbwertzeit einer Reakion gilt für die Bedingung $[A]_t = [A]_0/e$ das Zeitgesetz

$$\frac{[A]_0}{e} = [A]_0 \cdot e^{-k\tau} \tag{2-27}$$

oder nach wegkürzen von $[A]_0$

$$\frac{1}{e} = e^{-1} = e^{-k\tau}. \tag{2-28}$$

Logarithmieren beider Seiten liefert das Resultat

$$-1 = -k \cdot \tau \tag{2-29}$$

oder

$$\tau = \frac{1}{k}. \tag{2-30}$$

Ersetzt man k in der Ausgangsgleichung (2-4) durch $1/\tau$, erhält man folgende Gleichung:

$$\frac{[A]_0}{[A]_t} = e^{t \cdot \frac{1}{\tau}} \qquad \left(\text{oder } \frac{[A]_t}{[A]_0} = e^{-t \cdot \frac{1}{\tau}} \right) \tag{2-31}$$

und

$$\ln \left(\frac{[A]_0}{[A]_t} \right) = t \cdot \frac{1}{\tau} \qquad \left(\ln \left(\frac{[A]_t}{[A]_0} \right) = -t \cdot \frac{1}{\tau} \right). \tag{2-32}$$

In der einschlägigen Literatur ist die Formulierung (2-31) zu finden. Diese Beziehung erlaubt auch die Bestimmung des Wertes $1/\tau$. Trägt man t gegen $\ln [A]_0/[A]_t$ auf (Gl. (2-32)) resultiert daraus eine Gerade mit der Steigung $1/\tau$. (Wird der reziproke Wert $\ln ([A]_t/[A]_0)$ verwandt, erhält man eine Gerade mit negativer Steigung; s. Klammerausdrücke von Gl. (2-31) und Gl. (2-32)!)
Eine Auftragung nach der in der Klammer aufgeführten Beziehung (2-32) ist bereits in Bild 1-B vorgenommen. Nach der Gl. (2-30) ist belegt, daß der reziproke Wert der Geschwindigkeitskonstanten aber der charakteristischen Zeit τ entspricht. τ berechnet sich für die hier betrachtete Abklingkurve (Bild 1) somit als $1/5,61 \cdot 10^{-7}$ und beträgt $17,8 \cdot 10^5$ Sekunden. Der τ-Wert besagt, daß nach einem Zeitintervall von $18 \cdot 10^5$ s nur noch ein e-tel der Ausgangskonzentration von $[A]_0$ vorhanden ist. Aus dem Schaubild 1-A kann man für diesen Zeitwert die Konzentration von A ablesen. Sie beträgt $\approx 0,475$ Einheiten. (Die Berechnung nach $[A]_t/[A]_0$ ergibt den Wert $1,3/2,718 = 0,48$ Einheiten.)

Die charakteristische Zeit τ ist nach diesen Ausführungen experimentell leicht zu ermitteln und kann ihrerseits als Grundlage für die Bestimmung von Geschwindigkeitskonstanten herangezogen werden. Welche Bedeutung τ für die Charakterisierung von Fließsystemen hat, ist am Ende des Abschnitts 3.2 erörtert.

2.8 Ermittlung der Geschwindigkeitskonstanten nach Guggenheim

Die experimentellen Bedingungen bringen es oft mit sich, daß sowohl Anfangs- wie Endkonzentrationen von Reaktanden nicht exakt erfaßt werden können. Damit wird die Auswertung der Kinetik nach den besprochenen Verfahren oft schwierig. In solchen Fällen bietet eine Methode nach Guggenheim (1926) oft eine Lösungsmöglichkeit. Die algebraische Ableitung der Formel, die von Guggenheim vorgenommen wurde, soll hier nur in einigen wesentlichen Punkten aufgegriffen werden[9].

In etwas abgewandelter Schreibweise läßt sich das Zeitgesetz (2-4) wie folgt formulieren:

$$[A]_t - [A]_\infty = ([A]_0 - [A]_\infty) \cdot e^{-kt}. \tag{2-33}$$

$[A]_t$ und $[A]_0$ haben die übliche Bedeutung, $[A]_\infty$ ist die Konzentration von A im Gleichgewicht. Ist die Reaktion um den Zeitbetrag Δt fortgeschritten, hat A den Wert $[A]_{t1}$, also

$$[A]_{t1} - [A]_\infty = ([A]_0 - [A]_\infty) \cdot e^{-k(t + \Delta t)}. \tag{2-34}$$

Die Subtraktion beider Gleichungen liefert die Beziehung

$$[A]_t - [A]_{t1} = ([A]_0 - [A]_\infty) \cdot e^{-kt}(1 - e^{-k\Delta t}) \tag{2-35}$$

und nach Logarithmieren:

$$\ln([A]_t - [A]_{t1}) = \ln\{([A]_0 - [A]_\infty)(1 - e^{-k\Delta t})\} - kt. \tag{2-36}$$

Da für eine vorgegebene Versuchsbedingung $[A]_0$ und $[A]_\infty$ konstant sind und Δt für die Auswertung konstant gehalten wird, gilt:

$$\ln([A]_t - [A]_{t1}) = \text{Konstante} - kt. \tag{2-37}$$

Die Auftragung der linken Seite der Gl. (2-37) gegen die Zeit liefert eine Gerade mit der Steigung k.
Nach dieser Methode müssen also für die Bestimmung der Geschwindigkeitskonstanten von Reaktionen 1. Ordnung Konzentrationspaare festgelegt werden, die um einen bestimmten Zeitbetrag Δt auseinanderliegen. Dieser Zeitbetrag sollte die Größenordnung der Halbwertzeit haben (Swinebourne 1975).
Im Bild 5 ist die Kinetik des Zerfalls von $^{32}_{15}[P]$ (Bild 1) nach Guggenheim ausgewertet. Um die Allgemeingültigkeit des Verfahrens zu demonstrieren, sind die allgemeinen Bezeichnungen für die Konzentrationen in der Abbildung verwandt.
Die Auswertung gestaltet sich folgendermaßen: Zunächst werden die Reaktionszeiten t_a und t'_a festgelegt und die dazugehörigen Konzentrationen $[a]$ und $[a]'$ ermittelt. Damit läßt sich bereits der erste Punkt des Bildes 5-B für $t = 0$ berechnen. Für die weitere Auswertung wird $\Delta t = t_a - t'_a$ konstant gehalten. Die zusätzlichen Konzentrationspaare gewinnt man, indem dieses Zeitintervall auf der x-Achse um bestimmte Zeitbeträge (z.B. 2, 4, 6, 8 Zeiteinheiten) nach rechts verschoben wird und dann erneut die Konzentrationen abgelesen werden. Die Auswertung der ermittelten Wertpaare erfolgt so, wie in Bild 5-B geschehen. In unserem Falle liefert die Darstellung eine Gerade, deren Steigung der Geschwindigkeitskonstanten entspricht.

---

[9] Die oben angeführte Arbeit von Guggenheim ist mancherorts schwer zugänglich. Daher seien einige Lehrbücher zitiert, die diese Methode ebenfalls vorstellen und die gleichzeitig auch das Gesamtgebiet der chemischen Kinetik ausführlich und weiterführend behandeln, z.B. Skrabal 1941, Frost und Pearson 1964, Swinebourne 1975. Ein sehr umfassendes Werk stammt von Laidler 1978.

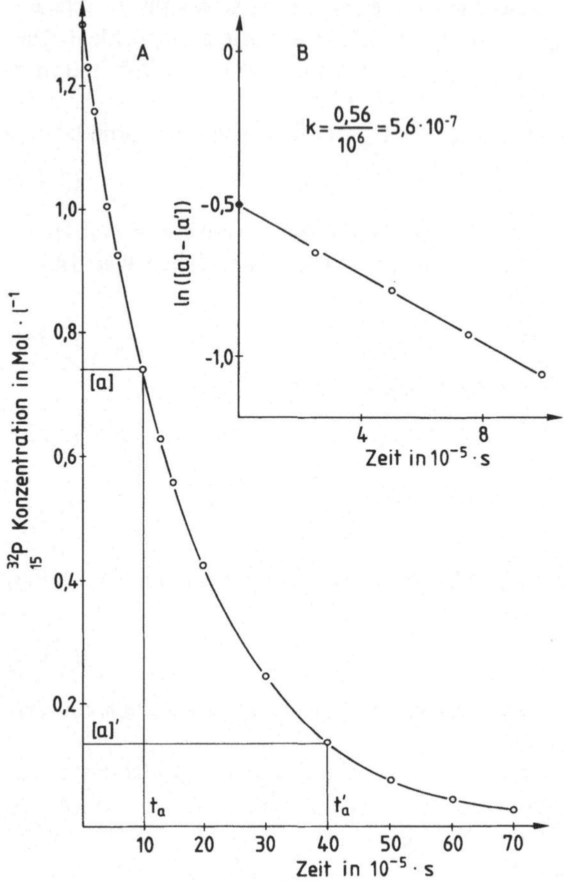

Bild 5

Bestimmung der Geschwindigkeitskonstanten für eine irreversible Reaktion 1. Ordnung nach
Guggenheim.

Aufgetragen sind die Werte
ln ([a] − [a]') gegen t. Die Meßdaten entstammen dem Bild 1 A.

Die Methode läßt sich gut für die Analyse enzymkatalysierter Reaktionen anwenden
(Beispiele siehe Gutfreund 1972) und dient auch der Aufklärung der Mechanistik enzymatischer Reaktionen (siehe hierzu die Arbeiten von Hammes und Alberty 1960, Hammes
et al. 1964, 1965, 1966 und Abschnitt 6.4 dieses Buches). Die Methode ist auch geeignet,
erste Vergleiche enyzmatischer Reaktionen unterschiedlich behandelten Versuchsmaterials
vorzunehmen, eine Möglichkeit, die in einem späteren Kapitel noch erörtert wird.
Mit den bisherigen Ausführungen sollte dargestellt werden, welche Parameter eine unidirektionelle Reaktion charakterisieren. Es sind dies die jeweiligen Konzentrationen der
Reaktanden und die Geschwindigkeitskonstante. Die Geschwindigkeitskonstante ist
typisch für eine vorgegebene Reaktionssituation (pH-Wert, Temperatur, Ionenmilieu etc.)
und eignet sich deshalb besonders gut als Vergleichskriterium (Systemkonstante).
Eine wichtige Frage im Hinblick auf die Anwendbarkeit der dargestellten Gesetzmäßigkeiten für Zellsysteme bleibt aber dennoch offen: Sie betrifft die Aufklärung des Zusammenhangs zwischen den Geschwindigkeitskonstanten und den Katalysatoreigen-
schaften von Enzymen. Bevor dieses Problem erörtert werden kann, muß zunächst noch
die Charakterisierung einer einfachen reversiblen Reaktion vorgenommen werden. Neben

einseitig ablaufenden Reaktionsschritten in Reaktionssequenzen sind es nämlich die reversiblen Reaktionen, die den Stoff-Flüssen der Zelle das Gepräge geben. Das 3. Kapitel befaßt sich deshalb mit der Kinetik reversibler Reaktionen.

Die folgende Darstellung soll noch einmal die wichtigsten Punkte des 2. Kapitels zusammenfassen:

1. Die wichtigsten Ausgangsdaten für die Charakterisierung von Reaktionen sind Konzentrationsbestimmungen von Reaktanden in Abhängigkeit von der Reaktionszeit (Konzentrations-Zeit-Profile).

2. Die quantitative Beschreibung dieser Konzentrations-Zeit-Profile erfolgt mittels der Zeitgesetze. Sie geben die Abhängigkeit zwischen Konzentration und Zeit bzw. zwischen Reaktionsgeschwindigkeit und Konzentration in algebraischer Formulierung wieder.

3. Die Zeitgesetze können in einer differentiellen oder integrierten Schreibweise formuliert sein. In ihrer differentiellen Form liegt ihnen die Funktion $-d[A]/dt = v = f[A]$ zugrunde; ihre integrierte Form berücksichtigt die Funktion $[A] = f(t)$. Für irreversible Reaktionen 1. Ordnung oder für Reaktionen pseudo-erster Ordnung lauten die Zeitgesetze

$$-\frac{d[A]_t}{dt} = v = k \cdot [A]_t \quad \text{und} \quad [A]_t = [A]_0 \cdot e^{-kt}.$$

4. Die Zeitgesetze geben Auskunft über den Zeitablauf der Reaktion. Sie sind daher auch geeignet, Vorhersagen über Reaktionsverläufe und Reaktionszeiten zu machen.

5. Die Geschwindigkeitskonstante k in den Zeitgesetzen charakterisiert die Reaktion. Dem Zahlenwert nach entsprechen die Geschwindigkeitskonstanten der Reaktionsgeschwindigkeit bei 1 molarer Konzentration des Reaktanden.

6. Die Geschwindigkeitskonstante typischer chemischer Reaktionen hängt ab von den experimentellen Bedingungen, der Temperatur, dem Druck, dem pH-Wert, dem Ionenmilieu etc., also den externen Bedingungen der Reaktion. Für vergleichende Untersuchungen resultiert daraus, daß sich über die Bestimmungen der Geschwindigkeitskonstanten am besten Veränderungen der Milieu- und Reaktionsbedingungen darstellen lassen.

7. Die experimentelle Ermittlung der Geschwindigkeitskonstanten gelingt nach linearer Transformation des integrierten Zeitgesetzes ($\ln[A]_t/[A]_0 = kt$) bzw. mittels des differentiellen Zeitgesetzes ($-d[A]_t/dt = v = k \cdot [A]_t$). Beide Formulierungen liefern bei graphischer Auswertung Geraden, die für die Bestimmung der k-Werte herangezogen werden können.

8. Für die Anwendung des geeigneten Zeitgesetzes ist die Kenntnis der Ordnung der Reaktion die Voraussetzung. Sie wird am besten mit Hilfe eines erweiterten differentiellen Zeitgesetzes bestimmt. Da bei physiologischen Abläufen die Reaktionen oft pseudo-erster Ordnung sind, wurden hier nur Reaktionen erster Ordnung behandelt.

9. Halbwertzeit und charakteristische Zeit charakterisieren ebenfalls den Reaktionsablauf. Ihre Verwendung wird später eingehend erörtert.

3 Reversible Reaktionen und Gleichgewicht

3.1 Die reversible Reaktion

Chemische Reaktionen, auch die unter physiologischen Bedingungen ablaufenden Reaktionen, sind zumeist reversibel. Reaktand wird zu Produkt umgesetzt und umgekehrt. Die Folge dieser Reversibilität ist, daß solche Systeme Gleichgewichten zustreben. Im Formelschema müssen demnach die Pfeile, die die Reaktionsrichtung anzeigen, gegenläufig eingezeichnet werden:

$$[A] \underset{k_{-1}}{\overset{k_1}{\rightleftharpoons}} [B]. \tag{3-1}$$

Es ist ein plausibler Gedanke, diese Reaktion in zwei gegenläufige Einzelreaktionen zu zerlegen und gemäß den im Kapitel 2 dargestellten Prinzipien zu analysieren. Experimentell ist dieser Weg dann gangbar, wenn die in Abschnitt 2.5 vorgestellte Methode der Verwendung des differentiellen Zeitgesetzes möglich ist (Messung der Anfangsgeschwindigkeiten v_0).

Die Zeitgesetze für die getrennt betrachtete Vor- bzw. Rückreaktion lauten dann

$$v_{vor} = -\frac{d[A]}{dt} = k_1 \cdot [A] \quad \text{oder} \quad \frac{d[A]}{dt} = -k_1[A], \tag{3-2}$$

$$v_{rück} = -\frac{d[B]}{dt} = k_{-1} \cdot [B] \quad \text{oder} \quad \frac{d[B]}{dt} = -k_{-1}[B]. \tag{3-3}$$

k_1 und k_{-1} sind wieder die Geschwindigkeitskonstanten, [A] und [B] die Konzentrationen von A bzw. B zu jedem beliebigen Zeitpunkt t.

Welche Zusammenhänge gelten aber, wenn Vor- und Rückreaktion gleichzeitig ablaufen? Betrachten wir den Fall, daß die Vorreaktion überwiegt. Man sagt auch, daß ein Netto-Fluß von A nach B abläuft. Der Netto-Fluß zu jedem Zeitpunkt t ist die Differenz zwischen den dann vorherrschenden Reaktionsgeschwindigkeiten der Vor- und Rückreaktion. Man kann formulieren:

$$v_{netto} = v_{vor} - v_{rück} = \frac{d[A]}{dt}. \tag{3-4}$$

Auf Grund der oben gemachten Annahme nimmt A mit der Zeit ab. Diese Abnahme wird symbolisiert durch den Ausdruck $v_{vor} = -k_1[A]$ (s. Gl. (3-2)). Gleichzeitig nimmt B zu, also $v_{rück} = +k_{-1}[B]$ Gl. (3-3). Unter Berücksichtigung dieser Formulierungen ergibt sich folgende Beziehung: $d[A]/dt = v_{netto}$ und nach Einsetzen in Gl. (3-4)

$$\frac{d[A]}{dt} = -k_1[A] + k_{-1}[B]. \tag{3-5}$$

Der Ausdruck ist aber nichts anderes als das differentielle Zeitgesetz einer reversiblen Reaktion 1. Ordnung.

In dieser Form ist das differentielle Zeitgesetz jedoch ungeeignet, um etwa nach dem in Abschnitt 2.3 dargestellten Schema für die Bestimmung der Geschwindigkeitskonstanten k_1 und k_{-1} herangezogen zu werden. Die Integration dieses Zeitgesetzes liefert eine recht komplizierte Gleichung. Sie lautet (Röpke und Riemann 1968)

$$[A]_t = \frac{[A]_0}{k_1 + k_{-1}} \left(k_{-1} + k_1 \cdot e^{-(k_1 + k_{-1})t} \right). \tag{3-6}$$

Die Gleichung beschreibt die Veränderung der Konzentration des Reaktanden A mit der Zeit bei einer reversiblen Reaktion. Es wird deutlich, daß auch mit dieser Gleichung die Bestimmung der Zahlenwerte der Geschwindigkeitskonstanten schwierig ist.

Eine Lösungsmöglichkeit zur Bestimmung der Geschwindigkeitskonstanten eröffnet sich durch die Einbeziehung der Gleichgewichtskonstanten der Reaktion in die Betrachtung. Nach dem Massenwirkungsgesetz ist ja das Gleichgewicht der reversiblen Reaktion $A \rightleftharpoons B$ gegeben durch den Ausdruck

$$K_{eq} = \frac{[B]_{eq}}{[A]_{eq}} \cdot {}^{10)} \tag{3-7}$$

K_{eq} ist die Gleichgewichtskonstante, $[A]_{eq}$ und $[B]_{eq}$ sind die Gleichgewichtskonzentrationen von A und B. Die Gleichgewichtskonzentrationen von A und B resultieren aus der Abnahme der Konzentrationen von $[A]_0$ um den Betrag $[B_x]$. $[B_x]$ ist die Menge des Produktes B, das aus $[A]_0$ gebildet wurde. Im Gleichgewicht hat $[B_x]$ den Wert $[B_x]_{eq}$. Es gilt also: $[A]_t = [A]_0 - [B_x]$. Für den Fall, daß zu Beginn der Reaktion bereits B_x vorlag, gilt: $[B]_t = [B]_0 + [B_x]$. Herrscht Gleichgewicht, wird der Differentialquotient $d[A]_t/dt = 0$, und die Gleichgewichtskonzentrationen von A und B haben die Beträge $[A]_{eq} = [A]_0 - [B_x]_{eq}$ und $[B]_{eq} = [B]_0 + [B_x]_{eq}$. Mit diesen Ausdrücken nimmt die Gl. (3-5) die Form an:

$$\frac{d[A]_t}{dt} = -k_1 ([A]_0 - [B_x]_{eq}) + k_{-1} ([B]_0 + [B_x]_{eq}) = 0 \tag{3-8}$$

oder

$$k_{-1} ([B]_0 + [B_x]_{eq}) = k_1 ([A]_0 - [B_x]_{eq}). \tag{3-9}$$

Die Gleichung besagt, daß Vor- und Rückreaktion identische Reaktionsgeschwindigkeiten haben. Durch Umformung wird aus Gl. (3-9)

$$\frac{[B]_0 + [B_x]_{eq}}{[A]_0 - [B_x]_{eq}} = \frac{k_1}{k_{-1}} = K_{eq}. \tag{3-10}$$

Mit diesem Gedankengang ist zunächst gezeigt, wie Gleichgewichtskonstante, Geschwindigkeitskonstanten und Reaktandenkonzentrationen miteinander verknüpft sind und sich gegenseitig bedingen. Die Abhängigkeit ist primär für die Bestimmung der einzelnen

---

10) Die Konzentrationen mit Index eq wurde gewählt, da diese Schreibweise in der biochemischen Literatur weit verbreitet ist.

Größen von Interesse und liefert zudem eine Charakteristik eines chemischen Gleichgewichts (siehe unten).

Ist zu Beginn des Versuches $[B]_0 = 0$, nimmt der Zählerausdruck den Wert $[B_x]_{eq}$ an. Die Integration von Differentialgleichungen der Form (3-8) ermöglicht die Ableitung integrierter Zeitgesetze für die reversible Reaktion. Zur Methodik dieser Integration sei auf entsprechende Handbücher verwiesen (z.B. Bronstein und Semendjajew 1979); das Prinzip ist im vorhergehenden Kapitel bereits besprochen worden. Das integrierte Zeitgesetz für den hier behandelten Fall ist in Gl. (3-11) dargestellt:

$$\ln \frac{[B_x]_{eq}}{[B_x]_{eq} - [B_x]} = (k_1 + k_{-1})\, t. \tag{3-11}$$

Mit dem Zeitgesetz haben wir erneut eine Gleichung vorliegen, die eine graphische Auswertung zuläßt, indem $\ln([B_x]_{eq}/[B_x]_{eq} - [B_x])$ gegen die Zeit t aufgetragen wird. Die Steigung der resultierenden Geraden ist die Summe aus $k_1 + k_{-1}$. Ist nun zudem noch $k_1/k_{-1} = K_{eq}$ bekannt, lassen sich k_1 und k_{-1} leicht berechnen. Die Handhabung der Gl. (3-11) und die Berechnung der beiden Geschwindigkeitskonstanten soll am Beispiel der Ketonisierung der Oxalessigsäure dargestellt werden (Abschnitt 3.3). Die Ausführungen machen deutlich, wie wichtig es für die sachgerechte Behandlung reversibler Reaktionen ist, Gleichgewichtskonstante und Gleichgewichtskonzentrationen von Reaktanden zu kennen (s. auch Abschnitt 6.1 und 6.3).

3.2 Das Fließgleichgewicht: die quantitative Beschreibung einer einfachen Reaktionssequenz

Reversible Reaktionen enden in abgeschlossenen Reaktionssystemen im Zustand des chemischen Gleichgewichts, das durch die Gln. (3-7) und (3-8) beschrieben ist. Das chemische Gleichgewicht weist im Vergleich zum Fließgleichgewicht eine Besonderheit auf, die deutlich wird, wenn die Gl. (3-10) nach $[B_x]_{eq}$ aufgelöst wird. Man erhält folgenden Ausdruck:

$$[B_x]_{eq} = \frac{k_1 [A]_0 - k_{-1} [B]_0}{k_1 + k_{-1}}. \tag{3-12}$$

Dieses Ergebnis verdeutlicht, daß die Gleichgewichtskonzentration $[B_x]_{eq}$ abhängig ist von den Ausgangskonzentrationen $[A]_0$ und $[B]_0$, also den Ausgangsbedingungen. In diesem Punkt unterscheidet sich das chemische Gleichgewicht grundsätzlich von den für physiologische Reaktionssequenzen relevanten Fließgleichgewichten. Letztere sind äquifinal, stellen also unabhängig von unterschiedlichen Ausgangsbedingungen identische Endsituationen her. Warum das so ist, soll an einem Beispiel dargelegt werden, mit dem gleichzeitig die bisher in diesem Kapitel aufgezeigten Zusammenhänge auf Reaktionsabläufe übertragen werden sollen, wie sie sich unter physiologischen Bedingungen vollziehen. In Anlehnung an die Schemata 1 bis 3 des Kapitels 1 sei folgende Reaktionssequenz formuliert:

$$
\begin{array}{cccc}
E_0 & E_1 & E_2 & \\
S_0 \xrightarrow{\ k_0\ } S_1 \underset{k_{-1}}{\overset{k_1}{\rightleftharpoons}} S_2 \xrightarrow{\ k_2\ } . & & &
\end{array}
\tag{3-13}
$$

$$\underbrace{\phantom{S_0 \xrightarrow{k_0} S_1}}_{v_0} \quad \underbrace{}_{v_1} \quad \underbrace{}_{v_2}$$

Reaktionsschritt $S_1 \rightleftharpoons S_2$ ist offen, da dieses Reaktionssystem ständig Substrat S_1 nachgeliefert bekommt und gleichzeitig das Produkt der Reaktion S_2 durch einen Folgeschritt dem System entzogen wird. Die Geschwindigkeitskonstanten k_0, k_1, k_{-1} und k_2 ergeben sich aus den Eigenschaften der zugehörigen Enzyme E_0, E_1 und E_2. Im Fließgleichgewicht sind die Reaktionsgeschwindigkeiten der einzelnen Reaktionsschritte gleich groß:

$$v_{netto} = v_0 = v_1 = v_2 . \tag{3-14}$$

Unter diesen Voraussetzungen kann das Konzentrationsverhältnis S_2/S_1 quantitativ beschrieben werden. Das gelingt mittels der Gln. (3-4) und (3-5). Der Differentialquotient, der die Veränderung der Konzentration von S_1 beschreibt, sieht folgendermaßen aus:

$$\frac{d\,[S]_1}{dt} = \underbrace{+\,k_0\,[S]_0}_{v_0} \underbrace{-\,k_1\,[S]_1 + k_{-1}\,[S]_2}_{v_1} . \tag{3-15}$$

Im Zustand des Fließgleichgewichts ist $d[S]_1/dt = 0$, somit

$$k_1\,[S]_1 = k_0\,[S]_0 + k_{-1}\,[S]_2 . \tag{3-16}$$

Der entsprechende Differentialquotient für S_2 lautet:

$$\frac{d\,[S]_2}{dt} = k_1\,[S]_1 \underbrace{-\,k_2\,[S]_2}_{v_2} -\,k_{-1}\,[S]_2 . \tag{3-17}$$

Mit $d\,[S]_2/dt = 0$ wird daraus

$$k_1\,[S]_1 = k_2\,[S]_2 + k_{-1}\,[S]_2 = [S]_2\,(k_2 + k_{-1}) . \tag{3-18}$$

Substitution von $k_1\,[S]_1$ durch $k_0\,[S]_0 + k_{-1}\,[S]_2$ (Gl. (3-16)) ergibt:

$$k_0\,[S]_0 + k_{-1}\,[S]_2 = [S]_2\,(k_2 + k_{-1}) . \tag{3-19}$$

$$k_0\,[S]_0 = [S]_2\,(k_2 + k_{-1} - k_{-1}) . \tag{3-20}$$

$$k_0\,[S]_0 = k_2\,[S]_2 . \tag{3-21}$$

$$[S]_2 = \frac{k_0\,[S]_0}{k_2} . \tag{3-22}$$

Durch Einsetzen in Gl. (3-16) erhält man:

$$k_1\,[S]_1 = k_0\,[S]_0 + \frac{k_{-1} \cdot k_0\,[S]_0}{k_2} \tag{3-23}$$

und

$$[S]_1 = \frac{k_0\,[S]_0}{k_1}\left(1 + \frac{k_{-1}}{k_2}\right) . \tag{3-24}$$

Mit den Gln. (3-22) und (3-24) sind die Konzentrationen von S_1 und S_2 im Zustand des steady-state quantitativ formuliert. Durch Quotientenbildung und Kürzen errechnet sich daraus das steady-state-Verhältnis der Konzentrationen von S_2 und S_1

$$\frac{[S]_2}{[S]_1} = \frac{k_1}{k_2 + k_{-1}} . \tag{3-25}$$

Das Ergebnis macht deutlich, daß die Metabolitenkonzentrationen (S_1 und S_2) im Fließgleichgewicht ausschließlich durch die Systemkonstanten bedingt werden (vgl. Abschnitt 1.1 und Gl. (3-12)). Werden aus irgendeinem Grunde (experimenteller Eingriff) die Konzentrationen von S_1 und S_2 verändert, z.B. durch Zufüttern, beeinträchtigt dies nach den oben formulierten Geschwindigkeitsgleichungen (= differentielle Zeitgesetze) zwar momentan die Reaktionsgeschwindigkeiten einzelner Schritte. Das Verhältnis S_2/S_1 ist in diesem Moment auch gestört, wird sich mit der Zeit aber schließlich auf eine stabile steady-state-Situation einstellen, die durch die Systemkonstanten k_1, k_{-1} und k_2 festgelegt ist und die der Ausgangssituation entspricht. Dieses Phänomen trägt die Bezeichnung *Äquifinalität* (v. Bertalanffy et al. 1977). Bewirkt der experimentelle Eingriff jedoch eine Veränderung der Enzymeigenschaften, gleichbedeutend mit einer Veränderung der Geschwindigkeitskonstanten, wird sich ein neues Fließgleichgewicht entwickeln. Dann ist das ursprüngliche Konzentrationsverhältnis S_2/S_1 dauerhaft verschoben, neue Poolkonzentrationen der Metaboliten etablieren sich. Ein stabiles Fließgefüge hat nach Durchlaufen einer dynamischen Phase eine neue, ebenfalls stabile Phase erreicht (vgl. Schema 4). Das Rechenbeispiel belegt anschaulich, daß Konzentrations- oder Poolschwankungen allein noch kein Bewertungskriterium für eine veränderte Stabilitätslage der betroffenen Sequenz sind. Die Ermittlung der an der Reaktion beteiligten Geschwindigkeitskonstanten hätte diesen Verdacht erst gar nicht aufkommen lassen.

Das Beispiel ist auch geeignet, die Zweckmäßigkeit der charakteristischen Zeit τ für die Bewertung von Stoffwechselsituationen zu beleuchten. Nach der bereits gegebenen Definition (Abschnitt 2.7) ist τ mit den Geschwindigkeitskonstanten verbunden, und zwar gilt:

$$\tau_1 = \frac{1}{k_1 + k_{-1}} \quad \text{und} \quad \tau_2 = \frac{1}{k_2}.$$

Erfolgt nun die Störung des Reaktionssystems (3-13), indem z.B. $[S]_1$ erhöht wird, ist das gleichbedeutend mit einer Auslenkung des Systems aus dem bestehenden Fließgleichgewicht. Die τ-Werte sagen nun etwas darüber aus, mit welchem Zeitverhalten diese Auslenkung wieder rückgängig gemacht wird. τ ist ja die Zeit, die das System benötigt, um ΔS, die Auslenkung von $[S]_1$ bzw. $[S]_2$ von der steady-state-Konzentration auf den e-ten Teil zu reduzieren (ΔS ist in Abschnitt 6.2 besprochen und definiert). Angenommen, τ_1 sei sehr klein. Das bedeutet, daß $[S]_2$ sehr schnell nach Erhöhung von $[S]_1$ ebenfalls in seiner Konzentration ansteigen wird. Die absoluten Poolkonzentrationen von $[S]_1$ und $[S]_2$ verändern sich also. Hat die folgende Reaktion (E_2) einen großen τ-Wert, wird der neue $[S]_2$-Pool nur sehr langsam abgebaut. Beurteilt ein Experimentator die Lage nach der Pool-Größe von S_1 und S_2, kann der Eindruck entstehen, als sei eine neue Grundsituation entstanden. Da aber die Systemparameter nicht verändert sind, ist dies eine fehlerhafte Beurteilung der Situation.

Die Erörterung soll nochmals belegen, wie wichtig es ist, die Systemparameter (Konstanten) zu ermitteln und nicht Größen wie Reaktionsgeschwindigkeiten oder Poolkonzentrationen als alleinige Kriterien für Vergleichszwecke heranzuziehen (s. auch Abschnitt 6.4 und 6.5).

3.3 Die Keto-Enoltautomerie der Oxalessigsäure: ein Beispiel

Nach diesem Exkurs nun wieder zurück zur Kinetik eines reversiblen Reaktionsablaufs. Ähnlich wie der radioaktive Zerfall im vorhergehenden Kapitel als „Modellsystem" zur Veranschaulichung der Zusammenhänge bei dem Ablauf unidirektioneller Reaktionen diente, soll der Vorgang der Keto-Enoltautomerie das „Modellsystem" für reversible Reaktionen werden. Die Oxalessigsäure liegt in zwei tautomeren Formen vor (Schema 5).

Schema 5

$$
\begin{array}{ccc}
\mathrm{COOH} & & \mathrm{COOH} \\
| & & | \\
\mathrm{C-OH} & & \mathrm{C=O} \\
\| & \underset{k_{-1}}{\overset{k_1}{\rightleftharpoons}} & | \\
\mathrm{C-H} & & \mathrm{CH_2} \\
| & & | \\
\mathrm{COOH} & & \mathrm{COOH} \\
\text{Enol-Form} & & \text{Keto-Form} \\
\text{(in Äthanol)} & & \text{(in Wasser)}
\end{array}
$$

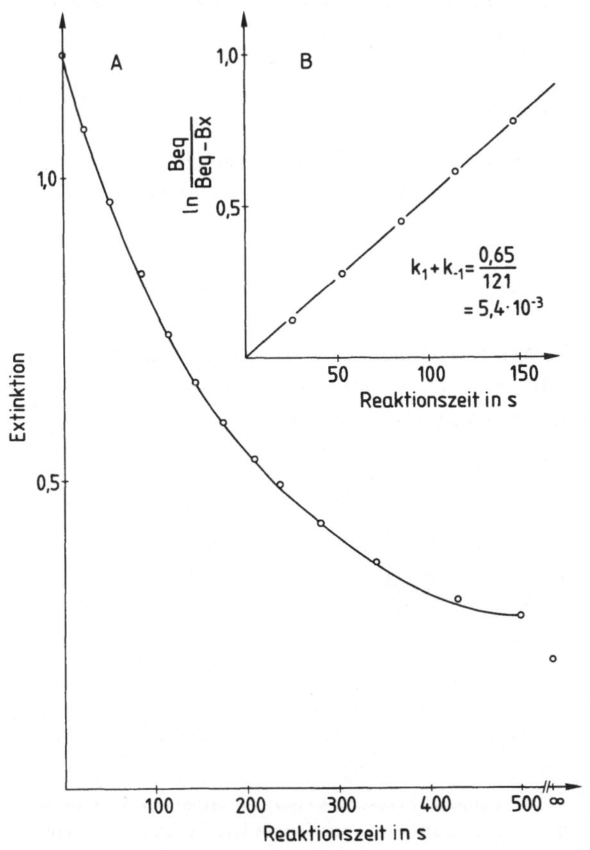

Bild 6

Ermittlung der Summe der Geschwindigkeitskonstanten $k_1 + k_{-1}$ einer reversiblen Reaktion erster Ordnung.

A. Konzentrationszeitprofil der reversiblen Ketonisierung der Enol-Form der Oxalessigsäure.
Stammlösung: 0,025 g Oxalessigsäure in 5 cm^3 Äthanol bei 10 °C (Enolform). 0,025 cm^3 dieser Stammlösung wurden in 3 ml Phosphatpuffer bei pH 6,92 (Quarzküvette) überführt und die Ketonisierung bei 280 nm registriert.
$\epsilon_{Enol} = 3320 \; cm^2 \, Mol^{-1}$.
Extinktion im Gleichgewicht: 0,206 nach t ∞.

B. Auswertung der Daten aus A mittels des integrierten Zeitgesetzes für reversible Reaktionen 1. Ordnung.

$[B]_{eq}$ ist die Gleichgewichtskonzentration von B (1,202 − 0,206).

$[B_x]$ ist die Konzentration von B zu jeder Zeit t (1,202 − Extinktion t).

$[A]_0$ ist die Ausgangskonzentration von A (1,202).

Die tautomeren Strukturen der Oxalessigsäure weisen auf abweichende physikalische und chemische Eigenschaften des jeweiligen Isomers hin. Die Enolform hat bei 280 nm ein gut ausgeprägtes Absorptionsmaximum, die Ketoform nicht. Der Tautomerisierungsprozeß kann also spektralphotometrisch gemessen werden. Dies geschieht am besten so, daß eine äthanolische Lösung der Oxalessigsäure, die praktisch ausschließlich die Enolform der Verbindung enthält, in eine wäßrige Lösung überführt und dann die Extinktionsabnahme bei 280 nm registriert wird.

In Bild 6 ist ein derartiger Tautomerisierungsversuch dargestellt (experimentelle Bedingungen siehe Legende). Die experimentellen Daten entstammen einer Arbeit von Banks (1961). Unter Gleichgewichtsbedingungen erreicht die Extinktion den Wert 0,206[11]).

3.4 Auswertung der Kinetik reversibler Reaktionen

Ziel der Auswertung der Tautomerisierungsreaktion ist die Ermittlung der Geschwindigkeitskonstanten k_1 und k_{-1}. Die Anwendung des integrierten Zeitgesetzes (3-11) ergibt für die experimentell ermittelten Daten als Schaubild eine Gerade (Bild 5-B). Aus der Steigung der Geraden ist die Summe der Geschwindigkeitskonstanten zu errechnen. Sie beträgt $k_1 + k_{-1} = 5,4 \cdot 10^{-3}\,s^{-1}$. In Verbindung mit der Beziehung (3-10) läßt sich zunächst die Gleichgewichtskonstante berechnen. Es gilt zu bedenken, daß in diesem Fall $[B]_0 = 0$ ist, da zu Beginn der Reaktion die Ketoform nicht vorhanden war.

$$K_{eq} = \frac{[B_x]_{eq}}{[A]_0 - [B_x]_{eq}} = \frac{0,996}{1,202 - 0,996} = 4,83. \tag{3-26}$$

$[B_x]_{eq}$ sind die Anteile von A, also der Enolform, die bis zum Erreichen des Gleichgewichts in B, also die Ketoform, überführt wurden. Im Gleichgewicht überwiegt die Ketoform, und zwar mit $83 : 17\,\%$.

$$K_{eq} = \frac{[\text{Keto-Form}]}{[\text{Enol-Form}]} = \frac{0,996}{0,206} = 4,83. \tag{3-27}$$

Die Gleichgewichtskonstante ist in diesem Fall dimensionslos, da die Konzentration Mol l^{-1} im Zähler und Nenner auftritt. Aus der Gleichgewichtskonstanten und der Summe der Geschwindigkeitskonstanten lassen sich nun k_1 und k_{-1} ermitteln.
Nach Gl. (3-10) ist

$$K_{eq} = \frac{k_1}{k_{-1}} \quad \text{oder} \quad K_{eq} \cdot k_{-1} = k_1.$$

Andererseits ist aber $k_1 + k_{-1} = 5,4 \cdot 10^{-3}$ oder $k_1 = 5,4 \cdot 10^{-3} - k_{-1}$.

---

[11]) Extinktion und Konzentration sind über das Lambert-Beersche Gesetz miteinander verbunden: $E = \epsilon \cdot c \cdot d$. Die Extinktion ist also eine der Konzentration proportionale Größe. Die Auswertung der Kinetik ist deshalb auch ohne Umrechnung in die entsprechenden Konzentrationswerte möglich, da ϵ und d Konstanten sind, die bei Quotientenbildungen wegfallen.

Durch Einsetzen von k_1 erhält man:

$$K_{eq} \cdot k_{-1} = 5{,}4 \cdot 10^{-3} - k_{-1}$$

$$k_{-1} = \frac{5{,}4 \cdot 10^{-3}}{4{,}83 + 1}$$

$$k_{-1} = 0{,}926 \cdot 10^{-3}.$$

Mit diesem Wert kann k_1 ermittelt werden.

$$k_1 = K_{eq} \cdot k_{-1} = 4{,}83 \cdot 0{,}926 \cdot 10^{-3},$$
$$k_1 = 4{,}47 \cdot 10^{-3}.$$

Die Dimension der Geschwindigkeitskonstanten ist s^{-1}.

Ein etwas eleganterer Weg, der ebenfalls die Zahlenwerte der Geschwindigkeitskonstanten liefert, verläuft über die Ermittlung der charakteristischen Zeit τ der Reaktion. Nach Wong (1975) gilt für eine reversible Reaktion 1. Ordnung folgende Beziehung:

$$[A]_t - [A]_{eq} = ([A]_0 - [A]_{eq}) \cdot e^{-(k_1 + k_{-1})t} \tag{3-28}$$

oder

$$[A]_t - [A]_{eq} = ([A]_0 - [A]_{eq}) \cdot e^{-t \cdot 1/\tau}. \tag{3-29}$$

(Vgl. Abschnitt 2.7 und die Gln. (2-32) und (2-33).)

Da Konzentration und Extinktion proportionale Größen sind, kann man schreiben:

$$[A]_0 - [A]_{eq} = \text{Extinktion}_0 - \text{Extinktion}_{\text{Gleichgewicht}}$$

$$[A]_t - [A]_{eq} = \text{Extinktion}_t - \text{Extinktion}_{\text{Gleichgewicht}}$$

Logarithmieren der Gl. (3-29) liefert ihre linearisierte Form

$$\ln \frac{[A]_t - [A]_{eq}}{[A]_0 - [A]_{eq}} = -\frac{1}{\tau} \cdot t. \tag{3-30}$$

(Beachte die Analogie zu Gl. (3-11).)

Die Auftragung des logarithmischen Ausdrucks gegen die Zeit ergibt eine Gerade mit der Steigung $1/\tau = k_1 + k_{-1}$. In Bild 7 ist die Auswertung der Kinetik nach dieser Methode vollzogen. Die Steigung der Geraden, entsprechend $k_1 + k_{-1}$, ist $5{,}41 \cdot 10^{-3} s^{-1}$ und stimmt mit dem Wert überein, der nach der Gl. (3-11) berechnet wurde.

Es bleibt festzuhalten: Reversible Reaktionen können auch mit entsprechenden Zeitgesetzen für diesen Reaktionstyp ausgewertet werden. Man erhält dann die Summe der Geschwindigkeitskonstanten für die Vor- und Rückreaktion. Ist auch die Gleichgewichtskonstante bekannt, können dann die individuellen Geschwindigkeitskonstanten errechnet werden. Selbstverständlich liefert die getrennte kinetische Untersuchung der Vor- und Rückreaktion ebenfalls diese individuellen Geschwindigkeitskonstanten.

Schließlich soll nicht unerwähnt bleiben, daß die Auswertung der Ketonisierung der Oxalesssigsäure auch auf anderen Wegen vollzogen werden kann als eben beschrieben. So ist auch die Methode nach Guggenheim ein geeignetes Verfahren, um die Summe der Geschwindigkeitskonstanten k_1 und k_{-1} zu bestimmen. Dieses Auswertungsverfahren wird hier nicht vorgeführt, da gegenüber der früheren Darstellung (Abschnitt 2.8) keine zusätzlichen Erkenntnisse gewonnen werden können. Stattdessen ist in Bild 8 für die Ermittlung der Summe der Geschwindigkeitskonstanten ein integriertes Zeitgesetz für reversible Reaktionen 1. Ordnung herangezogen worden. Die Formel entstammt der Sammlung

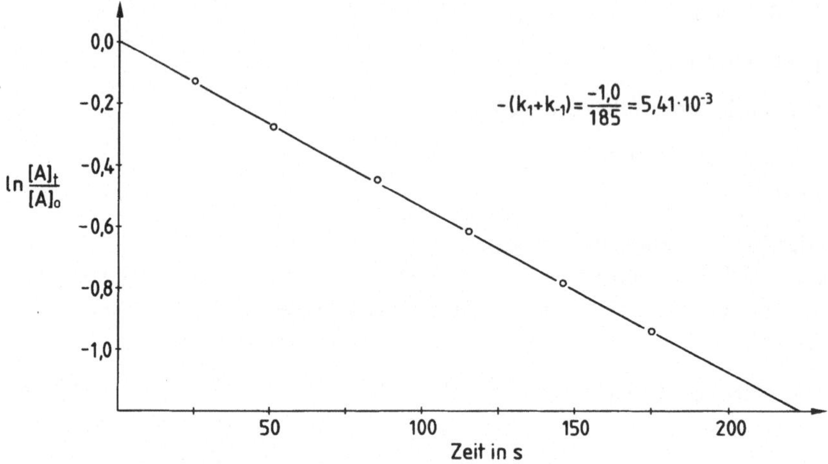

Bild 7 Bestimmung der Summe der Geschwindigkeitskonstanten $k_1 + k_{-1}$ einer reversiblen Reaktion 1. Ordnung mittels der Relaxationszeit. Das integrierte Zeitgesetz für eine reversible Reaktion 1. Ordnung hat die Form:

$$[A]_t - [A]_{eq} = ([A]_0 - [A]_{eq}) \cdot e^{-1/\tau \cdot t}$$

oder in logarithmischer Schreibweise:

$$\ln \frac{[A]_t - [A]_{eq}}{[A]_0 - [A]_{eq}} = - \frac{1}{\tau} \cdot t.$$

Diese Form des Zeitgesetzes wurde für die Darstellung benutzt (Details siehe Text).

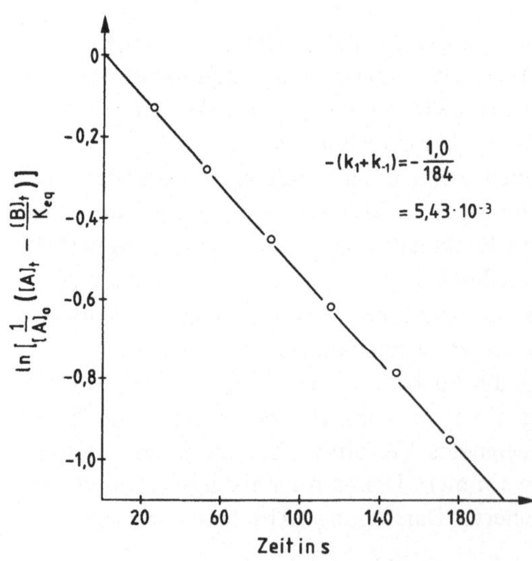

Bild 8

Ermittlung der Summe der Geschwindigkeitskonstanten einer reversiblen Reaktion 1. Ordnung. Das integrierte Zeitgesetz für die Reaktion lautet:

$$\ln \left[\frac{1}{[A]_0} \left([A]_t - \frac{[B]_t}{K_{eq}} \right) \right] = - (k_1 + k_{-1}) \cdot t.$$

$[A]_0$ ist die Ausgangskonzentration der Enolform der Oxalessigsäure,

$[A]_t$ ist die Konzentration der Enolform zu jedem Zeitpunkt t,

$[B]_t$ ist der zu jedem Zeitpunkt vorhandene Anteil der zugehörigen Ketoform,

K_{eq} ist die Gleichgewichtskonstante,

k_1 und k_{-1} sind die Geschwindigkeitskonstanten für die Vor- und Rückreaktion.

von Capellos und Bielski (1972). Wie Bild 8 ausweist, führt auch dieses Verfahren zum gewünschten Resultat. Die Summe der Geschwindigkeitskonstanten, entsprechend der Steigung der Geraden, hat einen Wert von $5{,}43 \cdot 10^{-3}\,\mathrm{s}^{-1}$ und entspricht damit den früher ermittelten Werten.

Die aufgeführten Beispiele der Auswertung der Kinetik machen klar, daß mehrere Möglichkeiten bestehen, die Summe der Geschwindigkeitskonstanten reversibler Reaktionen zu erlangen. Die Auswahl der Methode richtet sich nach den Daten, die einem zur Verfügung stehen. Bei einer Kinetik z.B., bei der weder $[A]_0$ noch $[A]_{eq}$ bekannt sind, versagen alle dargestellten Verfahren bis auf die Guggenheim-Methode.

3.5 Die Abhängigkeit der Geschwindigkeitskonstanten von der Temperatur und der Pufferionenkonzentration

Wie bereits früher erwähnt, ist die Geschwindigkeitskonstante einer Reaktion eine Größe, die von den Reaktionsbedingungen, dem externen Milieu, abhängt. Damit sind sowohl die Gleichgewichtslage einer Reaktion, wie auch die Reaktionsgeschwindigkeit, mit der sich das System auf das Gleichgewicht hin bewegt, durch die externen Bedingungen veränderbar. Am Beispiel der Ketonisierung der Oxalessigsäure sollen der Einfluß der Temperatur und der Pufferionenkonzentration auf die Summe der Geschwindigkeitskonstanten dargestellt werden. Bild 9-A demonstriert, wie sich die Geschwindigkeitskonstanten mit der Temperatur verändern. Die Erhöhung der Reaktionstemperatur von $1{,}5\,°C$ auf $25\,°C$ erhöht die Summe der Geschwindigkeitskonstanten um den Faktor 10. Was das bedeutet, wird besonders offensichtlich, wenn anstelle der Summe der Geschwindigkeitskonstanten die charakteristischen Zeiten verglichen werden (Abschnitt 2.7). Die beiden Größen sind miteinander über die Beziehung $\tau = 1/k_1 + k_{-1}$ verbunden. Die charakteristischen Zeiten für die Reaktion bei den Temperaturen $1{,}5\,°C$, $15\,°C$ und $25\,°C$ be-

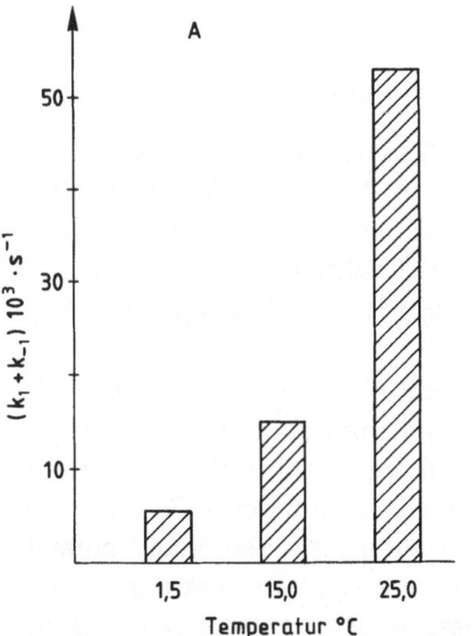

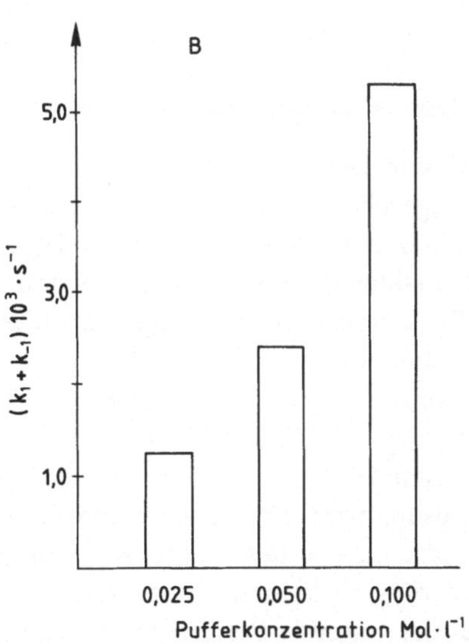

Bild 9 Veränderung der Summe der Geschwindigkeitskonstanten für die Ketonisierung der Enolform der Oxalessigsäure in Abhängigkeit von der Temperatur (A) und der Pufferionenkonzentration (B).

tragen danach 187 s, 67 s und 18 s. Das heißt, daß unter identischen Startbedingungen das Reaktionssystem im ersten Fall 187 s, im letzten Fall dagegen nur 18 s benötigt, um die Konzentrationsdifferenz zwischen Ausgangsbedingung und zugehörigem Gleichgewicht auf ein e-tel zu reduzieren. Das bekannte Phänomen der Forcierung von Reaktionsabläufen durch Temperaturerhöhung beruht also auf Veränderungen der Geschwindigkeitskonstanten.

Einen prinzipiell ähnlichen, wenn auch nicht ganz so ausgeprägten Einfluß übt die Pufferkonzentration des Reaktionsmilieus auf den Reaktionsverlauf aus (besser wohl würde man von der Ionenstärke sprechen) (Bild 9-B). Höhere Pufferionenkonzentrationen wirken sich in diesem Falle beschleunigend auf den Reaktionsablauf aus. Das geht wieder besonders deutlich aus den τ-Werten hervor. Sie betragen für die steigende Sequenz der Pufferkonzentrationen 800 s, 424 s und 187 s.

Da enzymkatalysierte Reaktionen auch durch Geschwindigkeitskonstanten charakterisiert sind, die milieubedingt verändert werden können, sind variierende externe Bedingungen bestens geeignet, „Umorientierungen" des Stoffwechsels zu bewirken. Das gilt umsomehr, als jede Reaktion (oder Reaktionssequenz) individuell auf externe Veränderungen reagieren kann. Eine Beschleunigung der Glykolyse durch Milieuveränderungen z.B. muß nicht heißen, daß auch der mit der Glykolyse eng verbundene Tricarbonsäurecyclus proportional beschleunigt wird. So etwas kann natürlich zu erheblichen Poolverschiebungen am Übergang Cytosol-Mitochondrion führen, ohne daß zunächst einmal die Grundmuster der Enzymausstattungen beeinträchtigt wären (Raison 1973). Eine stabile steady-state Situation kann z.B. durch Temperaturveränderungen, pH-Verschiebungen des Zellmilieus etc. in eine dynamische Phase einmünden. An deren Ende steht wiederum eine stabile Stoffwechselsituation, die sich aber von der Ausgangssituation unterscheidet. Wird die externe Veränderung wieder rückgängig gemacht, schwingt das System in die Ausgangslage zurück. Das Beispiel beschreibt einen Oszillator, der durch einen externen Taktgeber betrieben wird. Dieses Verhalten kann als biochemische Anpassung an wechselnde Standortbedingungen verstanden werden.

3.6 Das Gleichgewicht — Konventionen und Handhabung

Die Geschwindigkeitskonstanten und die Gleichgewichtskonstante einer Reaktion sind bei vorgegebenen Reaktionsbedingungen (Temperatur, pH-Wert, Druck, Ionenmilieu) ursächlich miteinander verbunden (vgl. Gl. (3-10)). Sie können nach dieser Beziehung nicht unabhängig voneinander variieren. Hinsichtlich der Gleichgewichtskonzentrationen von Reaktanden ist auf einige Besonderheiten hinzuweisen, die im folgenden Abschnitt besprochen werden sollen.

Die Konzentration von Stoffen wird im biochemischen Arbeitsbereich üblicherweise als Masse pro Volumen Lösung (Mol l^{-1}) definiert, als Molarität also. Das Volumen des Lösungsmittels, auch des Wassers, ist aber temperaturabhängig. Eine bei 25 °C eingestellte 1 M Lösung wird unter Kühlraumbedingungen bei einer Temperatur von 4 °C wegen der Volumenabnahme des Wassers z.B. eine erhöhte Konzentration aufweisen. Eine Volumenveränderung wirkt sich somit natürlich auch auf die Gleichgewichtskonzentrationen aus, wie es das folgende Beispiel belegt. Gleichung (3-31) beschreibt die Dissoziationsreaktion der Essigsäure:

$$CH_3COOH \rightarrow CH_3COO^- + H^+. \tag{3-31}$$

Unter Gleichgewichtsbedingungen gilt:

$$\frac{[CH_3COO^-] \cdot [H^+]}{[CH_3COOH]} = K_{eq}. \tag{3-32}$$

Wählt man als Einheit der Konzentrationen der Reaktionspartner die Molarität (Mol l^{-1}), erhält man:

$$\frac{[CH_3COO^-][Mol\, l^{-1}] \cdot [H^+][Mol\, l^{-1}]}{[CH_3COOH][Mol\, l^{-1}]} = K_{eq} \tag{3-33a}$$

oder

$$\frac{[CH_3COO^-] \cdot [H^+]}{[CH_3COOH]} \cdot [Mol\, l^{-1}] = K_{eq}. \tag{3-33b}$$

Bei Temperaturerniedrigung wird das Volumen V kleiner. Geht man davon aus, daß die Gleichgewichtskonstante K_{eq} temperaturunabhängig ist (was für den jeweiligen Fall zu überprüfen wäre), muß auch der Quotient proportional zur Volumenveränderung abnehmen. Denn anderenfalls würde sich ja K_{eq} verändern. Konzentrierung fördert aber die Assoziationsreaktion, wie Verdünnung die Dissoziationsreaktion begünstigt (Prinzip vom kleinsten Zwang, Le Chatellier). Die Volumenveränderung verursacht also Konzentrationsveränderungen.

Für die praktische Arbeit können solche kleinen temperaturbedingten Konzentrationsverschiebungen (hier pH-Verschiebungen) immer dann bedeutungsvoll werden, wenn z.B. Trennverfahren extrem abhängig von der exakten Einhaltung der Konzentration des Elutionsmittels sind, das Ansetzen der Lösungen und die Durchführung des Versuchs aber in verschieden temperierten Räumen erfolgen.

Inwieweit temperaturbedingte Konzentrationsveränderungen auslösende Reize für adaptive Anpassungsmechanismen von Organismen sein können (extreme Temperaturgänge bei Tag-Nacht-Wechsel), ist meines Wissens nicht systematisch untersucht. Die vielfach gemessenen Poolschwankungen von Metaboliten in Pflanzen aber, die in Abhängigkeit von der Temperatur beobachtet wurden, schließen die hier angesprochene Ursache für Konzentrationsveränderungen sicherlich mit ein.

Um die temperaturbedingten Schwierigkeiten bei der Festlegung der Konzentration von Lösungen zu umgehen, wird die Konzentration oft als Masse pro Masse Lösungsmittel (Mol kg^{-1}), als Molalität, definiert. Die Definition des Wasserpotentials basiert auf dieser Konzentrationsangabe und ist wohl das bekannteste Beispiel aus dem physiologischen Bereich (Dainty 1963).

Auf ein ganz anderes Problem sei im Zusammenhang mit Konzentrationen von Stoffen noch hingewiesen. Nur sehr verdünnte Lösungen verhalten sich wie ideale Lösungen, „Molekülinteraktionen" sind dann zu vernachlässigen. Treten aber „Molekülinteraktionen" auf, entsprechen die „aktiven" Anteile der gelösten Substanzen nicht deren Konzentrationen. Es müssen Aktivitätskoeffizienten eingeführt werden. Die physikochemische Aktivität von Stoffen in Lösungen ist das Produkt aus dem Aktivitätskoeffizient a und der Konzentration des jeweiligen Stoffes.

$$\text{Physikochemische Aktivität} = a \cdot \text{Konzentration} \tag{3-34}$$

„Molekülinteraktionen" sind natürlich besonders ausgeprägt bei ionischen Partikeln. Dies sei am Beispiel des Zusammenhangs zwischen Konzentration und Aktivität von einigen Aminosäuren belegt. 1 M Lösungen von Aminosäuren haben bei 298 K in der Regel Aktivitätskoeffizienten von $\sim$ 1, wie etwa Leucin (a = 1,07) und Valin (a = 0,9); Aktivität und Konzentration entsprechen sich in etwa. Andere dagegen, wie z.B. Asparaginsäure und Glutaminsäure, haben Aktivitätskoeffizienten von 0,36. Hier liegen Aktivität und Konzentration deutlich auseinander. Die für die Ermittlung der Lage des Gleichgewichts erforderliche physikochemische Aktivität kann wegen der extremen Aktivitätskoeffizienten erheblich von den ermittelten Konzentrationen abweichen. Entsprechend abweichend sind dann natürlich die konzentrationsbedingten Gleichgewichtskonstanten K_c von den sogenannten thermodynamischen Gleichgewichtskonstanten K_{eq}. Letztere werden auf der Basis der Aktivitäten ermittelt und sollten nach Möglichkeit bei der Anwendung thermodynamischer Beziehungen verwendet werden. Unter in-vivo-Bedingungen ist aber damit zu rechnen, daß für Kalkulationen die Aktivitätskoeffizienten berücksichtigt werden müßten. Dieser Umstand ist zweifellos ein kritischer Punkt, wenn von in-vitro auf in-vivo-Situationen rückgeschlossen wird.

Aktivitätskoeffizienten sind tabellarisch erfaßt (z.B. D'Ans und Lax 1967, und Rauen 1964) und nachschlagbar. Rechenbeispiele, die zeigen, wie weit konzentrationsbedingte und thermodynamische Gleichgewichtskonstanten auseinanderliegen können, hat Morris (1976) in seinem Buch aufgeführt.

Einige generell akzeptierte Konventionen bei dem Umgang mit Gleichgewichten seien noch zuletzt angefügt (Montgomery und Swenson 1969):

1. Die Konzentration von Wasser wird bei biochemischen Reaktionssystemen in der Regel mit 1 Mol l^{-1} angesetzt (dies, obwohl reines Wasser die Konzentration 1000/18 = 55,5 Mol l^{-1} hat). Nach derselben Konvention wird verfahren, wenn feste Substanzen oder Biopolymere an der Reaktion beteiligt sind. Ihre Konzentration ist dann ebenfalls als 1 Mol l^{-1} angenommen.

2. Wird im Verlauf einer Reaktion H^+ gebildet, und läuft die Reaktion bei vorgegebenem pH ab, z.B. in Pufferlösungen, wird die H^+-Konzentration der Gleichgewichtskonstanten zugeschlagen. Die Gleichgewichtskonstante der Essigsäuredissoziation hat dann die Form:

$$\frac{[CH_3COO^-]}{[CH_3COOH]} = \frac{K_{eq}}{H^+} = K_{H^+}.$$

4 Die thermodynamische Struktur von Reaktionen und Reaktionssequenzen

Wie bereits im einleitenden Kapitel ausgeführt worden ist, ruht die quantitative Beschreibung von Stoffwechselreaktionen auf zwei Säulen:

a) der Aufklärung der thermodynamischen Struktur und

b) der Formulierung geeigneter Zeitgesetze.

Das Prinzip der Behandlung kinetischer Vorgänge und die Arbeit mit Zeitgesetzen ist in den beiden vorangegangenen Abschnitten behandelt worden. Die thermodynamische Struktur von Reaktionen und Reaktionssequenzen soll jetzt besprochen werden.

Mit dem Begriff „thermodynamische Struktur" (Newsholme 1980) wird das Kräfteprofil beschrieben, das die Ursache dafür aufdeckt, ob eine Netto-Reaktion möglich ist und in welcher Richtung eine prinzipiell mögliche Reaktion ablaufen wird. Dieses Kräfteprofil ergibt sich vornehmlich aus den Konzentrationsverhältnissen der Reaktanden und ist nichts anderes als die freie Enthalpie ΔG von Reaktionen. Die Funktion, die die freie Enthalpie definiert, ist der zweite Hauptsatz der Thermodynamik. Dessen Herleitung und theoretische Begründung sollen hier allerdings nicht nachvollzogen werden. Vielmehr wird anhand einiger Beispiele dargelegt, wie dieses Gesetz für die Analyse und Charakterisierung physiologisch-biochemischer Prozesse nutzbar gemacht werden kann.

4.1 Die Richtung einer Reaktion: Triebkräfte und Gesetzmäßigkeiten

Um den jetzt anstehenden Fragenkomplex zu erörtern, muß zunächst die freie Enthalpie ΔG vorgestellt werden. Sie ist definiert als:

$$\Delta G = \Delta H - T \, \Delta S. \tag{4-1}$$

Es bedeuten:

ΔG die Änderung der freien Enthalpie

ΔH die Änderung der Enthalpie

ΔS die Änderung der Entropie

T die absolute Temperatur

Bezüglich der Herleitung und Definition der freien Enthalpie — synonym werden auch die Begriffe freie Energie, Gibbssche freie Energie und Helmholtz' freie Enthalpie verwandt — sei auf die einschlägige Literatur verwiesen, etwa Lehrbücher der Physik und der physikalischen Chemie, speziell Morris (1976), Montgomery und Swenson (1969), Klotz (1971), Lehninger (1974) u.a. Wertvolle Hinweise für den experimentellen Umgang mit diesem Gesetz finden sich bei Benson (1968).

Welche Bedeutung haben nun die oben aufgeführten Komponenten des zweiten Hauptsatzes?

4.1.1 Die Bildungsenthalpie ΔH_f^0 von Stoffen

Organische Verbindungen sind bekanntlich energiereiche Verbindungen, die oxidativ abgebaut werden können und dabei „innere Energie" freisetzen. Diese Verbrennungsenergie, der Wärmeinhalt einer Verbindung, ist die Enthalpie H. Sie hat die Dimension $[\text{kJ Mol}^{-1}]$. Die Enthalpie ist eine komplexe Funktion und umfaßt einen Energie-, einen Druck- und einen Volumenterm. Die Besprechung dieser komplexen Zusammenhänge ist für unser Anliegen nicht erforderlich. Wichtiger ist es dagegen zu erfahren, wie man Enthalpiewerte experimentell ermittelt (s. Abschnitt 4.3) und wie man mit ihnen arbeitet.

In Tabellenwerken der physikalisch-chemischen Literatur sind Enthalpien für einen großen Teil der wichtigen Verbindungen aufgelistet, die im Stoffwechsel vorkommen. In diesen Tabellen findet man Angaben über die sogenannten Bildungsenthalpien. Per definitionem versteht man unter Bildungsenthalpien die Enthalpieänderungen, die bei der Bildung von einem Mol einer Verbindung aus ihren Elementen unter Standardbedingungen (25 °C, 1 atm., 1 molare Lösung, pH 0) auftreten. Da es sich um Differenzen handelt, werden sie als ΔH_f^0 (f für formation) oder ΔH_B^0 (B für Bildung) bezeichnet. Die Bildungsenthalpien haben negative Vorzeichen, im Gegensatz zu den numerisch gleichen Verbrennungswärmen, die positive Vorzeichen besitzen (s. z.B. Lehninger 1974).

Mit Hilfe der Bildungsenthalpie der Reaktanden kann die Wärmeänderung einer Reaktion berechnet werden. Die Berechnung der Wärmeänderung der Gesamtreaktion gelingt nach folgender Beziehung:

$$\Delta H_{\text{Reaktion}}^0 = \Sigma \Delta H_{f\,\text{Produkte}}^0 - \Sigma \Delta H_{f\,\text{Substrate}}^0. \tag{4-2}$$

Die Anwendung der Gleichung soll am Beispiel der Fermentierung der Glucose demonstriert werden. Der erste Schritt zur Anwendung der Gleichung ist die Formulierung der Reaktionsgleichung (4-3). Anschließend kann die Berechnung mit den aus Tabellen entnommenen ΔH_f^0-Werten erfolgen.

$$C_6H_{12}O_6 \rightarrow 2\,C_2H_5OH + 2\,CO_2. \tag{4-3}$$

$$\begin{aligned}
\Delta H_{\text{Reaktion}}^0 &= 2\,(-68{,}6)_{aq} + 2(-98{,}90) - (301{,}88)\ [\text{kcal Mol}^{-1}]\\
&= -33{,}12\ [\text{kcal Mol}^{-1}]^{12)}\\
&= -138{,}67\ [\text{kJ Mol}^{-1}].
\end{aligned}$$

Das Molekül Glucose hat wegen der gegenüber Äthanol und CO_2 komplexeren Struktur mehr potentielle Energie, die beim Übergang in die beiden Produkte als Wärme frei wird. Die Reaktion ist *exotherm* (positives ΔH_f^0 dagegen weist eine *endotherme* Reaktion aus). Die Gesamtenergie des Systems vor und nach der Reaktion ist gleich, die Energieformen jedoch unterschiedlich; ein Teil der chemischen Energie der Glucose liegt jetzt als Wärme vor, der Rest aber als chemische Energie des Äthanols und des CO_2. Diese Beobachtung ist die Aussage des 1. Hauptsatzes der Thermodynamik, dem Gesetz der Erhaltung der Energie.

Die Annahme ist naheliegend, daß Reaktionen mit positiver Wärmetönung auch spontan ablaufen, eine negative Enthalpie also bereits etwas über die Reaktionsrichtung aussagt.

[12)] 1 Calorie = 4,187 Joule

Dem ist aber nicht so. Denn die eben getroffene Feststellung, daß die Gesamtenergie konstant bleibt, läßt prinzipiell auch die Möglichkeit zu, daß die Produkte der Reaktion Wärme aus der Umgebung aufnehmen und dann von rechts nach links reagieren. Die Erfahrung lehrt aber, daß sowohl exotherme wie endotherme Reaktionen spontan ablaufen können, die Reaktionsrichtung also scheinbar unabhängig von der Wärmetönung ist. Was legt dann aber die Richtung des Reaktionsablaufes fest?

4.1.2 Die Entropie und der zweite Hauptsatz

Die Entropie ist ebenfalls eine komplexe Funktion und sagt, sehr vereinfacht formuliert, etwas über den Ordnungszustand und die Stabilität eines Systems aus. Anhand eines Beispiels soll versucht werden, diese Aussage zu verdeutlichen.

Eiweiße können mit Schwermetallen Komplexe bilden. Einer der bekanntesten Eiweißkomplexe ist sicherlich der Cu^{2+}-Protein-Komplex — der Biuretkomplex. Dessen Bildung erfolgt bekanntlich spontan, wenn Cu^{2+}-Ionen in alkalischer Lösung mit Protein zusammenkommen. Das folgende Reaktionsschema beschreibt die Komplexbildung:

$$Cu^{2+} + Protein \rightarrow Cu\text{-Porteinkomplex}. \tag{4-4}$$

Obwohl diese Reaktion spontan abläuft, ist die Enthalpieveränderung positiv, der Vorgang somit endotherm ($\Delta H_f^0 = +12{,}56\ kJ\ Mol^{-1}$). Das Produkt hat einen größeren „Energieinhalt" als die Reaktanden. Im Gegensatz zur Glucosefermentierung reagiert dieses System spontan gegen das Enthalpiegefälle. Verantwortlich dafür ist die Entropieveränderung. Sie ist ein Maß für den Ordnungszustand vor und nach Reaktionsablauf, was durch die folgende Formulierung dargestellt werden soll:

$$Protein\,(H_2O)_x + Cu\,(H_2O)_y^{2+} \rightarrow Protein\text{-}Cu^{2+} + (x+y)\,H_2O. \tag{4-5}$$

Man erkennt, daß bei der Reaktion Hydratwasser-Moleküle frei werden (x und y sind deren Molzahlen). Während das Hydratwasser des Proteins einen hohen Ordnungsgrad aufweist, liegen diese Wassermoleküle nach der Reaktion als freies Wasser in einem Zustand relativer Unordnung vor. Bei spontan ablaufenden Prozessen nimmt also die Unordnung zu. Die Entropieänderung ist die Ursache dafür, daß eine Reaktion so lange abläuft, bis die Unordnung des Systems einen maximalen Grad erreicht hat. Dann befindet sich das System in einem Zustand größter Wahrscheinlichkeit. Prigogine spricht von einem Attraktorzustand (Prigogine und Stengers 1980), dem sich spontan reagierende Systeme anzunähern versuchen und der durch maximale Entropiebildung charakterisiert ist. Damit erkennen wir in der Entropiebildung eine Triebkraft, die Reaktionssysteme in eine vorgegebene Richtung drängt.

Kehrt man nun zurück zur Gleichung des zweiten Hauptsatzes (4-1), kann man folgendes erkennen. Bei sehr niedrigen Temperaturen (0 Kelvin) entsprechen sich freie Energie und Enthalpie. Mit steigender Temperatur gewinnt der Entropieterm an Bedeutung, da er als Produkt mit der Temperatur in die Berechnung eingeht. Das Gewicht der beiden Komponenten der freien Energie ΔG wird also durch die Temperatur zugunsten der Entropie verschoben. Unabhängig von dieser Beobachtung gilt aber für die Beurteilung der Spontaneität einer Reaktion folgende formale Aussage:

Ist ΔG negativ, verläuft die Reaktion von links nach rechts (*exergone* Reaktion).
Ist ΔG positiv, verläuft die Reaktion von rechts nach links (*endergone* Reaktion).
Ist ΔG Null, befinden sich die Reaktionen im Gleichgewicht.

Die freie Energie ΔG liefert somit das entscheidende Kriterium für die Beurteilung und Charakterisierung einer Reaktionssituation. Damit ist der zweite Hauptsatz der Thermodynamik die fundamentale Gleichung, mit deren Hilfe die bereits mehrfach erwähnte thermodynamische Struktur isothermer Reaktionen beschrieben wird. Der ΔG-Wert vermittelt zunächst einmal eine Vorstellung davon, wie das Potentialgefälle einer Reaktion oder einer Reaktionssequenz aussieht. Damit ist vorhersagbar, in welche Richtung eine Reaktion ablaufen wird, vorausgesetzt, die geeigneten Katalysatoren sind vorhanden. Zum anderen beschreibt der ΔG-Wert das Ausmaß der Potentialdifferenz zwischen Ausgangssituation und Gleichgewicht. Mit seiner Hilfe wird also beschrieben, wie hoch der Energiesprung zwischen reagierenden Substraten und entstehenden Produkten ist.

Somit scheint der zweite Hauptsatz eine „Universalität" hinsichtlich der Erkennung der Stabilität und der Vorhersagbarkeit des Verhaltens von Reaktionssystemen zu erlangen. Denn der „Attraktorzustand", das Gleichgewicht, ist durch ein Minimum des Potentials definiert. Dieser Zustand ist auch gleichzeitig der stabilste Zustand des Systems. Schwankungen führen dazu (etwa Konzentrationsveränderungen), daß dieser Zustand immer wieder angestrebt wird. Aus diesem Umstand leitet sich die Vorhersagbarkeit des Verhaltens ab.

Dennoch muß hier eine Einschränkung vorgenommen werden. Die Entwicklung des Gebietes der Thermodynamik irreversibler Systeme hat nämlich zu der Erkenntnis geführt, daß die erwähnte „Universalität" der freien Energie nur für Gleichgewichtsreaktionen und Reaktionen in der Nähe des Gleichgewichts gilt. Systeme fern vom Gleichgewicht bilden als Folge von Schwankungen in *nicht-vorhersehbarer* Weise Stabilitäten aus. Wie bereits erwähnt, sollen diese *„dissipativen Strukturen"*, deren Erforschung vorrangig mit dem Namen Prigogine verbunden ist, in diesem Buch aber nicht behandelt werden.

Bevor anhand einiger Beispiele die freie Energie ΔG noch näher vorgestellt wird, sei ein kurzer Nachtrag zum Thema Entropie gestattet. Es handelt sich um das interessante Phänomen der sogenannten entropiegetriebenen Prozesse in der Biologie (Lauffer 1975). Wichtige Vorgänge, wie die Spindelbildung bei der Zellteilung, die Pseudopodienbildung, die Kristallisation von Viruspartikeln etc. gehören zu diesen Prozessen (s. auch Oosawa und Asakura 1975). Es sind Gleichgewichtsreaktionen, bei denen der strukturierte Zustand durch Temperaturerhöhung begünstigt wird. Die Ursache dafür ist darin zu suchen, daß die Strukturbildung mit einer Entropiezunahme verbunden ist (s. Biuretkomplex). Da nach dem zweiten Hauptsatz ΔS und T ein Produkt bilden, wirkt Temperaturerhöhung begünstigend auf diese Reaktionen. Obwohl die genannten Strukturen typisch für biologische Systeme sind, basiert ihre Ausbildung ausschließlich auf thermodynamischen Triebkräften.

4.2 Methoden der Ermittlung der freien Enthalpie ΔG^0

Um die thermodynamische Struktur — das sogenannte Energieprofil — einer Reaktion oder einer Reaktionssequenz zu beschreiben, müssen die freien Enthalpien der einzelnen Reaktionen ermittelt werden. Dies geschieht in zwei aufeinanderfolgenden Schritten. Zunächst wird der ΔG-Wert unter Standardbedingungen festgelegt. Dieser Standardwert — eine Bezugsgröße — ist die Voraussetzung für die Berechnung der freien Enthalpien für aktuelle Reaktionssituationen.

Im folgenden Abschnitt werden zunächst Methoden vorgeführt, die zur Ermittlung von ΔG-Werten unter Standardbedingungen geeignet sind und die zudem dem biologisch orientierten Experimentator leicht zugänglich sind. Drei Verfahren werden behandelt, die ΔG^{0}-Werte für Standardbedingungen liefern (1 M Konzentration, pH = 0, 25 °C, Druck 1 atm).

Methode 1: Berechnung der freien Enthalpie ΔG^{0} aus den ΔG_f^0-Werten.

In Tabellenwerken der Chemie und Physik, sowie in Spezialliteratur (z.B. Thauer et al. 1977) sind für viele Verbindungen, die den Biochemiker und Physiologen interessieren, die freien Bildungsenthalpien ΔG_f^0 aufgeführt. Diese Werte können benutzt werden, um für eine Reaktion den ΔG^{0}-Wert zu errechnen. Das Vorgehen gestaltet sich analog zur Berechnung der Enthalpiewerte (4-2).

$$\Delta G_{Reaktion}^0 = \Sigma \Delta G_{f\,(Produkte)}^0 - \Sigma \Delta G_{f\,(Substrate)}^0 \, . \tag{4-6}$$

Die Berechnung des ΔG^{0}-Wertes für die Fermentierung von Glucose erfolgt nach folgendem Schema: Zunächst muß wieder die Reaktionsgleichung aufgeschrieben werden.

$$C_6H_{12}O_6 \rightarrow 2C_2H_5OH + 2CO_2 \, . \tag{4-7}$$

Dann werden die ΔG_f^0-Werte nachgeschlagen und gemäß der Beziehung (4-6) eingesetzt.

$$\Delta G_{Reaktion}^0 = 2 \times (-43{,}44) + 2 \times (-94{,}25) - (-218{,}58) \tag{4-8}$$
$$\phantom{\Delta G_{Reaktion}^0 =} \text{Produkte} \qquad\qquad \text{Substrat}$$
$$= -56{,}8 \; [\text{kcal Mol}^{-1}]$$
$$= -237{,}8 \; [\text{kJ Mol}^{-1}] \, .$$

Die Berechnung sagt folgendes aus: Wenn unter Standardbedingungen 1 M Glucose neben je 1 M Äthanol bzw. CO_2 vorliegt, herrscht ein Energiegefälle in Richtung der Produkte (symbolisiert durch das negative Vorzeichen). Unter geeigneten Katalysebedingungen wird die Reaktion also von links nach rechts verlaufen. Der Energiebetrag, der bis zum Erreichen des Gleichgewichts dieser Reaktion freigesetzt wird, beträgt 237,8 kJ Mol^{-1} (exergone Reaktion). Im Gegensatz zur Wärmetönung ΔH_f^0 besagt der ΔG^{0}-Wert, daß dieser Energiebetrag die sogenannte „arbeitsfähige" Energie der Reaktion darstellt. In physiologischen Systemen wird die „arbeitsfähige" Energie benötigt, um Synthesen durchzuführen sowie Transportprozesse und Bewegungen zu ermöglichen. Dem ΔG^{0}-Wert ist dagegen nicht zu entnehmen, ob die formulierte Reaktion über mehrere Zwischenstufen oder direkt abläuft. Der ΔG^{0}-Wert liefert lediglich die Gesamtbilanz gemäß Gl. (4-7). Sind auf dem Weg von der Glucose zum Äthanol + CO_2 mehrere Reaktionsstufen zu durchlaufen, ist der Gesamtbetrag der freien Enthalpie auf diese Stufen aufgeteilt. Der schrittweise Abbau der Glucose (wie er ja in der Zelle erfolgt) geschieht über unterschiedliche energetische Zwischenstufen. Deren Summe stellt das *Energieprofil* einer Reaktionssequenz dar (s. Abschnitt 4.4).
Mit der Darstellung wird auch klar, warum der ΔG-Wert für die Berechnung aktueller Reaktionssituationen noch erweitert werden muß. Unter aktuellen Bedingungen liegen ja in der Regel beliebige Ausgangskonzentrationen von Substraten und Produkten vor. Diesem Umstand wird folgendermaßen Rechnung getragen.

Für eine beliebige Reaktion

$$a\,[A] + b\,[B] \rightleftharpoons c\,[C] + d\,[D].\tag{4-9}$$

(a, b, c und d sind Anzahlen der reagierenden Moleküle A, B, C und D) errechnet sich der aktuelle ΔG-Wert, $\Delta G_{aktuell}$, nach der Gleichung:

$$\Delta G_{aktuell} = \Delta G^0 + RT \ln \frac{[C]^c \cdot [D]^d}{[A]^a \cdot [B]^b}.\tag{4-10}$$

(Für die Ableitung dieses Ausdrucks siehe Montgomery und Swenson 1969). Der logarithmische Ausdruck der Gleichung beschreibt die variable Reaktionsbedingung. Ein Rechenbeispiel mit dieser Formel folgt bei der Besprechung der Methode 2 zur Ermittlung des ΔG-Wertes.

Zunächst sei aber auf eine Publikation von Slater (1981) hingewiesen, in der der Autor den ΔG^0-Wert der Succinatoxidation berechnet. Dieses Beispiel ist deshalb interessant, da dort vorgeführt wird, wie auf der Basis der in diesem Kapitel besprochenen thermodynamischen Parameter der ΔG^0-Betrag einer Reaktion ermittelt wird. Gegenüber den hier vorgestellten Berechnungen sind in der Publikation noch Dissoziations- und Lösungsenergien berücksichtigt, die ebenfalls im ΔG^0-Wert enthalten sind. Das Rechenbeispiel kann als Vorlage für ähnliche Kalkulationen angesehen werden, da alle Schritte im Detail aufgeführt sind. Der berechnete und der experimentell ermittelte ΔG^0-Betrag der Succinat-Oxidation stimmen übrigens sehr gut überein.

Methode 2: Ermittlung des ΔG^0-Wertes aus der Gleichgewichtskonstanten

Eine experimentell sehr leicht zugängliche Größe ist die Gleichgewichtskonstante einer Reaktion. Sie ist ebenfalls geeignet, um ΔG^0-Werte zu bestimmen. Die freie Enthalpie ist mit der Gleichgewichtskonstanten durch folgende Beziehung verbunden:

$$\Delta G^0 = - RT \ln K_{eq}\tag{4-11}$$

$$R = \text{Gaskonstante } (8{,}314 \text{ J Mol}^{-1} K^{-1} \text{ oder } 1{,}987 \text{ cal Mol}^{-1} K^{-1})$$

$$T = \text{absolute Temperatur (K)}$$

Als Rechenbeispiel für die Anwendung dieser Beziehung sei die Keto-Enoltautomerie der Oxalessigsäure genannt ($K_{eq} = 4{,}83$)

$$\begin{aligned}
\Delta G^0 &= - 1{,}987 \cdot 10^{-3} \cdot 298 \ln 4{,}83 \text{ [kcal Mol}^{-1}]\\
&= - 0{,}99 \text{ [kcal Mol}^{-1}]\\
&= - 4{,}15 \text{ [kJ Mol}^{-1}]
\end{aligned}\tag{4-12}$$

Der ΔG^0-Wert belegt, daß bei der Keto-Enoltautomerie unter Standardbedingungen spontan die Ketoform der Oxalessigsäure gebildet wird. Die Reaktion ist exergon und setzt lediglich einen vergleichsweise kleinen Energiebetrag frei.

Um mittels der aktuellen Konzentrationen eines Reaktionssystems $\Delta G_{aktuell}$ zu berechnen, wird Gl. (4-10) benötigt. Diese Gleichung kann auch in etwas anderer Schreibweise formuliert werden, wenn Gl. (4-11) berücksichtigt wird.

$$\Delta G_{aktuell} = - RT \ln K_{eq} + RT \ln \frac{[Produkte]}{[Substrate]}.\tag{4-13}$$

Der Quotient dieser Gleichung heißt auch *Massenwirkungsquotient* und wird mit der Bezeichnung Γ (groß Gamma) = P/S belegt. Unter Berücksichtigung dieser Schreibweise ergibt sich für $\Delta G_{aktuell}$ der Ausdruck

$$\Delta G_{aktuell} = - RT \ln K_{eq} + RT \ln \Gamma \tag{4-14}$$

und nach Umformung:

$$\Delta G_{aktuell} = RT \ln \frac{\Gamma}{K_{eq}} \; . \tag{4-15}$$

Diese Schreibweise zeigt besonders deutlich, daß der ΔG-Wert die Auslenkung eines Reaktionssystems aus dem Gleichgewicht wiedergibt. Gleichzeitig läßt er erkennen, daß der Vergleich zwischen Massenwirkungsquotient und thermodynamischer Gleichgewichtskonstante auch das Potentialgefälle der Reaktion festlegt, da sich das Vorzeichen des ΔG-Wertes aus diesem Quotienten ergibt.
Denn es gilt:

$$\frac{\Gamma}{K_{eq}} < 1; \qquad \Delta G_{aktuell}: \text{negativ},$$

$$\frac{\Gamma}{K_{eq}} > 1; \qquad \Delta G_{aktuell}: \text{positiv}, \tag{4-16}$$

$$\frac{\Gamma}{K_{eq}} = 1; \qquad \Delta G_{aktuell}: \text{Null}$$

(s. auch Abschnitt 6.2).
Die Gl. (4-15) soll auf eine Fragestellung angewandt werden, wie sie sich dem Analytiker oft stellt.
Aus einem Organismus seien Malat und Fumarat isoliert und quantitativ bestimmt worden. Nach welcher Seite würde diese Reaktion, die von der Fumarase katalysiert wird, verlaufen, wenn 10^{-3} Mol l^{-1} Malat und 10^{-4} Mol l^{-1} Fumarat vorliegen?
Die Fumarase katalysiert die Reaktion:

$$\text{Fumarat} + H_2O \rightleftharpoons \text{Malat} \quad \Delta G^0 = - 0{,}75 \; [\text{kcal Mol}^{-1}] \tag{4-17}$$
$$= - 3{,}14 \; [\text{kJ Mol}^{-1}]$$
$$K_{eq} = 3{,}55$$

$$\Gamma = \frac{[\text{Malat}]}{[\text{Fumarat}]} = \frac{10^{-3}}{10^{-4}} = 10. \tag{4-18}$$

Einsetzen in die Gl. (4-15) ergibt:

$$\Delta G = RT \ln \frac{\Gamma}{K_{eq}} \tag{4-19}$$

$$= 0{,}001987 \cdot 298 \ln \frac{10}{3{,}55} \; [\text{kcal Mol}^{-1}]$$

$$= 0{,}61 \; [\text{kcal Mol}^{-1}]$$
$$= 2{,}55 \; [\text{kJ Mol}^{-1}].$$

Unter den vorgegebenen Reaktionsbedingungen erfolgt die Rückreaktion der Fumarase, also Fumaratbildung. (Achtung: Gemäß der gängigen Konvention ist $[H_2O]$ als eins angenommen worden.

Methode 3: Ermittlung von ΔG^0 aus dem Redoxpotential

Redoxreaktionen gehören zu den wichtigsten Reaktionen im Stoffwechsel, denn oxidative Abbauvorgänge liefern einen Hauptanteil der Energie für den Betriebsstoffwechsel, während reduktive Reaktionen ein wesentlicher Bestandteil von Synthesesequenzen sind. Daher ist es nicht verwunderlich, daß für einen Großteil von Redoxreaktionen des Stoffwechsels Redoxpotentiale gemessen worden sind. Die Redoxpotentiale charakterisieren eine Redoxreaktion und können ihrerseits für die Berechnung von ΔG^0-Werten eingesetzt werden.

Es gilt folgende Abhängigkeit:

$$\Delta G^0 = -n \cdot F \cdot E_0 . \tag{4-20}$$

   n = Anzahl der bei dem Redoxvorgang übertragenen Elektronen

   F = Faraday Konstante (23,061 kcal $\text{Volt}^{-1}\text{Mol}^{-1}$; 96,56 kJ $\text{Volt}^{-1}\text{Mol}^{-1}$)

   E^0 = Redoxpotential unter Standardbedingungen (Volt)

Am Beispiel der Pyruvatreduktion mittels NADH wird vorgeführt, wie die obige Formel anzuwenden ist.

Zunächst muß die Redoxreaktion aus ihren Teil- oder Halbreaktionen entwickelt werden. Den einschlägigen Tabellen sind die Redoxpotentiale der Halbreaktionen zu entnehmen.

$$\begin{aligned} \text{Pyruvat} + 2H^+ + 2e^- &\rightleftharpoons \text{Laktat} & E_0^1 &= +0,224 \text{ [Volt]} \\ NAD^+ + 2H^+ + 2e^- &\rightleftharpoons NADH + H^+ & E_0^2 &= -0,107 \text{ [Volt]} \end{aligned} \tag{4-21}$$

Beachte: beide Halbreaktionen sind in Richtung der Reduktion geschrieben.

E_0 ist das Redoxpotential unter Standardbedingungen. Die Reaktion mit dem negativeren Redoxpotential ist der e-Donator; NADH wird also oxidiert. Deshalb wird diese Halbreaktion in Richtung Oxidation geschrieben. Die beiden Halbreaktionen müssen hinsichtlich der Anzahl der Elektronen ausbalanciert sein. Dies ist im Beispiel bereits der Fall:

$$\begin{aligned} \text{Pyruvat} + 2H^+ + 2e^- &\rightleftharpoons \text{Laktat} & E_0^1 &= +0,224 \text{ Volt,} \\ NADH + H^+ &\rightleftharpoons NAD^+ + 2H^+ + 2e^- & E_0^2 &= +0,107 \text{ Volt.} \end{aligned}$$

Beide Gleichungen werden addiert:

$$\text{Pyruvat} + NADH + H^+ \rightleftharpoons \text{Laktat} + NAD^+ \qquad \Delta E_0 = +0,331 \text{ Volt.} \tag{4-22}$$

Damit ist die Redoxreaktion formuliert und das Redoxpotential für Standardbedingungen ermittelt. Mit dem so gewonnenen Redoxpotential wird nach Gl. (4-20) ΔG^0 berechnet.

$$\begin{aligned} \Delta G^0 &= -2 \cdot 23{,}061 \cdot (+0{,}331) \\ &= -15{,}25 \, [\text{kcal Mol}^{-1}] \\ &= -63{,}85 \, [\text{kJ Mol}^{-1}] \end{aligned} \tag{4-23}$$

Die Reaktion ist unter Standardbedingungen also stark exergon und kann spontan in Richtung Laktatbildung verlaufen.

Um die Berechnung des Redoxpotentials für beliebige Reaktionsbedingungen zu ermöglichen, muß man $E_{aktuell}$ kennen. Dieser Wert wird mit der folgenden Gleichung bestimmt:

$$E_{aktuell} = E_0 + \frac{RT}{n \cdot F} \cdot \ln \frac{[\text{oxidierte Reaktionspartner}]}{[\text{reduzierte Reaktionspartner}]} . \qquad (4\text{-}24)$$

Die Analogie zur Gl. (4-13) ist offensichtlich, weshalb eine weitere Diskussion dieser Abhängigkeit unterbleiben soll.

Die Anwendung der Gleichung auf eine konkrete Fragestellung soll mit dem folgenden Beispiel demonstriert werden. Aus dem Zellhomogenat eines Anaerobiers seien folgende Metaboliten- und Coenzymkonzentrationen ermittelt worden: Pyruvat $10^{-3}\,\text{Mol}\,l^{-1}$, Lactat $10^{-2}\,\text{Mol}\,l^{-1}$, NAD^+ $10^{-4}\,\text{Mol}\,l^{-1}$, NADH $10^{-6}\,\text{Mol}\,l^{-1}$. Erfolgt unter diesen Reaktionsbedingungen Pyruvat-Reduktion oder Lactat-Oxidation?

Zur Beantwortung dieser Frage werden zunächst die Halbreaktionen aufgeschrieben, wie es in Gl. (4-21) bereits geschehen ist. Mit den Redoxpotentialen dieser Halbreaktionen werden jetzt die jeweiligen Redoxpotentiale $E_{aktuell}$ mit Gl. (4-24) für die aktuelle Reaktionssituation berechnet.

$$
\begin{aligned}
E_{aktuell}^{NADH} &= -0{,}107 + \frac{RT}{nF} \ln \frac{10^{-4}}{10^{-6}} \\
&= -0{,}107 + 0{,}060 \\
&= -0{,}047\ [\text{Volt}] \\
\\
E_{aktuell}^{Pyruvat} &= +0{,}224 + \frac{RT}{nF} \ln \frac{10^{-3}}{10^{-2}} \\
&= +0{,}224 + (-0{,}030) \\
&= +0{,}194\ [\text{Volt}]
\end{aligned}
\qquad (4\text{-}25)
$$

Als erstes Ergebnis steht jetzt fest, daß Pyruvat reduziert wird. Denn als Bilanz erhält man:

$$
\begin{aligned}
NADH + H^+ &\rightleftharpoons NAD^+ + 2H^+ + 2e^- \qquad E_{aktuell}^{NADH} = +0{,}047\ \text{Volt} \\
Pyruvat + 2H^+ + 2e^- &\rightleftharpoons Lactat \qquad E_{aktuell}^{Pyruvat} = +0{,}194\ \text{Volt}
\end{aligned}
\qquad (4\text{-}26)
$$

Nach Addition beider Gleichungen:

$$Pyruvat + NADH + H^+ \rightleftharpoons NAD^+ + Lactat \qquad \Delta E_{aktuell} = +0{,}241\ \text{Volt}.$$

Hieraus kann jetzt die freie Enthalpie der Reaktion ermittelt werden.

$$
\begin{aligned}
\Delta G_{aktuell} &= -n \cdot F \cdot \Delta E_{aktuell} \\
&= -2 \cdot 23 \cdot (+0{,}241) \\
&= -11{,}1\ [\text{kcal Mol}^{-1}] \\
&= -46{,}48\ [\text{kJ Mol}^{-1}]
\end{aligned}
\qquad (4\text{-}27)
$$

Unter den angenommenen Reaktionsbedingungen herrscht also ein sehr steiles Energiegefälle in Richtung der Lactatbildung vor, die Reaktion kann spontan im Sinne einer Pyruvatreduktion erfolgen.

Als Zwischenbilanz der bisher erörterten Zusammenhänge kann gelten, daß der ΔG^0-Wert einer Reaktion nach verschiedenen Verfahren ermittelt werden kann und zwar

a) rechnerisch aus den tabellarisch aufgelisteten ΔG_f^0-Werten,
b) aus der Gleichgewichtskonstanten und
c) aus den Redoxpotentialen.

Der ΔG^0-Wert stellt seinerseits die Basis für energetische Berechnungen von Reaktionen mit beliebigen Ausgangskonzentrationen dar.

4.3 Die Gleichgewichtskonstante als Funktion der Temperatur: Ermittlung der thermodynamischen Größen ΔH^0 und ΔS^0 einer Reaktion

Für die Untersuchung von Stoffwechselabläufen bietet die freie Enthalpie ΔG in den meisten Fällen schon eine Charakteristik, die eine hinreichende Beschreibung der Reaktionssituation zuläßt. Oft ist es aber interessant, auch die Hintergründe zu durchleuchten, die in ihrer Summe die freie Enthalpie ausmachen. Wenn es z.B. darum geht, die Wechselwirkungen zwischen Proteinen und Repressoren aufzuklären, Hormon-Protein-Interaktionen zu charakterisieren oder die bereits zitierten entropiegetriebenen Strukturbildungen zu analysieren, gewähren die Beträge der freien Enthalpie nur unzureichende Ansatzpunkte für die Aufklärung von Kausalzusammenhängen. Dann müssen die Einzelkomponenten des zweiten Hauptsatzes experimentell gemessen werden. Ein experimenteller Ansatz, der die Bestimmung von ΔH^0 und ΔS^0 zuläßt, ist im folgenden Beispiel erörtert. Die Basis für die Untersuchung ist die Temperaturabhängigkeit der Gleichgewichtskonstanten. Ist K_{eq} temperaturabhängig, kann nach Gl. (4-28) analysiert werden, die sich aus den Gln. (4-1) und (4-11) herleitet.

$$\Delta H^0 - T\,\Delta S^0 = -RT\ln K_{eq}. \tag{4-28}$$

Nach Umformung wird daraus:

$$\ln K_{eq} = \frac{\Delta S^0}{R} - \frac{\Delta H^0}{R}\cdot\frac{1}{T}. \tag{4-29}$$

Trägt man also $1/T$ gegen $\ln K_{eq}$ auf, resultiert daraus eine Gerade mit der Steigung $\Delta H^0/R$. Aus der Steigung läßt sich ΔH^0 bestimmen. In Verbindung mit dem ΔG^0-Wert der jeweiligen Reaktion gelingt die Berechnung von ΔS^0.
Am Beispiel der Gleichgewichtslage der Fumarasereaktion Gl. (4-17) wird eine ΔH^0-Bestimmung vorgeführt (Bild 10). Die Auftragung der Meßwerte liefert eine Gerade; deren Steigung m beträgt:

$$m = \frac{1{,}51 - 0{,}92}{(3{,}42 - 3{,}1)\cdot 10^{-3}} = 1{,}844\cdot 10^3.$$

Da $m = -\Delta H^0/R$ ist, resultiert durch Umformung:

$$\begin{aligned}
\Delta H^0 &= -m\cdot R \tag{4-30}\\
&= -1{,}844\cdot 10^3\cdot 1{,}987\\
&= -3{,}66\cdot 10^3\ [\text{cal Mol}^{-1}]\\
&= -3{,}66\ [\text{kcal Mol}^{-1}]\\
&= -15{,}32\ [\text{kJ Mol}^{-1}].
\end{aligned}$$

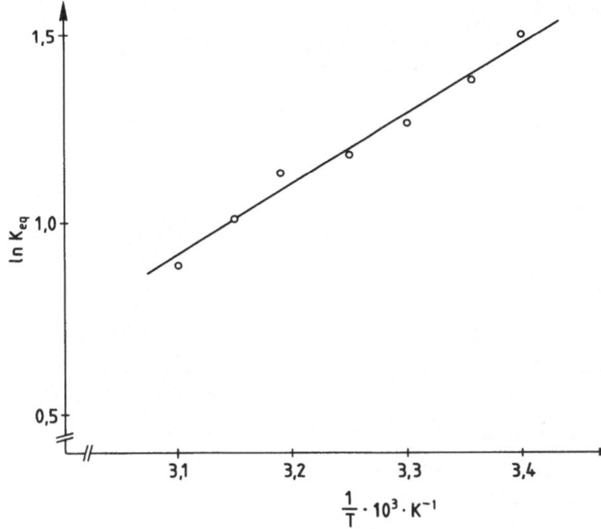

Bild 10

Bestimmung der Enthalpie einer reversiblen Reaktion nach der Beziehung:

$$\ln K_{eq} = \frac{\Delta S^0}{R} - \frac{\Delta H^0}{R} \cdot \frac{1}{T}.$$

Die Auftragung von $\ln K_{eq}$ gegen $\frac{1}{T}$ liefert eine Gerade mit der Steigung $-\frac{\Delta H^0}{R}$. (Experimentelle Daten nach Scott und Powell 1948)

Damit ist der freie Enthalpiebetrag ΔH^0 der Reaktion ermittelt. Die Graphik liefert aber noch weitere Informationen. Aus der linearen Abhängigkeit zwischen $\ln K_{eq}$ und $1/T$ geht hervor, daß die Enthalpie der Reaktion von der Temperatur unabhängig ist. (Eine Temperaturabhängigkeit von ΔH^0 gäbe sich in nicht-linearem Verlauf zu erkennen, Laidler 1978.) Auch der numerische Wert der Enthalpie gibt Aufschlüsse über die Reaktion. Ein kleiner Wert zeigt an, daß der reversible Vorgang gegenüber Temperaturveränderungen unempfindlich ist. Ein großer numerischer Wert der Enthalpie dagegen weist eine hohe Temperaturempfindlichkeit aus. Die Anwendung dieser Erkenntnis auf Stoffwechselreaktionen muß in all jenen Fällen von Interesse sein, bei denen Organismen hohen Temperaturschwankungen ausgesetzt sind (Tag-Nacht-Rhythmen) und für die zudem gilt, daß z.B. „Tag- und Nachtstoffwechsel" deutliche Unterschiede aufweisen. Liegen in einer Sequenz Reaktionen nebeneinander vor, deren Gleichgewichtslagen stark voneinander abweichende Temperaturabhängigkeiten haben, ist nach Temperatursprüngen mit erheblichen Poolverschiebungen zu rechnen. Stoffwechselumorientierung im Gefolge solcher Veränderungen sind durchaus denkbar und besonders im botanisch physiologischen Bereich zu erwarten.

Über den ΔG-Wert läßt sich aus den Daten des Bildes 10 auch noch die Entropie berechnen.

$$\Delta G^0 \text{ (für 25 °C)} = - RT \ln K_{eq} \tag{4-31}$$
$$= - 0,001987 \cdot 298 \cdot 1,38$$
$$= - 0,817 \, [\text{kcal Mol}^{-1}]$$
$$= - 3,42 \, [\text{kJ Mol}^{-1}].$$

Damit wird auch der ΔS^0-Wert zugänglich:

$$\Delta G^0 = \Delta H^0 - T\, \Delta S \qquad\qquad (4\text{-}31)$$

$$\Delta S = \frac{\Delta H^0 - \Delta G^0}{T}$$

$$= \frac{-3{,}66 - (-0{,}817)}{298}$$

$$= -9{,}55 \cdot 10^{-3}\ [\text{kcal Mol}^{-1}\,\text{K}^{-1}]$$

$$= -40 \cdot 10^{-3}\ [\text{kJ Mol}^{-1}\,\text{K}^{-1}].$$

Mit dieser Auswertung sind alle wichtigen Daten für den reversiblen Übergang Fumarat $\rightleftharpoons$ Malat für eine vorgegebene Reaktionsbedingung ermittelt. (pH 7,29, 25 °C und einen Phosphatpuffer der Ionenstärke 0,2.)

Dieses Kapitel soll nicht abgeschlossen werden, ohne die Frage nach der Verwertbarkeit physikochemischer Analysemethoden für die Untersuchung biologischer Systeme zumindest anzusprechen. Das oft vorgebrachte Argument, daß biologische Systeme zu komplex seien, um auf der Basis thermodynamischer Gesetze beschrieben zu werden, ist nur bedingt stichhaltig. Für den Bereich des Stoffwechsels insgesamt hat sich die Anwendung dieser Gesetze bestens bewährt. Schwierigkeiten für die Anwendung des zweiten Hauptsatzes, die sich aus der Kompartimentierung von Stoffen ergeben, sind eher eine Herausforderung an den Experimentator als ein Argument gegen dessen Brauchbarkeit. Sicherlich aber gibt es auch Bereiche der Biologie, die bisher (noch?) nicht einer physikalisch-chemischen Analyse zugänglich sind. Inwieweit solche Bereiche außerhalb der Zuständigkeit der analytischen Biologie überhaupt liegen (Rosen 1968), wird durch weitere Untersuchungen und Diskussionen geklärt werden müssen.

4.4 Freie Enthalpie und Stoffwechselsequenzen: die Glykolyse als Modellfall

Mit dem Rüstzeug, das der zweite Hauptsatz der Thermodynamik für die Charakterisierung von Reaktionen liefert, lassen sich auch Reaktionssequenzen beschreiben, natürlich auch Stoffwechselsequenzen. Stoffwechselsequenzen sind ja die Hintereinanderschaltung von Folgereaktionen, die in der Regel durch einen vektoriellen, also gerichteten Stoffluß ausgezeichnet sind. Bei der Glykolyse z.B. wird Glucose in einer Sequenz aufeinanderfolgender Reaktionen in Pyruvat überführt, Fettsäuren werden im Verlauf der Reaktionssequenz der β-Oxidation in C_2-Körper gespalten, Phenylpropane liefern nach vielen metabolischen Schritten Flavonoide und Lignine etc. Abläufe dieser Art sind für den gesamten Bereich des Intermediär- und Sekundärstoffwechsels typisch.

Wenn nun beurteilt werden soll, ob und in welcher Weise sich bestimmte experimentelle Manipulationen auf den Zell-Stoffwechsel von Versuchsobjekten auswirken, müssen einzelne Stoffwechselsequenzen vor und nach der Behandlung charakterisiert werden. Charakterisieren aber heißt,

a) die thermodynamische Struktur aufzuklären und

b) das kinetische Verhalten zu beschreiben.

Mit der nun folgenden Besprechung der Glykolysesequenz wird dargestellt, wie das Energieprofil dieses zentralen Stoffwechselweges aussieht, was zu bedenken ist, wenn es ermittelt wird, und welche Beurteilungskriterien ein Energieprofil liefert.
Die zu charakterisierende Stoffwechselsequenz ist in der Gl. (4-32) skizziert.

$$\text{Reservestoff Pool} \rightleftharpoons \underbrace{[\text{Glucose} \rightleftharpoons \rightleftharpoons \cdots \text{Pyruvat}]}_{\text{Glykolysesequenz}} \rightleftharpoons \underbrace{\text{Bassin}}_{\substack{\text{(Abtransport} \\ \text{in Mitochondrien)}}} \qquad (4\text{-}32)$$

Die einzelnen Reaktionsschritte der Sequenz sind in Bild 11 benannt, einschließlich der freien Enthalpien unter Standardbedingungen $\Delta G^{0\prime}$ ($\Delta G^{0\prime}$-Werte aus Rauen 1964). Die Bezeichnung $\Delta G^{0\prime}$ besagt, daß hier die freie Energie unter Standardbedingungen bei pH 7,0 und nicht bei pH 0 gemeint ist. Wie aus dem Energieprofil unter Standardbedingungen hervorgeht, wäre unter diesen Voraussetzungen (Standardbedingungen) ein vektorieller Ablauf der Sequenz weder im Sinne einer Glykolyse noch im Sinne einer Gluconeogenese möglich. Diese Aussage resultiert aus der Beobachtung, daß exergone und endergone Reaktionen willkürlich hintereinandergereiht sind.
Wie aber sieht das Energieprofil der Glykolyse aus, wenn $\Delta G^{0\prime}_{\text{aktuell}}$-Beträge berechnet werden, also zusätzlich zur freien Energie unter Standardbedingungen noch der Massen-

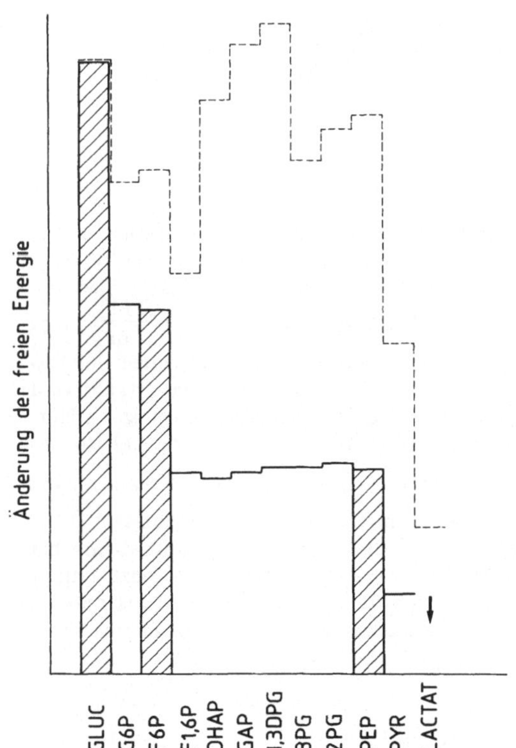

Bild 11

Energieprofil der Glykolysekette von Erythrocyten. Aufgetragen ist die Änderung der freien Enthalpie gemäß der Beziehung $\Delta G = R\,T\,\ln\dfrac{\Gamma}{K_{eq}}$ gegen die einzelnen Reaktionsschritte der Glykolyse. Auf der Abszisse sind jeweils Substrat und Produkt der aufeinanderfolgenden Reaktionen aufgeführt, ohne Berücksichtigung von Coenzymen (NAD/NADH) oder Cofaktoren (ATP/ADP).

- – –   Energieprofil der Einzelreaktionen unter Standardbedingungen ($\Delta G^{0\prime} = -\,R\,T\ln K$).

———   Energieprofil der Einzelreaktionen unter in-vivo-Bedingungen.

Gluc	= Glucose,
G 6 P	= Glucose-6-Phosphat
F 6 P	= Fructose-6-Phosphat
F 1,6 P	= Fructose-1,6-Diphosphat
DHAP	= Dihydroxyacetonphosphat
GAP	= Glycerinaldehyd-3-Phosphat
1,3 DPG	= 1,3-Diphosphatglycerat
3 PG	= 3-Phosphoglycerat
2 PG	= 2-Phosphoglycerat
PEP	= Phosphoenolpyruvat
PYR	= Pyruvat

wirkungsquotient berücksichtigt wird (Gln. (4-10) und (4-15))? Um den Massenwirkungsquotienten zu berechnen, müssen die „in-vivo"-Konzentrationen der Metaboliten der
Sequenz bekannt sein.

Die Metabolitenkonzentrationen der Glykolyse sind für Erythrocyten ermittelt worden
(tabellarische Zusammenstellung bei Lehninger 1977). Auf der Basis dieser Zahlenwerte
ist das in Bild 11 dargestellte Energieprofil berechnet worden. Bei der Berechnung der
Massenwirkungsquotienten wurde berücksichtigt, daß die Reaktionen in ein Fließsystem
eingebettet sind. Was mit der Einbettung der Reaktion in ein Fließsystem gemeint ist,
und wie sich dies auf die Berechnung des Massenwirkungsquotienten auswirkt, wird am
Beispiel der Reaktion der Glukosephosphat-Isomerase in Bild 12 erläutert (Details siehe
Legende).

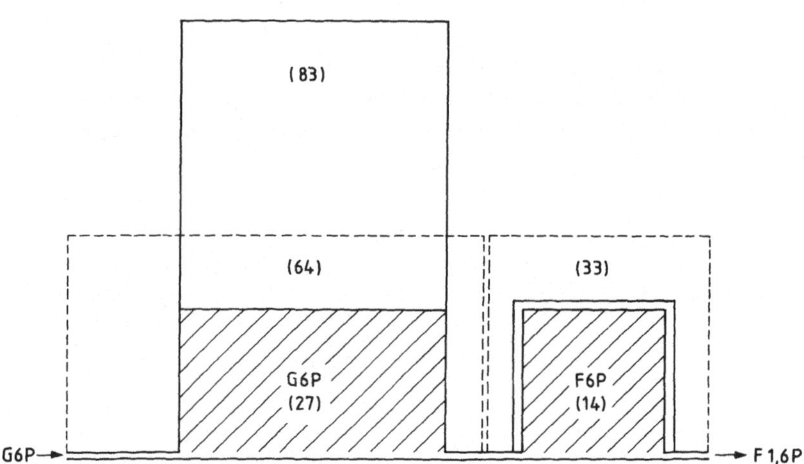

Bild 12 Aktuelle Metabolitenkonzentration und Berechnung des Massenwirkungsquotienten, darge-
stellt am Beispiel der Glucosephosphat-Isomerase Reaktion. Die steady-state-Konzentrationen von
G6P und F6P in Erythrocyten betragen 83 und 14 Konzentrationseinheiten (festumrandete Flächen).
Die Gleichgewichtskonstante dieser Reaktion beträgt unter Standardbedingungen $K_{eq} = \dfrac{[F6P]}{[G6P]} = 0{,}51$.
In einem geschlossenen System (Standardbedingungen, 83 bzw. 14 Konzentrationseinheiten G6P bzw.
F6P, Isomerase vorhanden, kein Zufluß von Seiten der Glucose, kein Abfluß in Richtung F1, 6P) würde
diese Reaktion so lange in Richtung F6P-Bildung ablaufen, bis die Gleichgewichtsbedingungen erfüllt
sind (gestrichelte Umrandung). Die Gleichgewichtskonzentrationen wurden nach Formel (3-10) be-
rechnet und betragen 33 und 64 Konzentrationseinheiten $\left(K_{eq} = \dfrac{33}{64} = 0{,}51 \right)$. Da die Reaktion jedoch
in ein Fließgleichgewicht eingebettet ist, bleibt auch die Konzentration des Produktes konstant (14
Einheiten). Der mit diesen 14 Einheiten im Gleichgewicht befindliche Anteil X des Substrats errechnet
sich nach der Verhältnisgleichung 33 : 64 = 14 : X. Der Wert X hat den Betrag von 27 Konzentrationseinheiten (schraffierte Fläche). Als aktuelle Ablenkung des Substrats von der Gleichgewichtskonzentration bleiben somit 83 ~ 27 Einheiten. Den Massenwirkungsquotienten Γ erhält man aus
$\Gamma = \dfrac{14}{83 - 27} = 0{,}25$. Mittels Gleichung (4-15) berechnet sich die freie Energie nach

$$\Delta G = R\,T \ln \frac{\Gamma}{K} = R\,T \ln \frac{0{,}25}{0{,}51} = -\,0{,}42 \;[\text{kcal Mol}^{-1}] = -\,1{,}76\;[\text{kJ Mol}^{-1}]$$

Es gilt folgende Berechnungsgrundlage:

$$K_{eq} = \frac{[P]_{ss} + \Delta S}{[S]_{ss} - \Delta S} \cdot \qquad (4\text{-}33)$$

K_{eq} ist die Gleichgewichtskonstante, $[P]_{ss}$ und $[S]_{ss}$ sind die Produkt- und Substratkonzentrationen unter steady-state-Bedingungen. ΔS ist die Abweichung der steady-state-Konzentration von der Gleichgewichtskonzentration. Durch Umformen erhält man

$$[S]_{ss} - \Delta S = \frac{[P]_{ss} + \Delta S}{K_{eq}}$$

oder anders formuliert

$$\Delta S = [S]_{ss} - \frac{[P]_{ss} + \Delta S}{K_{eq}} \cdot \qquad (4\text{-}34)$$

Da wegen des vorliegenden Fließgleichgewichts $[P]_{ss}$ aber konstant ist und durch die Reaktion nicht zunimmt, entfällt ΔS im Zähler. Man kann also schreiben:

$$\Delta S = [S]_{ss} - \frac{[P]_{ss}}{K_{eq}} \cdot \qquad (4\text{-}35)$$

Mit den Zahlenwerten der Glucosephosphat-Isomerasereaktion (Bild 12) berechnet sich der ΔS-Wert zu: $\Delta S = 55{,}5$ Konzentrationseinheiten. Der Massenwirkungsquotient im steady-state ergibt sich als Verhältnis der Produktkonzentration zur effektiven Substratkonzentration ΔS.

$$\Gamma = \frac{[P]_{ss}}{\Delta S} \cdot \qquad (4\text{-}36)$$

Mit diesem Γ-Wert und der Gl. (4-15) berechnet man schließlich den Betrag $\Delta G_{aktuell}$ der Isomerasereaktion. Er beträgt $\Delta G_{aktuell} = -1{,}76$ [kJ Mol^{-1}]. In der Legende des Bildes 12 ist dieselbe Berechnung in etwas anderer Form vorgeführt.

Ungeachtet des formalen Vorgehens bei der Berechnung der Massenwirkungsquotienten interessiert in unserem Zusammenhang besonders das Ergebnis der Auswertung. Wie Bild 11 zeigt, weist das Gesamtprofil der Glykolyse Merkmale auf, die einige grundsätzliche Aussagen zur Struktur von Stoffwechselsequenzen zulassen. Diese Besonderheiten seien im Folgenden kurz angesprochen.

1. Das Energieniveau der einzelnen Reaktionsschritte nimmt über die Gesamtsequenz hin ab, es herrscht ein Gefälle von der Glucose zum Lactat hin vor. Das heißt, daß unter den Bedingungen der in Erythrocyten vorliegenden Metabolitenkonzentrationen und bei der Anwesenheit der jeweiligen Enzyme der Einzelschritte der Glucoseabbau spontan möglich ist.

2. Der Energiebetrag, der bei der Oxidation der Glucose bis zur Stufe des Pyruvats frei wird, verteilt sich auf verschiedene Stufen. Neben Reaktionen mit großen Energiesprüngen („Ungleichgewichtsreaktionen") sind solche mit minimalen Energiefreisetzungen („Gleichgewichtsreaktionen") verwirklicht.

3. Ungleichgewichtsreaktionen sind die Reaktionen der Glucokinase, der Phosphofructokinase und der Pyruvatkinase. Diese Reaktionen markieren die sogenannten „Gefälle-

strecken" der Reaktionssequenz. Die an diesen „Gefällestrecken" freigesetzte Energie kann durch geeignete Kopplungsmechanismen in Form von chemischer Energie aufgefangen werden (z.B. Pyruvat-Kinase und ATP-Bildung).

4. Die Ungleichgewichtsreaktionen einer Sequenz markieren die Stellen, an denen wegen des hohen aufzuwendenden Energiebetrages eine Rückreaktion oft nicht vollzogen wird. Bei der Gluconeogenese z.B. werden die Rückreaktionen der genannten Ungleichgewichtsreaktionen durch andere Katalyseschritte umgangen.

5. Ungleichgewichte in einer Sequenz können nur dadurch zustandekommen, daß an diesen Stellen das Substrat „zu langsam" umgesetzt wird. Diese Beobachtung beinhaltet einen interessanten Aspekt. Eine Erhöhung oder weitere Erniedrigung des Umsatzes an diesen Stellen ist geeignet, den Gesamtdurchfluß durch die Sequenz zu verändern. Ungleichgewichtsreaktionen sind die „Flaschenhälse" von Reaktionssequenzen und kontrollieren den Durchfluß. Sie sind die geschwindigkeitsbestimmenden Schritte (rate determining steps) einer Sequenz. Aus einem sorgfältig angefertigten Energieprofil einer Sequenz läßt sich also nicht nur erkennen, in welche Richtung sich der Netto-Fluß einer Sequenz unter gegebenen Bedingungen bewegt, sondern auch wo potentielle Regelstellen lokalisiert sind und welche Schritte mögliche energieliefernde Reaktionen darstellen.

6. Neben den „Ungleichgewichtsschritten" sind in dem Profil noch eine Reihe von Reaktionen mit ΔG-Werten um Null zu registrieren (Gleichgewichtsreaktionen). (Der leichte Energieanstieg im unteren Bereich des Profils kann nur so verstanden werden, daß leicht fehlerhafte Konzentrationsverhältnisse der Metaboliten bei der Berechnung verwandt wurden. Anderenfalls wären diese Reaktionsschritte energieverbrauchend.) An diesen Stellen herrscht hoher Stoffumsatz in beiden Richtungen. Veränderungen der Enzymkonzentrationen in diesen Bereichen zieht zwar Schwankungen der Poolgrößen von Substraten und Produkten nach sich, hat auf den Durchsatz der Gesamtsequenz aber nicht unbedingt Einfluß. Dennoch kann auch an solchen Positionen geregelt werden, dann nämlich, wenn Coenzyme und Cofaktoren an einer Gleichgewichtsreaktion beteiligt sind. Werden sie — aus welchen Gründen auch immer — zu limitierenden Faktoren, kann das Energieprofil einer ganzen Sequenz verändert werden. Ein neues Ungleichgewicht kann entstehen und somit ein neuer Kontrollpunkt einer Sequenz (lineare Regelung) ausgebildet werden.

Die wesentlichen Punkte zum Problem Energieprofil lassen sich wie folgt zusammenfassen:

a) Anhand der Metabolitenspiegel können $\Delta G_{\text{aktuell}}$-Werte der Einzelreaktionen von Stoffwechselsequenzen ermittelt werden.

b) Aus den ΔG-Werten der Einzelreaktionen leitet sich das Energieprofil einer Reaktionssequenz ab.

c) Das Energieprofil gibt Auskunft über die Richtung, in der eine Reaktion spontan ablaufen kann. Außerdem ermöglicht es die Auffindung der Kontrollstellen einer Sequenz.

d) Kontrollstellen einer Sequenz sind nicht starr festgelegt, sondern können sich, je nach Situation, neu ausbilden. Dieser Aspekt sollte immer dann Beachtung finden, wenn Manipulationen des Stoffwechsels durch externe Eingriffe geschehen. Es ist nicht selbstverständlich, daß ein einmal erstelltes Energieprofil auch dann noch seine Form beibehält.

Zum Schluß sei noch auf eine besondere Schwierigkeit hingewiesen: Es muß sichergestellt werden, daß die Metabolitenkonzentrationen des Kompartimentes der Zelle erfaßt werden, in dem die zu untersuchende Stoffwechselsequenz abläuft. Diese Forderung stößt in der Praxis oft auf große experimentelle Schwierigkeiten. Wie in diesem Fall oft indirekte Verfahren der Konzentrationsermittlung weiterhelfen, ist anhand von Beispielen bei Newsholm und Start (1977) dargestellt.

Mit diesen Bemerkungen soll die Betrachtung über die thermodynamische Struktur einer Sequenz zunächst unterbrochen werden. Im letzten Abschnitt dieses Buches werden uns die Reaktionssequenzen erneut beschäftigen, dann aber unter der zusätzlichen Berücksichtigung der kinetischen Komponente. Da das kinetische Verhalten einer Sequenz durch die Enzymausstattung verursacht wird, müssen zunächst die Enzyme als Katalysatoren vorgestellt werden. Bei dieser Diskussion steht die Frage im Mittelpunkt, wie die Zeitgesetze für katalysierte Reaktionen aussehen und welche Verbindungen und/ oder Abweichungen gegenüber den kinetischen Gesetzen unkatalysierter Reaktionen bestehen.

5 Enzymkatalyse und Zeitgesetz: die Michaelis-Menten-Kinetik

5.1 Die enzymatische Katalyse: einige einleitende Gedanken [13]

In den vorangegangenen Kapiteln ist der Versuch unternommen worden, einige prinzipielle Zusammenhänge zwischen thermodynamischen Voraussetzungen und dynamischem Verhalten chemischer Reaktionssysteme aufzuzeigen. Die freie Enthalpie ΔG einer Reaktion gestattet Voraussagen über Potentialgefälle und Richtung einer Reaktion. Die Zeitgesetze charakterisieren deren dynamisches Verhalten. Damit sind wohl alle wichtigen Kriterien angesprochen — zumindest prinzipiell betrachtet — die auch die Grundlage für die Beschreibung von katalysierten Prozessen darstellen. Dennoch weisen (enzym)-katalysierte Reaktionen Besonderheiten auf, die eine Umformulierung der bisher geschilderten Gesetzmäßigkeiten erforderlich machen. Sie verlangen im Besonderen eine Erweiterung der kinetischen Gesetze.

Bevor nun die Besonderheiten der Zeitgesetze enzymkatalysierter Reaktionen behandelt werden, seien einige einleitende Bemerkungen über die Enyzme selbst gemacht. Im Jahre 1897 hat E. Buchner nachgewiesen, daß die alkoholische Fermentation auch im in-vitro-System abläuft. Damit war sichergestellt, daß wichtige Lebensfunktionen auch ohne intakte Zellstrukturen ablaufen können. Die Untersuchung von Biokatalysatoren, von Fermenten, wurde mit den wichtigen Befunden Buchners in eine zentrale wissenschaftliche Fragestellung. Nachdem dann J. B. Sumner 1926 erstmals ein Ferment, die Urease, kristallin dargestellt hatte, war die Proteinnatur der Fermente oder Enzyme zweifelsfrei nachgewiesen. (Ein ausführlicher historischer Überblick über die Entwicklung der Enzymologie ist von Florkin und Stotz (1972) veröffentlicht worden.) Damit waren die Grundlagen für eine eigenständige Entwicklung der Enzymologie gelegt.

Der Zweig der Biochemie, der damals seinen Aufschwung nahm, ist aus heutiger Sicht die Enzymologie im engeren Sinne. Es ist die biochemische Arbeitsrichtung, die zum Ziel hatte, hochreine Enzymproteine darzustellen und grundsätzliche Erkenntnisse über Form und Funktion dieser Moleküle zu erlangen. Diese „klassische Enzymologie" hat in wichtigen Bereichen ihre Bestätigung und auch ihren Abschluß erfahren, indem inzwischen eine Vielzahl von Enzymkristallen mit Hilfe der Röntgenstrukturanalyse in ihrem räumlichen Aufbau aufgeklärt (s. hierzu z.B. Vol. XXXVI, Cold Spring Harbor Symposia, 1972: Structure and Function of Proteins at the Three Dimensional Level) und damit die auf indirektem Wege nachgewiesene Struktur-Funktionsbeziehung experimentell bestätigt wurde.

Der gesamte Fragenkomplex, der sich hinter diesem knappen einleitenden Gedankengang verbirgt, ist nicht Gegenstand der folgenden Abhandlung. Denn die großartigen Erfolge

---

[13] In diesem Kapitel wird ausschließlich über die sog. homogene Katalyse gesprochen. Darunter fallen die katalysierten Abläufe, die sich in Lösung vollziehen.

der Enzymologen haben in den letzten 20–30 Jahren bereits dazu geführt, daß ihre Arbeitsweise, ihre Methoden und Denkansätze in weitem Maße Eingang in andere naturwissenschaftlichen Fachdisziplinen gefunden haben und dort bereits Grundrüstzeug für die Forschung sind. Dies gilt besonders für Gebiete wie die Physiologie, die Pharmakologie, Ökophysiologie und Ernährungswissenschaften etc., auch biotechnologische Arbeitsrichtungen. Sie alle benutzen Enzymaktivitäten und andere Enzymcharakteristika für die Beurteilung physiologischer Systeme, biologischer Materialien und Nahrungsmittel oder für technische Produktionsvorgänge. Diese Wissenschaften und Disziplinen wenden also praktisch an, was die „theroetische" Biochemie an Erkenntnissen bereitgestellt hat.

Anwendung von Erkenntnissen bedeutet aber oft, daß der Experimentator komplexere Situationen meistern muß als der Theoretiker, der seine Bedingungen ja vorgibt. Die Schwierigkeit der Anwender liegt zum großen Teil darin, daß folgende Besonderheiten auftreten:

a) Enzymanalysen werden in der Regel nicht mit hochreinen Enzympräparaten durchgeführt. Komplexe Interaktionen im in-vitro-System sind also nicht auszuschließen. Daher müssen besondere Vorkehrungen getroffen werden, um sicherzustellen, daß die Analysendaten auch die Parameter liefern, die man beabsichtigt zu erstellen. Ein bereits gehemmtes Enzym im Testextrakt ist ungeeignet, Inhibitorstudien zu treiben, genauso wie ein bereits gesättigtes Metalloenzym schwerlich als solches zu erkennen sein wird, wenn die Wirkung steigender Konzentrationen des fraglichen Metalls auf die Aktivität untersucht werden soll.

b) Experimentatoren, die die Erkenntnisse der Enzymologie anwenden, analysieren vorrangig mit dem Ziel, eine in-vivo-Situation zu charakterisieren. Sie wollen ihre in-vitro-Befunde auf ein komplexeres System extrapolieren. Um das tun zu können, sollten aber die Testbedingungen so ausgewählt werden, daß auf eine erwartete in-vivo-Situation rückgeschlossen werden kann. So ist z.B. kaum zu erwarten, daß eine Enzymcharakterisierung bei pH 10,5–11,0 Daten liefert, die als typisch für eine in-vivo-Bedingung mit leicht saurem Zellmilieu anzusprechen sind (s. Prolindehydrogenase aus Pflanzen).

c) Das Vorliegen einer im ganzen komplexeren Ausgangssituation kann dazu verleiten, auch die Theorie generell als wirklichkeitsfremd beiseite zu schieben, anstatt vor dem Hintergrund einer fundierten Theorie eine komplexe Praxis zu meistern.

Die drei genannten Problempunkte sind der Anlaß dafür, in der vorliegenden Abhandlung herauszuarbeiten und abzuwägen, welche Ergebnisse mit Enzymen unter welchen Bedingungen zu welchen Aussagen berechtigen. Das Gebiet der Enzymologie scheint mir ein gutes Beispiel dafür zu sein, daß eine noch so gut gemeinte Praxisorientierung nicht ohne intensive, zunächst vielleicht unnötig erscheinende theoretische Fundierung auskommt.

5.2 Die steady-state Kinetik: Bindungsspezifität, katalytische Spezifität und enzymatische Effizienz

Welche Eigenschaften zeichnen nun einen Katalysator generell aus, und welche spezifischen Charakteristika haben Enzyme?

Nachdem Berzelius bereits in der ersten Hälfte des 18. Jahrhunderts Grundkenntnisse über die Natur von Katalysatoren gewonnen hatte, definierte Ostwald um die Jahr hundertwende sinngemäß, daß Katalysatoren Substanzen sind, die die Geschwindigkeit der chemischen Reaktion beschleunigen, ohne als Produkt der Reaktion aufzutreten. Der Reaktand interagiert während des Katalysevorganges mit der Katalysatoroberfläche, woraus ein erleichterter Reaktionsablauf resultiert; exakter formuliert: die Reaktion mit herabgesetzter Aktivierungsenergie abläuft. Dieser Oberflächeneffekt erklärt, warum in hohen Konzentrationsbereichen des Reaktanden — verglichen mit der Konzentration des Katalysators — ein Sättigungseffekt eintritt und warum zudem der Katalysator immer wieder in den Reaktionsprozeß eingeht. Ein Katalysator beschleunigt den Reaktionsablauf zwar, hat aber keinen Einfluß auf die Lage des Gleichgewichts des Reaktionssystems.

Seit der Jahrhundertwende besteht nun die Vorstellung, daß auch Enzyme über einen Oberflächeneffekt ihre Wirkung entfalten. Im Gegensatz zu anderen Katalysatoren vollzieht sich dieser Oberflächeneffekt bei Enzymen ausschließlich an einer bestimmten Stelle der Oberfläche, dem *aktiven Zentrum*. An diesem aktiven Zentrum erfolgt die spezifische Bindung des Substrats mit nachfolgender Katalyse. Das zwischenzeitlich gebildete Intermediat aus Enzym und Substrat ist der *Enzymsubstratkomplex*. Seine Existenz wurde bereits um die Jahrhundertwende gefordert (Brown 1902), obwohl zu dieser Zeit keine experimentellen Beweise für dieses Postulat vorlagen. Sie sind erst viel später geliefert worden. Dennoch spielt der Enzymsubstratkomplex für die Formulierung von Zeitgesetzen enzymkatalysierter Reaktionen eine zentrale Rolle, wie aus der bekanntesten Ableitung aus der Pionierzeit hervorgeht, nämlich der Formulierung von Michaelis und Menten (1913). Ihre Gedanken zum Problem der Enzymkatalyse sind nach wie vor die prinzipielle Basis für die Ableitung von Zeitgesetzen für enzymkatalysierte Reaktionen.

Bevor über die Zeitgesetze selbst gesprochen wird, erscheint es zweckmäßig, den enzymkatalysierten Reaktionsablauf in allgemeiner Formulierung darzustellen und einige Definitionen zu geben. Für den Ablauf enzymkatalysierter Reaktionen gelten grundsätzlich auch die in Kapitel 2 aufgeführten Gedankengänge, erweitert um folgenden wichtigen Aspekt: Die Reaktion von A → B, oder in der für enzymkatalysierte Reaktionen üblichen Schreibweise, von Substrat (S) → Produkt (P) erfolgt nicht auf direktem Wege, sondern unter Einschaltung des Enzymsubstratkomplexes ES. Somit ist der Grundvorgang einer enzymkatalysierten Reaktion durch folgendes Reaktionsschema zu beschreiben:

$$[S] + [E] \underset{k_{-1}}{\overset{k_1}{\rightleftharpoons}} [ES] \overset{k_2}{\longrightarrow} [P] + [E]. \tag{5-1}$$

S ist das Substrat der Reaktion, P das Produkt, E das Enzym und ES der Enzymsubstratkomplex. k_1, k_{-1} und k_2 sind die Geschwindigkeitskonstanten. Greift man auf die in Abschnitt 2.3 entwickelten Vorstellungen zurück, läßt sich der oben formulierte, enzymkatalysierte Reaktionsablauf in mehrere Teilprozesse untergliedern. Diese Teilprozesse sind:

5.2.1 Die Bindungsreaktion

$$[S] + [E] \overset{k_1}{\longrightarrow} [ES] \tag{5-2}$$

k_1 ist die Geschwindigkeitskonstante dieser Reaktion. Sind die Konzentrationen von S und E, sowie k_1 bekannt, läßt sich leicht die Reaktionsgeschwindigkeit für diesen Ablauf berechnen:

$$v_1 = [S] \cdot [E] \cdot k_1 . \tag{5-3}$$

5.2.2 Die Dissoziationsreaktion

$$[ES] \xrightarrow{k_{-1}} [E] + [S] \tag{5-4}$$

mit der Reaktionsgeschwindigkeit

$$v_{-1} = [ES] \cdot k_{-1} . \tag{5-5}$$

Da im Gleichgewicht $v_1 = v_{-1}$ ist, gilt:

$$[S] \cdot [E] \cdot k_1 = [ES] \cdot k_{-1} \tag{5-6}$$

oder

$$\frac{[S] \cdot [E]}{[ES]} = \frac{k_{-1}}{k_1} = K_s . \tag{5-7}$$

In vielen Kinetikbüchern werden die soeben dargestellten Reaktionen in differentieller Schreibweise formuliert. Dieses Vorgehen liefert natürlich identische Resultate. Die differentielle Schreibweise betont die zentrale Rolle des ES-Komplexes.

$$\frac{d[ES]}{dt} = [S] \cdot [E] \cdot k_1 \qquad \text{(Bindungsreaktion)} \tag{5-8}$$

$$\frac{d[ES]}{dt} = -[ES] \cdot k_{-1} \qquad \text{(Dissoziationsreaktion)} \tag{5-9}$$

Die Veränderung der Konzentration des ES-Komplexes ist die Summe aus Bindungs- und Dissoziationsreaktionen:

$$\frac{d[ES]}{dt} = [S] \cdot [E] \cdot k_1 + (-[ES] \cdot k_{-1}). \tag{5-10}$$

Da im Gleichgewicht die Reaktionsgeschwindigkeiten für die Bindung und Dissoziation identisch sind, wird $d[ES]/dt \doteq 0$. Berücksichtigt man diese Bedingung, erhält man aus Gl. (5-10) nach Umformung ebenfalls den Ausdruck des bereits formulierten Massenwirkungsquotienten Gl. (5-7).
Mit der soeben durchgeführten Betrachtung ist die Dissoziationskonstante K_s des Enzymsubstratkomplexes definiert. Diese Definition von K_s berücksichtigt also nicht, daß der ES-Komplex auch in Richtung einer Produktbildung zerfallen kann (vgl. dazu Gl. (5-24)).

5.2.3 Die katalytische Reaktion

$$[ES] \xrightarrow{k_2} [E] + [P]; \tag{5-11}$$

deren Reaktionsgeschwindigkeit ist:

$$v_2 = [ES] \cdot k_2 \tag{5-12}$$

$$\left(\frac{d[ES]}{dt} = -[ES] \cdot k_2 \right).$$

Der Klammerausdruck ist das dazugehörige differentielle Zeitgesetz der Katalysereaktion.

Folgende prinzipielle Erkenntnisse sind aus diesen Formulierungen zu ziehen:

1. Unmittelbar nachdem Enzym und Substrat in Berührung kommen, wird zunächst vornehmlich die Bindungsreaktion ablaufen, also der Enzym-Substrat-Komplex entstehen. Der Vorgang der Substratbindung läuft sehr schnell ab. Die Geschwindigkeitskonstanten haben Werte von $10^5 - 10^9 \ s^{-1} M^{-1} l$.) Trotzdem kann man den Zeitablauf der Bildung des ES-Komplexes unmittelbar nach dem Zusammenfügen von S und E messen, allerdings nur bei Verwendung spezieller Methoden. Das winzige Zeitintervall, das ein S-E-System benötigt, um die endgültige Konzentration des ES-Komplexes zu liefern, heißt Übergangsphase (*transient phase*) der ES-Bildung. Die Kinetik, die diese Prozesse beschreibt, ist die sogenannte Kinetik der Übergangsphase (*transient phase kinetics*). Sie dient vornehmlich der Aufklärung der Wechselwirkung zwischen Enzym und Substrat und findet üblicherweise keine Anwendung auf praxisorientierte Fragestellungen. Sie wird im weiteren Verlauf der Abhandlung deshalb unberücksichtigt bleiben.

2. Nach Ablauf eines angemessenen Zeitintervalls ist zu erwarten, daß ebensoviel ES-Komplex im Sinne einer Dissoziation und Produktbildung zerfällt, wie über die Substratbindung gebildet wird. Es herrscht ein scheinbares Gleichgewicht zwischen ES-bildenden (v_1) und ES-abbauenden (v_{-1} und v_2) Reaktionen.

Es gilt dann:

$$v_1 = v_{-1} + v_2. \tag{5-13}$$

Unter dieser Bedingung bleibt die Konzentration des ES-Komplexes praktisch konstant, obwohl dauernd Umsatz erfolgt. Der ES-Komplex zerfällt stetig und wird genauso schnell neu gebildet! Diese Situation ist typisch für ein Fließgleichgewicht (steady-state). Die Kinetik, die unter diesen Voraussetzungen arbeitet, ist die *steady-state Kinetik*. Sie ist es auch, die für praxisorientierte Untersuchungen in der Regel die epxerimentelle Grundlage darstellt. Der steady-state Kinetik und den für sie gültigen Zeitgesetzen gilt die Aufmerkeit des Kapitels.

Wie jedes Gleichgewicht ist auch ein steady-state Gleichgewicht durch eine „Gleichgewichtskonstante" zu charakterisieren. Sie ermittelt sich aus Gl. (5-13), indem die Reaktionsgeschwindigkeiten durch die zugehörigen Konzentrationen und Geschwindigkeitskonstanten substituiert werden.

$$[E] \cdot [S] \cdot k_1 = [ES] \cdot k_{-1} + [ES] \cdot k_2, \tag{5-14}$$

$$\frac{d[ES]}{dt} = [E] \cdot [S] \cdot k_1 - [ES] \cdot k_{-1} - [ES] \cdot k_{-2}.$$

Und nach Umformung (bzw. für $d[ES]/dt = 0$

$$\frac{[E] \cdot [S]}{[ES]} = \frac{k_{-1} + k_2}{k_1} = K_{ss}. \tag{5-15}$$

Mit dieser Formulierung definieren wir eine steady-state Konstante, die den stationären Zustand eines Fließgleichgewichts beschreibt. Die Konstante K_{ss} unterscheidet sich von der in Gl. (5-7) definierten Gleichgewichtskonstanten dadurch, daß zusätzlich der Zerfall des ES-Komplexes in Richtung der Produktbildung berücksichtigt ist. Da die Grundlage für enzymkinetische Untersuchungen im Regelfall die Aktivitätsmessungen sind, also eben dieser Zerfall des ES-Komplexes bei der Produktbildung gemessen wird, ist es naheliegend, „Dissoziationskonstanten" primär in dem soeben definierten erweiterten Sinn aufzufassen. Diesen Punkt betrachten wir noch besonders.

3. Schließlich sind die Gleichungen geeignet das Phänomen der Spezifität einer enzymkatalysierten Reaktion näher zu beleuchten. Spezifität beinhaltet zwei Komponenten, nämlich eine *Bindungsspezifität* und eine *katalytische Spezifität*. Die Bindungsspezifität wird durch die Bindungskonstante $K_B = k_1/k_{-1}$, beziehungsweise durch den reziproken Wert, die Dissoziationskonstante $K_s = k_{-1}/k_1$ beschrieben. Die Bindungsspezifität ist somit eine ausschließlich strukturell bedingte Wechselwirkung zwischen Enzym und Substrat; sie wird allgemein als *Affinität* bezeichnet. Es liegt in der Natur der Sache, daß diese Art von Wechselwirkungen am besten mit der „transient phase" Kinetik untersucht werden können.

Die katalytische Spezifität dagegen wird durch die Geschwindigkeitskonstante der Produktbildung charakterisiert (k_2). Streng genommen sind beide Spezifitäten aber nicht unbedingt als völlig unabhängige Charakteristika eines Enzyms anzusehen, wie schon aus der Definition des stationären Zustands eines Fließgleichgewichts hervorgeht Gl. (5-15). Dennoch ist eine Aufgliederung des Katalysevorgangs in Teilprozesse durchaus im Einklang mit Meßresultaten. Für die Reaktion von Proteasen ist zweifelsfrei nachgewiesen worden, daß sich Bindungs- und katalytische Spezifitäten durchaus als voneinander unabhängige Parameter ermitteln lassen. Gleiche Bindungsspezifitäten können unterschiedliche katalytische Spezifitäten nach sich ziehen und umgekehrt. (Eine sehr ausführliche Diskussion dieser Frage stammt von Bosshard (1976). Auch auf den Artikel von Jencks (1975) ist in diesem Zusammenhang hinzuweisen.)

In Tabelle 2 ist die durch Chymotrypsin katalysierte Hydrolyse verschiedener Estersubstrate dargestellt. Man sieht, daß bei gleichen Bindungsspezifitäten – als Maß gilt die Dissoziationskonstante K_s – durchaus gänzlich unterschiedliche katalytische Spezifitäten V_{max} auftreten und umgekehrt. Daher sei schon jetzt darauf verwiesen, daß die weitverbreitete Meinung durchaus nicht generalisierbar ist, ein Enzym mit guter Affinität – also kleiner K_s – sei auch ein effizienter Katalysator. Dies wird eindeutig durch

Tabelle 2 Vergleich der Hydrolysegeschwindigkeiten chymotrypsinkatalysierter Spaltungen von Estersubstraten (nach Bizzozero et al. 1975)

Substrat	K_s [mM]	K_M [mM]	V_{max} [mM s^{-1}]	V_{max}/K_M [s^{-1}]
Ac-Ala-Phe-OMe	14	231	63	$268 \cdot 10^3$
Ac-Tyr-OMe	12	382	222	$581 \cdot 10^3$
Ac-Ala-Tyr-OMe	9	182	141	$774 \cdot 10^3$
Ac-Gly-Tyr-OMe	5,1	287	248	$864 \cdot 10^3$
Ac-Val-Tyr-OMe	–	41	86	$2098 \cdot 10^3$
Ac-Pro-Tyr-OMe	4,8	76	172	$2263 \cdot 10^3$

die Werte der Tabelle widerlegt. In noch stärkerem Maße weicht diese Erwartung von experimentellen Befunden ab, wenn anstelle der Konstanten K_s die Michaelis-Konstante K_M berücksichtigt wird. In dem Beispiel sind kleine K_M-Werte mit kleinen V_{max}-Beträgen ebenso verbunden wie große K_M-Werte mit großen V_{max}-Werten. Hinsichtlich der Beurteilung der Effizienz eines Enzyms ist dagegen der Quotient aus V_{max} und K_M, der später noch besprochen wird (Bild 13 und Gl. (6-10)), die am besten geeignete Größe.

5.3 Zeitgesetze für einfache enzymatische Reaktionen

Die Grundlage für die Herleitung von Zeitgesetzen bildet die steady-state Kinetik. Der prinzipielle Vorgang der Herleitung soll hier nur kurz geschildert werden, da es bereits eine Vielzahl ausgezeichneter Abhandlungen zu diesem Problem in der einschlägigen biochemischen Literatur gibt. Einige willkürlich ausgewählten Zitate seien genannt: Laidler 1958, Webb 1963, Boyer 1970, Lumper 1964, Fromm 1975, Wong 1975, Bisswanger 1980, Christensen und Palmer 1974, Mahler und Cordes 1966. Andererseits sind die Kinetikbücher angefüllt mit scheinbar höchst komplizierten Formeln, zu denen auch ein interessierter Leser oft nur schwer Zugang findet, da wichtige Zusammenhänge ungenannt bleiben oder als selbstverständlich vorausgesetzt werden. Da unreflektiertes Anwenden von Formeln höchst problematisch ist, soll versucht werden, in Anlehnung an eine Darstellung von Segel (1975) nochmals grundsätzlich wichtige Schritte für die Herleitung von Zeitgesetzen enzymkatalysierter Reaktionen aufzuzeigen.
Folgende Schritte sind zu vollziehen:
1. Zunächst ist eine möglichst einfache Formulierung für den erwarteten Reaktionsablauf zu treffen; sie kann folgendermaßen aussehen:

$$[E] + [S] \underset{k_{-1}}{\overset{k_1}{\rightleftharpoons}} [ES] \xrightarrow{k_2} [E] + [P]. \tag{5-16}$$

2. Dann wird die Konservierungsgleichung für E erstellt, d.h. die Verteilung von E auf verschiedene Species formuliert:

$$[E]_t = [E] + [ES]. \tag{5-17}$$

Das gesamte Enzym E_t verteilt sich in unserem Falle auf die beiden Species E = freies Enzym und ES = im Komplex gebundenes Enzym.
3. Sodann erfolgt die Aufstellung einer Gleichung, die etwas über die Katalysegeschwindigkeit aussagt, wobei sich die Katalysegeschwindigkeit aus all den Prozessen ergibt, die Produkt liefern. In unserem Fall ist dies nur ES. Nach Gl. (5-12) gilt also:

$$v = k_2 [ES]. \tag{5-18}$$

Die Katalysegeschwindigkeit hängt in unserem Beispiel davon ab, wieviel des Gesamtenzyms E_t als ES-Komplex gebunden ist. Liegt das gesamte Enzym als ES vor, ist die Maximalgeschwindigkeit der Reaktion erreicht, also:

$$V_{max} = k_2 [E]_t. \tag{5-19}$$

4. Für Reaktionsbedingungen, bei denen nur Bruchteile des Gesamtenzyms als ES vorliegen, sind natürlich auch nur Bruchteile der maximalen Geschwindigkeit zu erzielen. Die Reaktionsgeschwindigkeit im Vergleich zur Gesamtkonzentration des Enzyms v/E_t läßt sich unter Verwendung der Gln. (5-17) und (5-19) formulieren.

$$\frac{v}{[E]_t} = \frac{k_2\,[ES]}{[E] + [ES]}\,. \tag{5-20}$$

Ersetzt man nun ES durch $[S]/K_s \cdot [E]$ (aus Gl. (5-7)), drückt man also ES durch die Konzentration des freien Enzyms aus, resultiert aus der letzten Beziehung die Gleichung:

$$v = \frac{[E]_t \cdot k_2 \cdot \dfrac{[S]}{K_s} \cdot [E]}{[E] + \dfrac{[S]}{K_s} \cdot [E]}\,. \tag{5-21}$$

Umformung dieser Gleichung durch Ausklammern und Kürzen von E und Multiplikation von Zähler und Nenner mit K_s liefert schließlich folgendes Zeitgesetz:

$$v = \frac{[E]_t \cdot k_2 \cdot [S]}{K_s + [S]}\,. \tag{5-22}$$

5. Ersetzt man nun noch $E_t \cdot k_2$ durch V_{max} (s. Gl. (5-19)) hat man die einfachste Form eines *differentiellen Zeitgesetzes* für eine Enzymreaktion mit einem Substrat, die „Michaelis-Menten-Gleichung":

$$v = \frac{V_{max} \cdot [S]}{K_s + [S]}\,. \tag{5-23}$$

K_s ist die Michaelis-Menten-Konstante, die jedoch verschieden definiert sein kann (s. unten)! Sie wird in der Regel als K_M bezeichnet.
Das differentielle Zeitgesetz einer enzymkatalysierten Reaktion ist sehr viel komplexer als das Zeitgesetz einer unkatalysierten Reaktion. Das geht aus dem Vergleich der Gln. (2-12) und (5-23) hervor. Die Enzymreaktion ist durch die Konstanten V_{max} und K_M charakterisiert; jede dieser beiden Konstanten ist selbst bereits ein komplexer Ausdruck, der für eine detaillierte Diskussion noch weiter analysiert werden muß.
Die Ableitung dieser Gleichung zeigt, daß die Katalysegeschwindigkeit durch $v_2 = k_2$ ES gegeben ist. Dieser Reaktionsschritt ist der geschwindigkeitsbestimmende Schritt der Gesamtreaktion und hängt ab von der Konzentration des ES-Komplexes und einer Geschwindigkeitskonstanten. Die Definition der Maximalgeschwindigkeit Gl. (5-19) weist aus, daß die V_{max} eine von der Enzymkonzentration abhängige Konstante ist! Beobachtet man zum Beispiel nach Ablauf bestimmter Versuchseinstellungen in einer Kontrollcharge und einer behandelten Probe unterschiedliche V_{max}-Werte eines Enzyms, kann die Ursache dafür eine veränderte Enzymkonzentration sein, auf eine veränderte Geschwindigkeitskonstante zurückgehen oder auf einer Veränderung beider Parameter beruhen. Es ist nicht statthaft, auf Grund einer erhöhten V_{max} z.B. auf vermehrte Proteinsynthese zu schließen, wie das manchmal praktiziert wird.
Auch die Michaelis-Konstante, der K_M-Wert, bedarf einer genauen Betrachtung. Er kann

den Wert einer Dissoziationskonstanten haben Gl. (5-7) oder einen dynamischen Zustand charakterisieren Gl. (5-15). In der Art, wie der K_M-Wert definiert wird, unterscheiden sich ja auch die verschiedenen Zeitgesetze. Die drei bekanntesten Möglichkeiten der Definition von K_M seien hier aufgeführt und die Autoren der jeweiligen Ableitungen genannt.

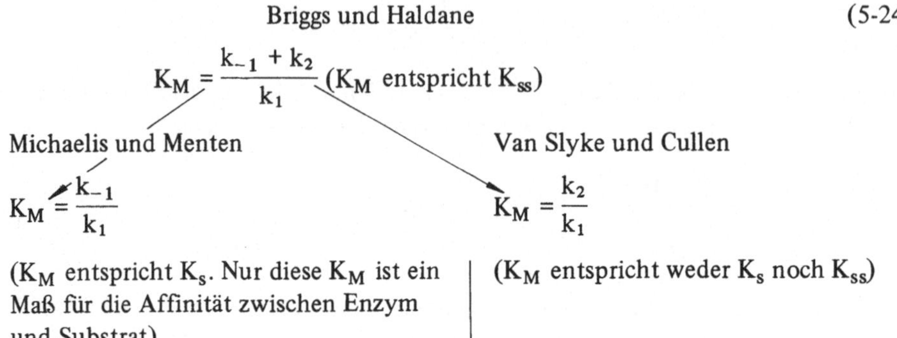

Briggs und Haldane   (5-24)

$$K_M = \frac{k_{-1} + k_2}{k_1} \quad (K_M \text{ entspricht } K_{ss})$$

Michaelis und Menten   Van Slyke und Cullen

$$K_M = \frac{k_{-1}}{k_1} \qquad\qquad K_M = \frac{k_2}{k_1}$$

(K_M entspricht K_s. Nur diese K_M ist ein Maß für die Affinität zwischen Enzym und Substrat) | (K_M entspricht weder K_s noch K_{ss})

Eine experimentell ermittelte K_M kann also durchaus völlig unterschiedliche Grundsituationen widerspiegeln. Sollen aus kinetischen Experimenten z.B. Rückschlüsse auf die Affinität zwischen Enzym und Substrat gezogen werden, ist es in jedem Fall erforderlich, den K_M-Wert noch näher zu analysieren (s. z.B. Gl. (5-9)). Man muß nachweisen, daß die Konstante tatsächlich eine Dissoziationskonstante ist. Erfolgt der Nachweis nicht, sind Aussagen über die Affinität Spekulation.

Die Betrachtung vermittelt die folgenden generellen Erkenntnisse, die für die praktische Arbeit wichtig sind:

a) Der K_M-Wert ist eine von der Enzymkonzentration unabhängige Größe Gl. (5-24). Er kann also auch bestimmt werden, wenn die Enzymkonzentration unbekannt ist. Da der K_M-Wert aber eine komplexe Größe ist, sind zusätzliche Untersuchungen erforderlich, um ihn korrekt zu interpretieren.

b) Der V_{max}-Wert dagegen ist eine Funktion der Enzymkonzentration Gl. (5-19). Will man Aussagen über die katalystische Effizienz eines Enzyms machen, die für Vergleichszwecke auf molarer Basis erfolgen sollten, muß die Enzymkonzentration (besser die Anzahl aktiver Zentren) bekannt sein. Zur Ermittlung der Enzymkonzentration dienen z.B. Titrationen mit spezifischen kovalent bindenden Inhibitoren oder Immuntitrationen.

c) Unabhängig von detaillierten Kenntnissen der Struktur der beiden Konstanten sind die K_M und V_{max}-Werte aber geeignet, um zu überprüfen, ob die Auswertung einer Kinetik überhaupt auf der Basis des Michaelis-Menten-Gesetzes erfolgen kann. Werden nämlich die ermittelten Konstanten in das Zeitgesetz Gl. (5-23) eingesetzt, muß die berechnete Sättigungskurve deckungsgleich mit dem experimentell bestimmten Sättigungsprofil sein.

Hiermit soll bereits ein grundsätzliches Problem beim Arbeiten mit Enzymen angesprochen werden. Es berührt die Frage, wie man überhaupt überprüfen kann, ob eine Enzymreaktion unter den vorgegebenen Reaktionsbedingungen einem zugrunde gelegten Zeitgesetz und damit auch dem dazugehörigen Reaktionsmechanismus gehorcht. Denn nur in dem Fall, daß Mechanismus, Zeitgesetz und experimentelle Daten im Einklang sind, ist eine Analyse fundiert und nur dann sind die Ergebnisse aussagekräftig und interpretierbar.

(Die wichtigsten Prüfverfahren werden im nächsten Kapitel behandelt.) Dies wird schnell verständlich, wenn der oben vorgestellte Reaktionsmechanismus Gl. (5-16) geringfügig erweitert wird, und zwar um die Existenz eines Enzym-Produkt-Komplexes EP. Der Mechanismus lautet dann:

$$[E] + [S] \xrightleftharpoons[k_{-1}]{k_1} [ES] \xrightleftharpoons[k_{-2}]{k_2} [EP] \xrightleftharpoons[k_{-3}]{k_3} [E] + [P]. \tag{5-25}$$

Für einen derartigen Reaktionsmechanismus nehmen K_M und V_{max} die folgenden Formen an (verändert nach Bock und Alberty 1953):

$$V_{max} = \frac{k_2 \cdot k_3 \cdot [E]_t}{k_2 + k_{-2} + k_3},$$

$$K_M = \frac{k_{-1} \cdot k_3 + k_{-1} \cdot k_{-2} + k_2 \cdot k_3}{(k_2 + k_{-2} + k_3) \cdot k_1}. \tag{5-26}$$

Es ist offensichtlich, daß eine derart komplexe K_M schwerlich als Kriterium für die Affinität zwischen Enzym und Substrat gelten kann. Ebenso verbietet es sich, aus einer veränderten V_{max} auf unterschiedliche Enzymkonzentrationen zu schließen. Ungeachtet dieser Einschränkungen eignen sich die Parameter K_M und V_{max} aber, um über die Effizienz einer Enzymreaktion Aussagen zu machen (vgl. den Quotienten V_{max}/K_M in Tabelle 2).

Der Vollständigkeit halber sei darauf hingewiesen, daß Enzymreaktionen natürlich auch mit Hilfe integrierter Zeitgesetze beschrieben und analysiert werden können. Integrierte Zeitgesetze für reversible und irreversible enzymkatalysierte Reaktionen hat z.B. Alberty (1956) hergeleitet und in dem genannten Review vorgestellt. Das integrierte Zeitgesetz für eine Enzymreaktion, die dem Reaktionsmechanismus Gl. (5-16) folgt, lautet z.B.

$$V_{max} \cdot t = [(S_0) - (S)] + K_M \ln [(S_0)/(S)]. \tag{5-27}$$

Mit diesem Gesetz wird die Abnahme der Substratkonzentration mit zunehmender Reaktionszeit beschrieben. Das integrierte Zeitgesetz enthält natürlich die ein Enzym charakterisierenden Parameter V_{max} und K_M. Daher ist es prinzipiell auch möglich, K_M und V_{max} aus einem einzigen Reaktionsablauf zu ermitteln. Die Vor- und Nachteile der Verwendung integrierter Zeitgesetze für kinetische Analysen wurden bereits besprochen. Die dort genannten Einschränkungen für die Anwendung dieser Methode gelten auch für Enzymreaktionen. In einer übersichtlichen Arbeit von Yun und Suelter (1977) ist beschrieben, wie man vorgehen muß, um mit dem integrierten Zeitgesetz Enzymcharakterisierungen durchzuführen. Details dieser Methode sollen daher nicht näher besprochen werden.

5.4 Die Fumarase-Reaktion: ein Beispiel

Um die theoretischen Erörterungen des vorangegangenen Kapitels an einem Beispiel zu überprüfen und zu vertiefen, soll die Fumarase-Reaktion als Modellreaktion besprochen werden (nach offizieller Nomenklatur heißt die Fumarase: Fumarat-Hydratase und hat die Enzymnummer E.C.4.2.1.2, Barman 1969).

Diese Reaktion gilt als sehr einfach, da nur ein Substrat bzw. ein Produkt daran beteiligt sind, und erlaubt deshalb weitgehende Annäherungen an die im vorhergehenden Kapitel gemachten Grundpostulate. Zudem ist die Reaktion von Alberty sehr intensiv studiert worden, ja war sogar die Modellreaktion, an der viele Erkenntnisse für die kinetische Bearbeitung von Enzymreaktionen gewonnen wurden.

Die Fumarase katalysiert die folgende reversible Reaktion:

$$\text{Fumarat} + H_2O \underset{k_{-1}}{\overset{k_1}{\rightleftharpoons}} \text{L-Malat.} \tag{5-28}$$

Da die Konzentration des Wassers nach einer gängigen Konvention (s. Abschnitt 3.6) in solchen Fällen als eins angesehen wird, reduziert sich der Reaktionsablauf auf die einfache Form

$$A \underset{k_{-1}}{\overset{k_1}{\rightleftharpoons}} B.$$

Da die Reaktion enzymkatalysiert ist, gilt der folgende einfache Reaktionsmechanismus:

$$[S] + [E] \underset{k_{-1}}{\overset{k_1}{\rightleftharpoons}} [ES] \underset{k_{-2}}{\overset{k_2}{\rightleftharpoons}} [P] + [E]. \tag{5-29}$$

Die Reaktion ist als reversible Reaktion formuliert (vgl. Gl. (5-1)). Dies ist mit Bedacht geschehen, da sowohl in abgeschlossenen Reaktionssystemen (Küvette), wie auch unter den physiologischen Bedingungen einer Zelle dieser Prozeß reversibel abläuft.

Welches experimentelle Vorgehen empfiehlt sich, um eine reversible, enzymkatalysierte Reaktion zu charakterisieren? Zur Darstellung des analytischen Vorgehens ist es angebracht, den aus der Sicht eines Kinetikers doch recht komplexen Vorgang zunächst zu vereinfachen. Um im Einklang mit den Voraussetzungen zu arbeiten, die für die Ableitung des Zeitgesetzes Gl. (5-23) vorgegeben wurden, soll die Gesamtreaktion zunächst in zwei Teilreaktionen untergliedert werden (Bezeichnung der Konstanten nach Gl. (5-29)).

$$[E] + [\text{Fumarat}] \underset{k_{-1}}{\overset{k_1}{\rightleftharpoons}} [EF] \xrightarrow{k_2} [E] + [\text{Malat}] \tag{5-30}$$

und

$$[E] + [\text{Malat}] \underset{k_2}{\overset{k_{-2}}{\rightleftharpoons}} [EM] \xrightarrow{k_{-1}} [E] + [\text{Fumarat}]. \tag{5-31}$$

Die Formulierungen entsprechen somit der Gl. (5-22) und damit dem Reaktionsschema, das als Grundlage für die Ableitung des Zeitgesetzes diente. Sie stellen den Reaktionsablauf für die Vor- Gl. (5-30) und Rückreaktion Gl. (5-31) dar. Als ES-Komplex fungieren einmal EM und zum anderen EF. Mit der bereits besprochenen differentiellen Methode können unabhängig voneinander für *beide* Reaktionsrichtungen die K_M und V_{max}-Werte ausgearbeitet werden. Es ist selbstverständlich, daß die Reaktionsbedingungen dann für beide Teilreaktionen identisch sein müssen (also gleicher pH-Wert, gleiche Temperatur und gleiche Ionenstärke des Puffers). Die Analyse selbst wird lediglich einmal mit Fumarat, zum anderen mit Malat als Substrat durchgeführt.

Die experimentelle Grundlage für die Untersuchung enzymkatalysierter Reaktionen sind sogenannte *Substratsättigungskurven*. Sie erhält man, wenn die Reaktionsgeschwindigkeit in Abhängigkeit von der Substratkonzentration gemessen wird (s. Abschnitt 2.5). In Bild 13 sind solche Substratsättigungskurven gezeigt. Die Daten sind einer Arbeit von Bock und Alberty (1953) entnommen und wurden von den Autoren nach der differentiellen Methode erstellt.

Bild 13 belegt, daß die Reaktionsgeschwindigkeit v für beide Reaktionsrichtungen mit zunehmender Substratkonzentration einem Sättigungswert zustrebt. Der Sättigungswert weist für Fumarat und Malat allerdings unterschiedliche Beträge auf. In dem Sättigungsverhalten unterscheiden sich enzymkatalysierte Reaktionen grundsätzlich von einem nicht katalysierten Reaktionsablauf (vgl. Bild 2-B). Im letzteren Fall herrschen bekanntlich lineare Abhängigkeiten zwischen Reaktionsgeschwindigkeit und Konzentration vor. Die konzentrationsabhängige Reaktionsgeschwindigkeit einer katalysierten Reaktion dagegen zeigt nach Bild 13 drei Phasen: eine nahezu lineare Abhängigkeit bei sehr niedriger

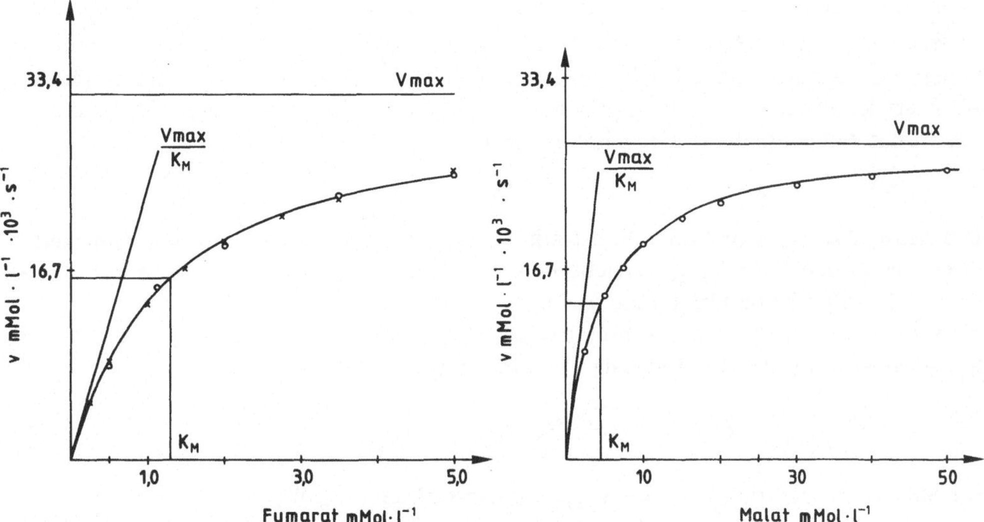

Bild 13 Substratsättigungskurven der Fumarase-Reaktion.

Abszisse: Konzentration von Malat bzw. Fumarat (mM);

Ordinate: Reaktionsgeschwindigkeit (mM s^{-1}). Enzymkonzentration 0,01 mg Protein/Ansatz, entsprechend $17,5 \cdot 10^{-6}$ mM[E], Phosphatpuffer 0,05 M, pH 7,4, Temperatur 25 °C.

$$V_{max}^{Malat} = 27,8 \cdot 10^{-3} \text{ mM s}^{-1}, \quad K_M^M = 4,76 \text{ mM}$$

$$V_{max}^{Fumarat} = 32 \cdot 10^{-3} \text{ mM s}^{-1}, \quad K_M^F = 1,37 \text{ mM}$$

Die Kurven wurden nach Meßwerten von Bock und Alberty (1952) gezeichnet.

Wenn die Substratkonzentration kleiner als der K_M-Wert wird, ist sie im Zähler der Michaelis-Menten-Gleichung zu vernachlässigen. Das Zeitgesetz nimmt dann die Form an:

$$v = \frac{V_{max}}{K_M} \cdot [S] = k \cdot [S]. \quad \text{(vgl. (6-11))}.$$

Die Auftragung nach diesem veränderten Zeitgesetz liefert die Tangente an die Hyperbel bei niedrigen Substratkonzentrationen.

Substratkonzentration (Reaktion 1. Ordnung), einen Übergangsbereich wechselnder Ordnung und einen Sättigungsbereich (Reaktion nullter Ordnung), in dem die Reaktionsgeschwindigkeit unabhängig von der Substratkonzentration ist. Der Kurvenverlauf wird *hyperbolisch* genannt und ist typisch für Enzymreaktionen, die dem Michaelis-Menten-Gesetz folgen. (Eine mathematische Begründung des hyperbolen Charakters von Sättigungskurven hat Höfer 1977 gegeben.) Im Bild 13 sind mittels der Michaelis-Menten-Gleichung und unter Verwendung der Enzymparameter der Fumarasereaktion die Sättigungskurven berechnet und ebenfalls eingezeichnet worden. In unserem Beispiel sind die experimentell ermittelten (durchgezogene Linie) und die berechneten Sättigungskurven (Kreuze bzw. Kreise) deckungsgleich. Dies ist bereits der erste Nachweis dafür, daß für beide Reaktionsrichtungen der Fumarasereaktion der vorgegebene Reaktionsmechanismus Gln. (5-30) und (5-31), das zugehörige Zeitgesetz Gl. (5-23) und die experimentellen Befunde in Einklang stehen.

Wie erhält man nun aber die Konstanten V_{max} und K_M? Da die Gl. (5-23) den Kurvenverlauf von Bild 13 quantitativ beschreibt, sollten die Größen V_{max} und K_M auch aus dieser Kurve zu erhalten sein. Dazu folgende Überlegungen:

a) Wenn die Substratkonzentration S einen gegenüber K_M sehr großen Wert annimmt, nähert sich der Nennerausdruck immer mehr dem Wert von S an. Der Betrag für den K_M-Wert kann dann vernachlässigt werden ($S/K_M + S \approx 1$). Unter dieser Voraussetzung nimmt das Zeitgesetz die vereinfachte Form an

$$v = V_{max} \cdot 1.$$

Das heißt, daß bei sehr hohen Substratkonzentrationen die Reaktionsgeschwindigkeit v ihren maximalen Wert V_{max} erreicht und dann unabhängig von der Substratkonzentration ist. Das Bild 13 bestätigt diese Aussage.

b) Wenn die Substratkonzentration dagegen die Konzentration von K_M erreicht, also $K_M = [S]$ wird, gilt die nachfolgende Vereinfachung des Zeitgesetzes:

$$v = \frac{V_{max} \cdot [S]}{[S] + [S]} \quad \text{oder} \quad v = \frac{V_{max}}{2}.$$

Die Substratkonzentration bei $v = V_{max}/2$ entspricht dem K_M-Wert.

Nach diesen Überlegungen sollte es also grundsätzlich möglich sein, aus Daten, wie sie in Bild 13 dargestellt sind, V_{max} und damit K_M direkt abzulesen. Dieses Vorgehen stößt aber auf Schwierigkeiten, da aus meßtechnischen Gründen der V_{max}-Wert oft nicht exakt festgelegt werden kann. Während dieser Wert bei der Malatkinetik bereits erreicht zu sein scheint, läßt die Sättigungskurve für das Fumarat durchaus erkennen, daß v mit erhöhter Substratkonzentration noch steigen könnte. Es gilt, nach Extrapolationsmethoden Ausschau zu halten, um diesen wichtigen Kennwert eines Enzyms zu bestimmen.

5.5 Bestimmungsmethoden für V_{max} und K_M

Die experimentelle Bestimmung exakter V_{max}-Werte durch beliebige Erhöhung der Substratkonzentration stößt auf Schwierigkeiten, weil bei sehr hohen Substratkonzentrationen untypische Veränderungen der Kinetik auftreten können (Substrathemmung, Veränderung der Ionenstärke des Milieus, eventuell des pH-Wertes etc.). Es bleibt also nichts anderes übrig, als aus dem Teilstück der experimentell ermittelten Substratsättigungskurve den Rest durch Extrapolieren zu gewinnen oder durch Probieren eine deckungsgleiche Kinetik aufzustellen. Beide Verfahren werden praktiziert. Probierverfahren arbeiten so, daß aus einer Kinetik angenäherte Werte für die Konstanten erstellt werden und mittels des angenommenen Zeitgesetzes dann v berechnet wird. Dann werden K_M und V_{max} solange variiert, bis Deckungsgleichheit zwischen gemessener und berechneter Kurve erzielt ist. Jetzt kann davon ausgegangen werden, daß die tatsächlichen und die durch Probieren herausgefundenen Konstanten identisch sind. Dieses Prinzip der kinetischen Analyse liegt den sogenannten *Analogsimulationen* (curve fitting) zugrunde, die immer dann angewandt werden, wenn einzelne Konstanten komplexer Zeitgesetze experimentell nicht zugänglich sind.

5.5.1 Lineare Transformationen

Handelt es sich bei den Funktionen — hier dem Zeitgesetz — um einfache mathematische Ausdrücke, ist es lohnender, durch Umformung der Gleichung Lösungsmöglichkeiten anzustreben. In unserem Fall sind geeignete Umformungen die sogenannten Linearisierungen der Hyperbelfunktionen (*lineare Transformationen*). Bei diesen linearen Transformationen wird die Abhängigkeit der Reaktionsgeschwindigkeit v von der Substratkonzentration als „Geradengleichung" dargestellt. Die folgenden Gleichungen sind das Ergebnis solcher Linearisierungen.

Die Lineweaver-Burk Gleichung

Diese lineare Transformation erreicht man durch reziproke Schreibweise der Michaelis-Menten-Gleichung:

$$\frac{1}{v} = \frac{K_M}{V_{max}} \cdot \frac{1}{[S]} + \frac{1}{V_{max}}, \qquad (5\text{-}32)$$

$$y = a \cdot x + b.$$

Die Eadie-Gleichung

Die beiden folgenden Gleichungen stellen ebenfalls andere Schreibweisen des Zeitgesetzes von Michaelis und Menten dar.

$$v = V_{max} - K_M \left(\frac{v}{[S]}\right), \qquad (5\text{-}33)$$

$$y = b - a \cdot x.$$

Die Hanes-Gleichung

$$\frac{S}{v} = \frac{K_M}{V_{max}} + \frac{1}{V_{max}} \cdot [S], \qquad (5\text{-}34)$$

$$y = b + a \cdot x.$$

Unter die jeweils transformierten Gleichungen sind die entsprechenden allgemeinen Formulierungen einer Geradengleichung geschrieben. Durch Auftragen von y gegen x sind aus Steigungen bzw. Achsendurchgängen der resultierenden Geraden alle gewünschten Parameter zu erhalten. Für x = 0 (Schnittpunkt der Geraden mit der y-Achse) wird y = b. Die Bedeutung von b ist den Gleichungen zu entnehmen. Wird y = 0 (Schnittpunkt der

Geraden mit der x-Achse), erhält man die Werte $-1/K_M$ (1), $-K_M$ (3) und V_{max}/K_M (2) (Details s. Bild 14).

Die „Geradengleichungen" eröffnen also eine einfache Möglichkeit, auf graphischem Wege die Konstanten V_{max} und K_M zu bestimmen. Die bekannteste Auftragungsart für die Analyse kinetischer Daten ist die nach Lineweaver und Burk (1). Die Gleichung ist für die Auswertung der Fumarasereaktion in Bild 14 angewandt. Die Auftragung nach Lineweaver und Burk hat aber auch einen entscheidenden Nachteil (wie übrigens auch die Auftragung nach Eadie): In beiden Fällen tritt das Substrat als reziproke Größe in Erscheinung. Das führt dazu, daß Meßpunkte, die in der Substratsättigungskurve gleiche Distanz voneinander hatten, in der reziproken Schreibweise immer enger zusammenrücken. Es ist deshalb empfehlenswert, linearisierte Gleichungen zu verwenden, bei denen S nicht als Bruch auftritt, also z.B. die Gleichung nach Hanes (Gutfreund 1972; Dowd und Riggs 1965; Wilkinson 1961). Die Eadie-Gleichung dagegen hat wiederum den Vorteil, daß V_{max} und K_M direkt abgelesen werden können.

Oft ist es schwierig, die Gerade so anzulegen, daß eine optimale Verbindung der Meßpunkte daraus resultiert (Streuung der Meßwerte)! Es empfiehlt sich daher, die Geradensteigung zu berechnen. Die Berechnung der dazu erforderlichen linearen Regressionen erfolgt mittels vorgefertigter Programme und trägt mit dazu bei, die Auswertung von Meßdaten optimal zu gestalten.

Und nun zurück zur Auswertung der Fumarasekinetik (Bild 13). Die Auftragung der Meßwerte nach Lineweaver und Burk ist in Bild 14 vollzogen. Die Enzymparameter der Fumarase wurden aus den Achsendurchgängen ermittelt. Die Berechnung ist in der Legende zu Bild 13 beschrieben. Die in der Legende benannten K_M- und V_{max}-Werte dienten für die Berechnung der Sättigungskurven.

Die Auftragung von Meßwerten nach den linear transformierten Zeitgesetzen dient neben der Bestimmung der Enzymparameter noch einem anderen Zweck. Sie ist nämlich auch ein Prüfprogramm dafür, ob eine Kinetik nach der Michaelis-Menten-Gleichung ausgewertet werden kann oder nicht. Liegen die Meßpunkte auf einer Geraden, liegen Michaelis-Menten-Bedingungen vor. Weichen sie dagegen von der Geraden ab (zwei- oder mehrphasige Kinetiken), ist größte Vorsicht bei der Auswertung geboten. Denn dieses „untypische" Verhalten signalisiert, daß die Meßwerte u.U. nach anderen Prinzipien analysiert werden müssen, als sie durch die Michaelis-Menten-Gleichung vorgegeben sind (siehe Kapitel 7).

In den folgenden Abschnitten sind weitere Prüfverfahren vorgestellt, die eine Entscheidung darüber ermöglichen, ob eine Kinetik nach Michaelis-Menten ausgewertet werden kann.

5.5.2 Das Verhältnis $S_{0,9}/S_{0,1}$: der Kooperativitätsindex

Ein weiteres Kriterium für den Nachweis der Gültigkeit der Michaelis-Menten-Beziehung ist das Verhältnis der Substratkonzentrationen bei 90 % $(S_{0,9})$ und bei 10 % $(S_{0,1})$ Sättigung (Koshland et al. 1966). Die Bedeutung dieses Verhältnisses für die Beurteilung einer Kinetik geht aus folgendem Gedankengang hervor.

Es ist eine einleuchtende Vorstellung, daß für die maximale Reaktionsgeschwindigkeit eine totale, für die Reaktionsgeschwindigkeiten $< V_{max}$ lediglich eine partielle Sättigung des aktiven Zentrums erforderlich ist. Somit kann das Verhältnis der aktuellen Reaktionsgeschwindigkeit v zu V_{max} (v/V_{max}) als Größe angesehen werden, die etwas über den

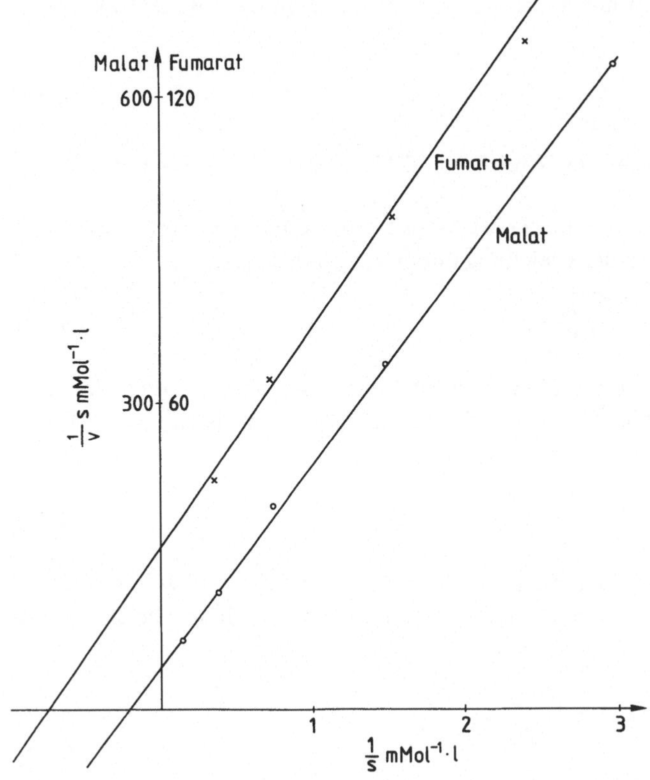

Bild 14 Auswertung der Fumarasekinetik (Bild 13) nach Lineweaver und Burk.

Abszisse : reziproke Werte der Substratkonzentration;
Ordinate : reziproke Werte der Reaktionsgeschwindigkeit.

x Fumaratkinetik
o Malatkinetik

Für die Achsenschnittpunkte gilt:

$$y - Durchgang \quad \frac{1}{[S]} = 0 \quad : \quad \frac{1}{v} = \frac{1}{V_{max}}$$

V_{max} Malat = $27,8 \cdot 10^{-3}$ mM s^{-1}

$$k_{-1} = \frac{V_{max}}{[E]_t} = \frac{27,8 \cdot 10^{-3}}{1,5 \cdot 10^{-6}} = 1,59 \cdot 10^3 \text{s}^{-1}$$

V_{max} Fumarat = $32 \cdot 10^{-3}$ mM s^{-1}

$$k_2 = \frac{V_{max}}{[E]_t} = \frac{32 \cdot 10^{-3}}{17,5 \cdot 10^{-6}} = 1,83 \cdot 10^3 \text{ s}^{-1}$$

$$x - Durchgang : - \frac{1}{[S]} = \frac{1}{K_M}$$

$$K_M \text{ Malat} \quad = \frac{1}{0,21} = 4,76 \text{ mM}$$

$$K_M \text{ Fumarat} = \frac{1}{0,73} = 1,37 \text{ mM}$$

Sättigungsgrad des aktiven Zentrums aussagt. Der Sättigungsgrad wird oft als fraktionelle Sättigung $\bar{y}$ bezeichnet.

$$\text{fraktionelle Sättigung } \bar{y} = \frac{v}{V_{max}} . \tag{5-35}$$

Fraktionelle Sättigungswerte liegen im Bereich von 0 bis 1 ($v = 0$, dann $\bar{y} = 0$, $v = V_{max}$, dann $\bar{y} = 1$).

Die fraktionelle Sättigung kann auch in die Michaelis-Menten-Gleichung einbezogen werden. Durch Division beider Seiten der Gleichung durch V_{max} erhält man

$$\bar{y} = \frac{v}{V_{max}} = \frac{[S]}{K_M + [S]} = \frac{[S]/K_M}{1 + [S]/K_M} . \tag{5-36}$$

In Analogie zu der von Monod et al. (1965) eingeführten Nomenklatur erhält der Ausdruck $[S]/K_M$ die Bezeichnung α[14]), so daß die Michaelis-Menten-Gleichung die Form annimmt (Newsholme und Crabtee 1973):

$$\bar{y} = \frac{\alpha}{1 + \alpha} . \tag{5-37}$$

Wenn nun $\bar{y}$ die Werte 0,9 bzw. 0,1 erreicht (entsprechend 90 %iger und 10 %iger Sättigung des Enzyms mit Substrat), erhält man durch Einsetzen in diese Gleichung die Ausdrücke:

$$\text{a)} \quad \bar{y} = 0,9 = \frac{\alpha_{0,9}}{1 + \alpha_{0,9}} ,$$

$$\tag{5-38}$$

$$\text{b)} \quad \bar{y} = 0,1 = \frac{\alpha_{0,1}}{1 + \alpha_{0,1}} .$$

Die Auflösung von a) und b) nach $\alpha_{0,9}$ bzw. $\alpha_{0,1}$ und die Bildung des Quotienten $\alpha_{0,9}/\alpha_{0,1} = R_s$[15]) liefert das folgende Resultat:

$$R_s = \frac{\alpha_{0,9}}{\alpha_{0,1}} = \frac{0,9/0,1}{0,1/0,9} = 81 . \tag{5-39}$$

Folgt also eine Enzymreaktion den Bedingungen der Michaelis-Menten-Gleichung, so muß der Quotient der Substratkonzentration bei 90 %iger und 10 %iger Sättigung den Wert 81 ergeben. Abweichungen dieses Quotienten zu größeren oder kleineren Zahlenwerten hin weisen sigmoide Kinetiken aus (Kap. 7), die nicht nach den hier besprochenen Verfahren ausgewertet werden dürfen.

Die Werte-Paare $S_{0,9}$ und $S_{0,1}$ kann man direkt aus der Sättigungskurve ablesen, wenn nach der Beziehung (5-36) die fraktionelle Sättigung v/V_{max} gegen die Substratkonzentration aufgetragen wird. Dies ist in Bild 15 geschehen. Für die Malatkinetik hat der Quotient den Betrag $R_s = 80,8$ und für die Fumaratkinetik den Wert $R_s = 81,3$.

---

[14]) α ist die sogenannte „reduzierte Ligandenkonzentration", die bei der Formulierung des differentiellen Zeitgesetzes allosterischer Enzyme verwandt wird (Abschnitt 7.2; Gl. (7-4)).

[15]) Die Bezeichnung des Quotienten $\alpha_{0,9}/\alpha_{0,1}$ als R_s (Kooperativitätsindex) stammt von Koshland et al. 1966.

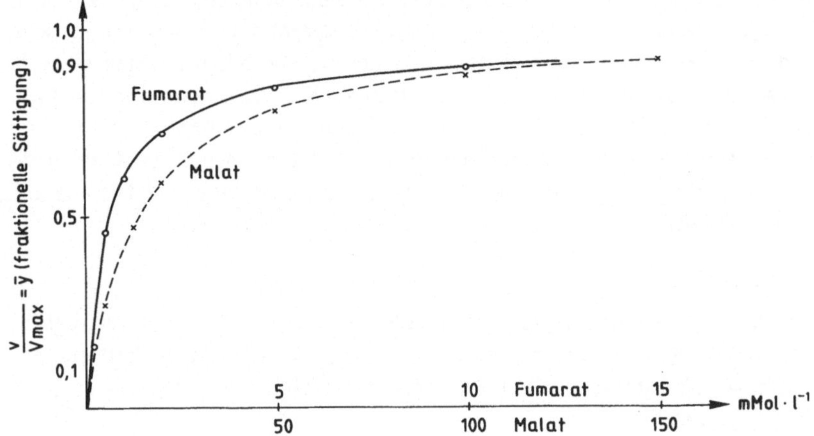

Bild 15 Fraktionelle Sättigung der Fumarase in Abhängigkeit von der Substratkonzentration.

x − − − x Fumaratkinetik

o − − − o Malatkinetik

Für Malat errechnet sich der Quotient R_s aus:

$$R_s = \frac{105}{1,3} = 80,8$$

Für Fumarat wird $R_s = \frac{12,2}{0,15} = 81,3$

Diese Zahlen zeigen deutlich, daß beide Reaktionen im Einklang mit der vorhergegangenen Betrachtung stehen, also einer Michaelis-Menten-Kinetik folgen. Damit sind für diese Kinetik bereits drei Proben positiv ausgefallen (Deckungsgleichheit der berechneten und gemessenen Sättigungskurve; Meßpunkte liegen auf einer Geraden, wenn sie in die linear transformierte Gleichung eingesetzt werden; $S_{0,9} : S_{0,1} = 81$).

Die Betrachtung über die fraktionelle Sättigung bietet auch einen willkommenen Ansatzpunkt, um die Frage zu entscheiden, innerhalb welchen Substratbereiches eine kinetische Untersuchung erfolgen sollte. Dazu folgende Überlegung. Die fraktionelle Sättigung ist nach der Formulierung (5-36) für 90 % Sättigung gegeben durch:

$$\bar{y} = 0,9 = \frac{S_{0,9}/K_M}{1 + S_{0,9}/K_M} . \tag{5-40}$$

Löst man diese Gleichung nach $S_{0,9}$ auf, erhalten wir das Ergebnis:

$$S_{0,9} = 9\,K_M . \tag{5-41}$$

Das besagt, daß unabhängig von der absoluten Größe des K_M-Wertes sein 9-facher Betrag eingesetzt werden muß, um 90 %ige Sättigung des Enzyms zu erzielen.

Nach demselben Verfahren kann man dann auch zeigen, daß der $S_{0,1}$-Wert über folgende Beziehung mit dem K_M-Wert verknüpft ist:

$$S_{0,1} = \frac{1}{9}\,K_M . \tag{5-42}$$

Die beiden Ausdrücke sagen also etwas darüber aus, wie weit die Sättigungspunkte $S_{0,9}$ und $S_{0,1}$ von der halbmaximalen Sättigung ($S_{0,5} = K_M$) entfernt sind. Für die praktische Arbeit läßt sich daraus die Konsequenz ziehen, daß der für die Kinetik einzusetzende Substratbereich etwa die Spanne zwischen $K_M/10$ und $10\,K_M$ umfassen, also fast zwei Zehnerpotenzen betragen sollte. Oft ist diese weite Spanne experimentell nicht ohne weiteres abzudecken. Generell gilt aber, daß der für die Analyse eingesetzte Konzentrationsbereich so groß wie möglich gewählt werden muß, mindestens aber die Distanz $1/5\ K_M$ bis $5\ K_M$ umfassen muß.

5.5.3 Die Hill-Gleichung

Eine ausführliche Besprechung der sogenannten Hill-Gleichung (Hill 1913) erfolgt in Abschnitt 7.3. Da die Hill-Gleichung aber eine ausgezeichnete Testmöglichkeit für das Vorliegen einer Michaelis-Menten-Kinetik liefert, sei diese Gleichung im Vorgriff jetzt bereits genannt und angewandt.

Im Abschnitt 2.6 ist dargestellt worden, daß für die Formulierung von Zeitgesetzen die Bestimmung eines empirischen Exponenten der Konzentration erforderlich ist. Der Exponent, die *Ordnung* der Reaktion, ist für die Beschreibung der Abhängigkeit der Reaktionsgeschwindigkeit von der Konzentration erforderlich (vgl. Abschnitt 2.6).

Da für enzymkatalysierte Reaktionen die Abhängigkeit von Reaktionsgeschwindigkeit und Substratkonzentration durch die Michaelis-Menten-Gleichung beschrieben wird, gilt — analog dem Vorgehen in den früheren Kapiteln — folgende erweiterte Schreibweise des Gesetzes:

$$v = \frac{V_{max} \cdot [S]^{n_H}}{K^{n_H} + [S]^{n_H}} \qquad ^{16)} \tag{5-43}$$

oder nach Umformung der Gleichung (s. Gl. (7-8)

$$\frac{v}{V_{max} - v} = [S]^{n_H} \cdot \frac{1}{K^{n_H}} \ . \tag{5-44}$$

Durch Logarithmieren beider Seiten der Gleichung entfällt der exponentielle Ausdruck. Die Gleichung lautet dann:

$$\log\left(\frac{v}{V_{max} - v}\right) = n_H \log S - n_H \log K. \tag{5-44}$$

Die Auswertung von Meßwerten nach Gl. (5-44) liefert erneut eine Gerade, wenn $\log v/V_{max} - v$ gegen $\log S$ aufgetragen wird. Die Steigung dieser Geraden entspricht dem Exponenten n_H. Die Definition und Interpretation von n_H und K^{n_H} folgt im Zusammenhang mit der Besprechung kooperativer Systeme (Abschnitt 7.3). Hier sei nur erwähnt, daß für eine hyperbole Abhängigkeit zwischen v und S, also für die Michaelis-Menten-Situation, $n_H = 1$ *sein muß*. Mithin ist die Auftragung von Meßwerten einer Sättigungskurve nach der Hill-Gleichung eine Methode, um zu prüfen, ob für einen vorgegebenen Fall die Michaelis-Menten-Kinetik Gültigkeit hat.

$^{16)}$ n_H ist der Hill-Koeffizient. Um Verwechselungen auszuschließen, wird er allgemein als n_H geschrieben. In dieser Form wird er auch im Text verwandt.

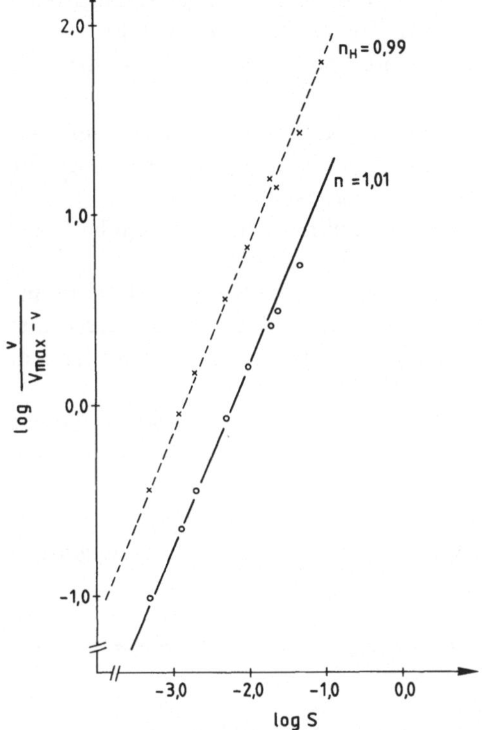

Bild 16

Hill-Auftragung der Meßwerte der Fumarase-Kinetik (Bild 13)

Aufgetragen ist $\log \dfrac{v}{V_{max} - v}$ gegen log S.

Die Steigung der resultierenden Geraden ist n_H.

Der Hill-Koeffizient beträgt:

n_H Fumarat = 0,99; und n_H Malat = 1,01.

In Bild 16 ist die Hill-Gleichung zur Überprüfung der Fumarase-Reaktion verwandt worden. Die Koeffizienten n_H = 0,99 und 1,01 für beide Reaktionsrichtungen belegen eindeutig die Gültigkeit der Michaelis-Menten-Gleichung für diese Reaktion. Auf eine Besonderheit dieser Auftragung sei noch verwiesen:

Für $\log v/V_{max} - v = 0$ wird $n_H \log S = n_H \cdot \log K$.

Aus der Hill-Auftragung läßt sich also ebenfalls der K^{n_H}-Wert ermitteln. Für Fumarat ergibt sich folgende Berechnung:

$$\log(-2,85) = \log K$$
$$1,41 \cdot 10^{-3} = K$$

und für Malat:

$$\log(-2,32) = \log K$$
$$4,79 \cdot 10^{-3} = K$$

Nach bereits früher getroffenen Feststellungen ist K dimensionslos.

Achtung! der K-Wert dieser Gleichung entspricht nur in dem Fall den bereits gegebenen Definitionen von K_M, wenn n_H = 1 ist (s. Abschnitt 5.1).

Die kleinen Abweichungen der mittels der Hill-Gleichung bestimmten K_M-Werte gegenüber der Lineweaver-Burk-Auswertung zeigen, daß selbst bei Verwendung identischer Zahlenpaare eine gewisse Streuung des Ergebnisses bei unterschiedlichen Analyseverfahren auftritt. Daraus kann man sehen, daß bei K_M-Werten der hier dargestellten Größenordnung die Signifikanz der zweiten Stelle hinter dem Komma bereits kritisch ist.

Zusammenfassend sollen einige Gesichtspunkte hervorgehoben werden, die für die praktische Arbeit bedeutungsvoll sind.

1. Zeitgesetze für die Beschreibung enzymkatalysierter Reaktionen basieren auf ganz bestimmten Reaktionsmechanismen. Nur wenn diese Reaktionsmechanismen im gegebenen Fall auch vorliegen, haben die Zeitgesetze Gültigkeit.

2. Um sicherzustellen, ob ein erwarteter Reaktionsmechanismus, also auch ein bestimmtes Zeitgesetz, gültig ist, sind Nachprüfungen erforderlich.

3. Die experimentelle Basis für die kinetische Analyse wie für die geforderte Nachprüfung sind Substratsättigungskurven. Die experimentellen Daten sollten auf der Basis eines möglichst weit gefaßten Substratbereichs erstellt werden. Der optimale Bereich reicht von $1/10\ K_M$ bis $10\ K_M$.

4. Für die Nachprüfung des Vorliegens von Michaelis-Menten-Bedingungen (hyperbolische Sättigungskurve) eignen sich linear transformierte Zeitgesetze, der Hill-Koeffizient und das Verhältnis $S_{0,9}/S_{0,1}$.

5. Wird mit den ermittelten Konstanten K_M und V_{max} eine Sättigungskurve berechnet, ist Deckungsgleichheit zwischen der berechneten und der gemessenen Sättigungskurve zu fordern.

5.6 Bestimmung einzelner Geschwindigkeitskonstanten mit Hilfe der steady-state-Kinetik

Es ist inzwischen mehrfach darauf verwiesen worden, daß die Enzymkonstanten K_M und V_{max} komplexe Größen sind. Um zu beurteilen, welche Form eine K_M für einen vorgegebenen Fall besitzt, ist es unumgänglich, einzelne Geschwindigkeitskonstanten zu ermitteln. Dies geschieht in der Regel mit spezifischen kinetischen Verfahren, z.B. relaxationskinetischen Untersuchungen. Sie sind z.T. apparativ aufwendig und werden deshalb von denen, die steady-state-Kinetik betreiben, selten genutzt.

Aber auch mittels der steady-state-Kinetik lassen sich einzelne Geschwindigkeitskonstanten bestimmen (Slater 1955) und so die Frage entscheiden, ob eine K_M z.B. mehr eine Dissoziationskonstante oder eine Briggs-Haldane-Konstante ist. Die Gleichungen der Abschnitte 5.3 und 5.4 bilden die Grundlage für die Bestimmungen der kinetischen Konstanten der Fumarasereaktion.

a) Ermittlung der katalytischen Konstanten k_2 bzw. k_{-1}. (Definitionen s. Gln. (5-30) und (5-31).)

$$k_2 = \frac{V_{max}^{vor}}{[E]_t} \quad \text{(aus Gl. (5-19))} \qquad\qquad k_{-1} = \frac{V_{max}^{rück}}{[E]_t} \quad \text{(aus Gl. (5-19))}$$

$$= \frac{32 \cdot 10^{-3}}{17{,}5 \cdot 10^{-6}} \left[\frac{\text{mM s}^{-1}}{\text{mM}} \right] \qquad\qquad = \frac{27{,}8 \cdot 10^{-3}}{17{,}5 \cdot 10^{-6}} \left[\frac{\text{mM s}^{-1}}{\text{mM}} \right]$$

$$= 1{,}83 \cdot 10^3\,\text{s}^{-1} \qquad\qquad\qquad = 1{,}58 \cdot 10^3\,[\text{s}^{-1}].$$

Die katalytische Konstante sagt etwas aus über die Anzahl der umgesetzten Moleküle Substrat pro Sekunde und pro Enzymmolekül (besser pro ativem Zentrum). Diese *molare Aktivität*, auch *Wechselzahl* genannt, markiert den geschwindigkeitsbestimmenden Schritt der Reaktion; die molaren Aktivitäten einzelner Enzyme unterscheiden sich erheblich. Die Succinatdehydrogenase z.B. hat eine molare Aktivität von $k_2 = 19{,}2\ s^{-1}$, die Carboanhydrase C aber die Wechselzahl $k_2 = 6{,}0 \cdot 10^5\,s^{-1}$. Die Fumarase mit einer Wechselzahl von $k_2 \approx 1{,}7 \cdot 10^3\,s^{-1}$ nimmt in dieser Reihung also einen mittleren Platz ein. (Für Untersuchungen der Temperaturabhängigkeit enzymkatalysierter Reaktionen (Arrhenius) sollte diese molare Aktivität als abhängige Größe eingesetzt werden und nicht die Reaktionsgeschwindigkeit v.) Die unterschiedlichen molaren Aktivitäten sind auch die Ursachen für die Ausbildung von Zeithierarchien im Stoffwechsel (steady-state-Aggregationen, Heinrich und Rapoport 1977).

b) Die Geschwindigkeitskonstanten der Bindungsreaktionen k_1 bzw. k_{-2} (Definitionen s. Gl. (5-15)).

$$k_1 = \frac{k_2 + k_{-1}}{K_M^F}$$

$$= \frac{1{,}83 \cdot 10^3 + 1{,}58 \cdot 10^3}{1{,}37 \cdot 10^{-3}}\ \left[\frac{s^{-1}}{M}\right]$$

$$= 2{,}5 \cdot 10^6\ [s^{-1} M^{-1}]$$

$$k_{-2} = \frac{k_2 + k_{-1}}{K_M^M}$$

$$= \frac{1{,}83 \cdot 10^3 + 1{,}58 \cdot 10^3}{4{,}76 \cdot 10^{-3}}\ \left[\frac{s^{-1}}{M}\right]$$

$$= 0{,}72 \cdot 10^6\ [s^{-1} M^{-1}]$$

Nach dieser Berechnung hat die K_M für die Vorreaktion den Wert:

$$K_M = \frac{1{,}83 \cdot 10^3 + 1{,}58 \cdot 10^3}{2{,}5 \cdot 10^6} = 1{,}36 \cdot 10^{-3}.$$

Der Betrag von k_2 ist im Vergleich zu k_{-1} so groß, daß er für die Formulierung der K_M nicht vernachlässigt werden kann. Die K_M der Fumarase wäre damit als Konstante nach Briggs und Haldane anzusehen und ist keine Dissoziationskonstante im Sinne der Definition (5-7). In anderen Fällen, z.B. bei der Katalyse, ist k_{-1} praktisch Null; damit nimmt die K_M die Form an:

$$K_M = \frac{k_2}{k_1}.$$

Eine derartige K_M ist typisch für die nach Van Slyke und Cullen definierte Situation. Andererseits sind auch viele Beispiele bekannt, bei denen $K_M = k_{-1}/k_1 = K_s$, also eine Dissoziationskonstante ist.

Cornisch-Bowden (1976) hat eine verallgemeinernde Hypothese formuliert, nach der abgeschätzt werden kann, ob ein K_M-Wert eine Dissoziationskonstante ist oder nicht. Die

Hypothese besagt: Wenn Kinetiken bei unterschiedlichen pH-Werten aufgenommen werden und dann jeweils unterschiedliche V_{max}-Werte bei gleichbleibenden K_M-Werten auftreten, besteht der dringende Verdacht, daß die Michaelis-Konstanten echte Dissoziationskonstanten sind. Der experimentelle Ansatz, der diesem Diskrimierungsverfahren zugrunde liegt, ist denkbar einfach und sollte daher auch für die praktische Arbeit von Interesse sein.

Generell gilt aber, daß die Bestimmung einzelner Geschwindigkeitskonstanten nach dem beschriebenen Berechnungsverfahren aus vielerlei Gründen nur als erster Hinweis für das wahre Aussehen der Enzymparameter K_M und V_{max} angesehen werden kann. Dies liegt vor allem daran, daß unsere angenommenen Mechanismen größtmögliche Vereinfachungen der wahren Situation darstellen. Schon die hier besprochene Fumarasereaktion stellt sich bei näherem Hinsehen als höchst komplexer Ablauf dar, der durch wesentlich mehr Geschwindigkeitskonstanten charakterisiert ist als in unserem Beispiel genannt wurden (s. Alberty und Peirce 1957). Dennoch eignen sich die besprochenen Verfahren bestens, um die wichtige Frage zu entscheiden, ob ein bestimmtes Enzym durch eine Vorbehandlung des Versuchsmaterials grundsätzlich andere Charakteristika erhalten hat oder nicht. Die Beantwortung dieser Frage ist aber das zumeist angestrebte Ziel in der angewandten Forschung. Dazu noch einige Bemerkungen, die die Verwertbarkeit der Enzymkenngrößen als Systemkonstanten betreffen (s. einleitendes Kapitel). Es ist zweckmäßig, diese Diskussion auf die Betrachtung von Extremsituationen zu beschränken. Folgende Denkmöglichkeiten sind von Interesse:

a) Der enzymkatalysierte Schritt geschieht bei Substratsättigung.

Wenn unter zellphysiologischen Bedingungen die Konzentration des (oder der) Substrate(s) die Konzentration des Enzyms soweit übersteigt, daß das Enzym substratgesättigt ist, kann der V_{max}-Wert als Systemkonstante herangezogen werden. Unter diesen Bedingungen ist die Reaktionsgeschwindigkeit unabhängig von der Substratkonzentration. Poolschwankungen des Substrates wirken sich nicht auf Flußraten aus! Katalysieren solche Enzyme Ungleichgewichtsreaktionen von Stoffwechselsequenzen, können sie geschwindigkeitsbestimmend für den Gesamtablauf sein. Ändert sich jedoch die Enzymkonzentration (Induktion, Repression), wirkt sich das natürlich auf die V_{max} und damit auf die Flußrate aus. Eine sachkundige Charakterisierung eines enzymkatalysierten Reaktionsschrittes setzt also voraus, daß sowohl die Konzentration des Enzyms wie die der zugehörigen Substrate ermittelt werden.

b) Der enzymkatalysierte Schritt vollzieht sich bei Substratkonzentrationen, die deutlich kleiner sind als der K_M-Wert.

In diesem Fall ist die V_{max} natürlich nur eine bedingt brauchbare Größe, um den Reaktionsschritt zu charakterisieren. Eine bessere Kenngröße ist in diesem Fall der Quotient V_{max}/K_M (Bild 13 und Tabelle 2). Für die Lagebeurteilung ist es erneut wichtig, sich zunächst aus analytischen Daten eine Vorstellung darüber zu verschaffen, wie die Konzentrationsverhältnisse von Substrat zu Enzym sind. Liegen solche Daten vor, können die Konstanten V_{max} bzw. V_{max}/K_M im Sinne von Systemkonstanten eingesetzt werden.
Auf zwei Dinge soll noch einmal besonders hingewiesen werden. Die bisher getroffenen Aussagen basieren auf Zeitgesetzen für unidirektionelle Reaktionen. In-vitro-Befunde sind nur auf in-vivo-Situationen extrapolierbar, wenn tatsächlich nachgewiesen ist, daß das jeweilige Enzym in-vivo eine irreversible Reaktion katalysiert. Viele Untersucher,

die mit Enzymen arbeiten, setzen diese Situation stillschweigend voraus. Dieses Vorgehen ist nicht ohne weiteres zu rechtfertigen. Zum anderen sollte klar sein, daß durch externe Manipulationen an physiologischen Systemen sehr leicht grundsätzliche Veränderungen der Konzentrationsverhältnisse von Enzymen zu Substraten auftreten können (Enzyminduktion, Poolverschiebungen). Es kann also durchaus sein, daß ein Enzym, das vor Versuchsbeginn substratgesättigt war, nach Versuchsablauf aber im nicht-Sättigungsbereich reagiert. Damit hätte sich dann auch der Systemcharakter verändert. Schwankungen von Enzymaktivitäten oder von Metabolitenkonzentrationen sind für sich allein unzureichend, um einen Stoffwechselschritt oder eine Stoffwechselsituation hinreichend zu charakterisieren.

5.7 Enzymhemmung und das Phänomen der Rückkopplung

Biokatalysatoren zeichnen sich gegenüber anderen Katalysatoren dadurch aus, daß ihre katalytische Effizienz moduliert werden kann. So sind Enzyme bestens dafür ausgestattet, flexibel auf veränderte Reaktionsbedingungen zu reagieren und somit als Regelstellen von Stoffwechselabläufen zu fungieren. Im Folgenden sollen einige kinetische Aspekte der Aktivitätsmodulation erörtert werden, die durch Störungen der Wechselwirkung von Enzym und Substrat hervorgebracht werden.
Die folgende Betrachtung bezieht sich ausschließlich auf Enzyme mit Michaelis-Menten-Kinetik. Ihre Aktivität kann durch Reaktionsprodukte, Zwischenprodukte von Sequenzen oder Metaboliten dadurch reguliert werden, daß neben dem Substrat noch weitere Moleküle mit dem Enzym Komplexe bilden. Der Reaktionsmechanismus ist also um zusätzliche Enzymspezies EX erweitert, was verallgemeinernd wie folgt formuliert werden kann:

$$[S] + [X] + [E] \rightarrow \begin{bmatrix} ES \\ EX \\ ESX \end{bmatrix} \rightarrow [P] + [E]. \tag{5-45}$$

Wie sich solche vielseitigen Wechselwirkungen auf die Kinetik der Reaktion auswirken, soll an den Beispielen der kompetitiven und nicht-kompetitiven Hemmung erörtert werden. Die mechanistischen Hintergründe dieser Hemmung, die gerade jüngst wieder Gegenstand kontroverser Diskussion waren (Price 1979, Pace 1980), sollen hier nicht abgehandelt werden. Sie können übergangen werden, da in unserem Zusammenhang ausschließlich die durch Hemmstoffe hervorgerufenen Veränderungen der Reaktionsgeschwindigkeit v von Interesse sind. Um diese Veränderungen zu analysieren, genügt es, die veränderten Zeitgesetze zu betrachten. Denn die Hemmstoffe üben auf Michaelis-Menten-Enzyme ihren Einfluß dadurch aus, daß sie mit dem Enzym ebenfalls Komplexe bilden. Auf diese Weise geht dem Substrat ein Teil des Enzyms „verloren". Dieser Verlust äußert sich als reduzierte Umsatzrate.
Die *kompetitive Hemmung* basiert auf folgendem Reaktionsmechanismus:

$$[E] \Big\langle {\overset{+}{\underset{+}{}}} {\begin{array}{l} [S] \rightarrow [ES] \xrightarrow{k_2} [E] + [P] \\[2mm] [I] \rightarrow [EI] \end{array}} \tag{5-46}$$

I symbolisiert das Inhibitormolekül. Nach der bereits früher vorgestellten Verfahrensweise für die Formulierung von Zeitgesetzen (s. Abschnitte 5.2 und 5.3) können nach diesem Reaktionsmechanismus zwei Dissoziationskonstanten geschrieben werden:

$$K_s = \frac{[E] \cdot [S]}{[ES]} \quad \text{und} \quad K_i = \frac{[E] \cdot [I]}{[EI]} .$$

Nach dem Erhaltungssatz gilt: $E_t = E + ES + EI$ (s. Abschnitt 5.2). In einem analogen Gedankengang, wie er bei der Herleitung des Michaelis-Menten-Gesetzes verfolgt wurde, erhält man schließlich folgenden Ausdruck für die Reaktionsgeschwindigkeit:

$$v = \frac{\overbrace{k_2 \cdot [E]_t}^{V_{max}} \cdot [ES]}{[E] + [ES] + [EI]}$$

oder

$$\frac{v}{[E]_t} = \frac{k_2 \cdot [ES]}{[E] + [ES] + [EI]} .$$

Substitution von ES und EI durch $[E] \cdot [S]/K_s$ und $[E] \cdot [I]/K_i$ ergibt:

$$\frac{v}{[E]_t} = \frac{k_2 \cdot \dfrac{[E] \cdot [S]}{K_s}}{[E] + \dfrac{[E] \cdot [S]}{K_s} + \dfrac{[E] \cdot [I]}{K_i}} = \frac{k_2 \cdot \dfrac{[S]}{K_s}}{1 + \dfrac{[S]}{K_s} + \dfrac{[I]}{K_i}} .$$

Da $[E]_t \cdot k_2 = V_{max}$ ist, erhält man durch Umformung der Gleichung und für $K_s = K_M$ den Ausdruck:

$$v = \frac{V_{max} \cdot [S]}{K_M \left(1 + \dfrac{[I]}{K_i} \right) + [S]} . \tag{5-47}$$

Diese Gleichung zeigt, daß ein kompetitiver Inhibitor lediglich den effektiven K_M-Wert vergrößert, ohne V_{max} zu beeinflussen. In der Lineweaver-Burk-Auftragung ist die kompetitive Hemmung daran zu erkennen, daß sich für steigende Konzentrationen des Hemmstoffes scheinbar der K_M-Wert vergrößert, während V_{max} unverändert bleibt. In Bild 17 ist am Beispiel der Adenylosuccinat Synthetase eine kompetitive Hemmung vorgeführt (Rudolph und Fromm 1969). Als kompetitiver Inhibitor ist Succinat in drei Konzentrationen eingesetzt, während das variable Substrat Aspartat ist. Je höher die Succinatkonzentration ist, desto größer wird die Steigung der Geraden. Der x-Durchgang der Geraden entspricht dem Wert

$$\frac{1}{K_M \left(1 + \dfrac{[I]}{K_i} \right)} .$$

Dieser Ausdruck erlaubt die Ermittlung der Inhibitorkonstanten K_i. Nach der Lineweaver-Burk-Formulierung ist ja die Steigung der Geraden identisch dem Quotienten K_M/V_{max}.

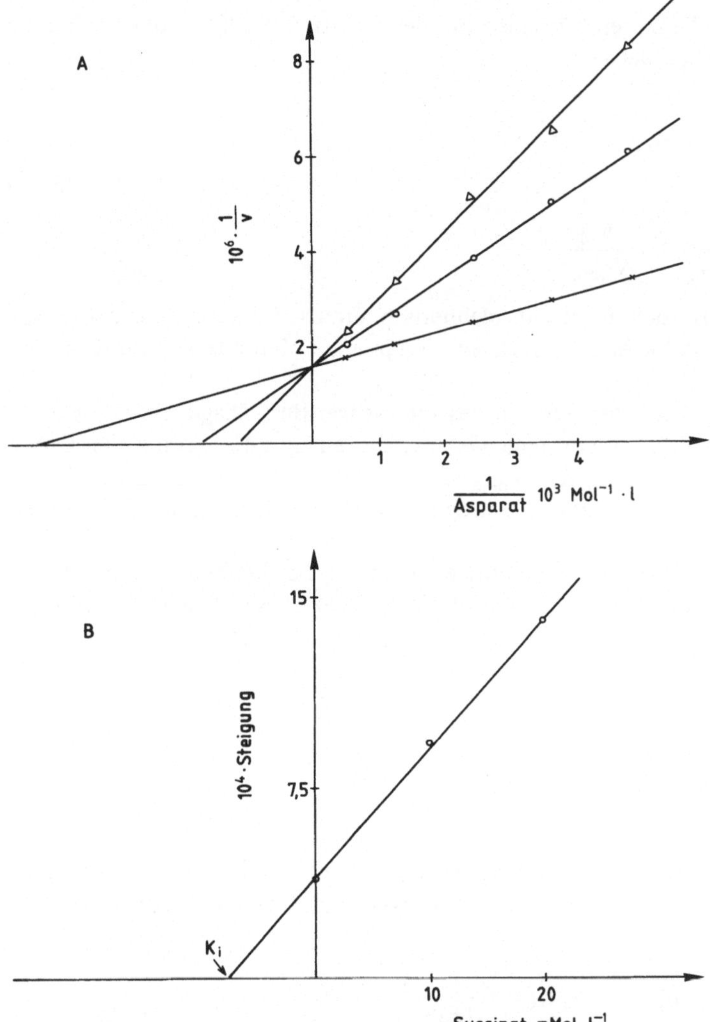

Bild 17 Kompetitive Hemmung der Adensylosuccinat-Synthetase durch Succinat mit Aspartat als variablem Substrat.

Versuchsbedingungen: 20 mM HEPES, pH 7,7, 1 mM $MgSO_4$, 28 °C.

Alle Ansätze enthielten weiterhin konstante Mengen an GTP (0,033 mM) und IMP (0,150 mM).

A. Einfluß der Succinatkonzentration auf die Reaktionsgeschwindigkeit. Die Succinatkonzentration pro Versuchsserie war 0 mM x —— x, 10 mM o —— o und △ —— △ 20 mM.

B. Ermittlung von K_i durch Auftragung der Steigung der Geraden aus Bild 20 A gegen die Inhibitorkonzentration (sekundäre Auftragung). Einzelheiten siehe Text.

Da K_M bei kompetitiv gehemmten Systemen um den Faktor $1 + I/K_i$ erhöht ist, hat die Steigung in diesen Fällen den Betrag:

$$\text{Steigung} = \frac{K_M}{V_{max}} \left(1 + \frac{[I]}{K_i}\right)$$

oder   (5-48)

$$\text{Steigung} = \frac{K_M}{V_{max} \cdot K_i} \cdot I + \frac{K_M}{V_{max}}.$$

Mit dieser Beziehung läßt sich K_i leicht rechnerisch ermitteln, wenn $\bar{K}_M$ und V_{max} bekannt sind. Andererseits bietet sich auch eine graphische Methode an, um K_i zu bestimmen.

Die Auftragung der Steigungen der Geraden des Lineweaver-Burk-Diagrammes gegen die Inhibitorkonzentration liefert erneut eine Gerade, die einen y-Durchgang der Größe K_M/V_{max} hat, und deren Steigung $K_M/V_{max} \cdot K_i$ beträgt. Der x-Durchgang ist $-K_i$. In Bild 17-B ist diese Auftragung vorgeführt. An dem x-Durchgang kann direkt K_i abgelesen werden. K_i hat den Betrag von 7,5 mM.

Nach demselben Muster, wie für die kompetitive Hemmung beschrieben, kann die *nichtkompetitive Hemmung* aufgeklärt werden. Folgender Reaktionsmechanismus sei angenommen:

$$[E] \genfrac{}{}{0pt}{}{+}{+} \begin{cases} [S] \to [ES] \xrightarrow{k_2} [E] + [P] \\[2ex] [I] \to [EI] + [S] \to [EIS] \to [ES] + [I] \end{cases}$$ (5-49)

Der Unterschied zum vorangegangenen Beispiel liegt darin, daß auch der EI-Komplex noch Substrat binden kann. Nach diesem Schema lassen sich folgende Dissoziationskonstanten formulieren:

$$K_s^1 = \frac{[E] \cdot [S]}{[ES]} \qquad \text{und} \qquad K_s^2 = \frac{[EI] \cdot [S]}{[EIS]}$$

sowie

$$K_i^1 = \frac{[E] \cdot [I]}{K_i} \qquad \text{und} \qquad K_i^2 = \frac{[ES] \cdot [I]}{[EIS]}.$$

Das Zeitgesetz für diesen Vorgang, das genau wie im vorhergegangenen Fall abgeleitet wird, lautet:

$$v = \frac{\dfrac{V_{max}}{\left(1 + \dfrac{[I]}{K_i}\right)} \cdot [S]}{K_M + [S]}.$$ (5-50)

Ein Inhibitor, der sich so verhält, wie im Mechanismus (5-49) beschrieben, verändert also die V_{max}, jedoch nicht durch Veränderung von k_2, sondern indem die effektive Konzentration von ES herabgesetzt wird (ein Teil des ES liegt ja als katalytisch unwirksamer EIS-Komplex vor). In der dazugehörigen Kinetik äußert sich die EIS-Komplex-Bildung so, als sei weniger Enzym vorhanden. Ein Hemmstoff, der nach diesem Mechanismus wirkt, heißt nicht-kompetitiv.

In der doppelt reziproken Auftragung für nicht kompetitiv gehemmte Enzyme (Bild 18-A) erhält man ebenfalls eine Serie von Geraden, die sich im x-Durchgang schneiden (identische

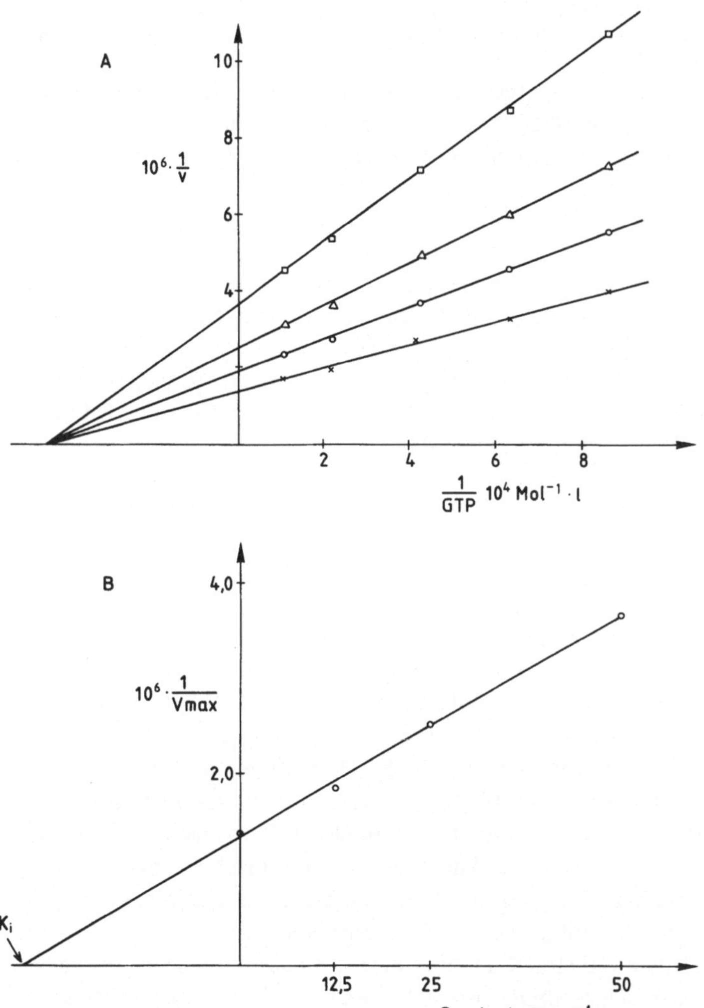

Bild 18 Nicht kompetitive Hemmung der Adenylsuccinat-Synthetase durch Succinat mit GTP als variablem Substrat. Versuchsbedingungen wie bei Bild 17 A. Die Ansätze enthielten konstante Konzentrationen IMP (0,150 mM) und Aspartat (1,00 mM).

A. Einfluß der Succinatkonzentration auf die Reaktionsgeschwindigkeit. Die Succinatkonzentration pro Versuchsserie war 0 mM x —— x, 12,5 mM o —— o, 25 mM △ —— △ und 50 mM □ —— □

B. Ermittlung von K_i durch Auftragung der Steigung der Geraden aus Bild 21 A gegen die Inhibitorkonzentration (sekundäre Auftragung). Einzelheiten siehe Text.

K_M-Werte), mit steigender Konzentration des Inhibitors jedoch abnehmende V_{max}-Werte anzeigen. Die Ermittlung von K_i erfolgt ebenfalls durch sekundäre Auftragung, denn nach der Lineweaver-Burk-Beziehung gilt ja für $\lim\limits_{x \to 0} 1/s = 0$, daß y dann $1/V_{max}$ ist. Im Falle der nicht-kompetitiven Hemmung ist V_{max} aber um den Hemmfaktor verändert, so daß dann für $1/s = 0$ gilt.

$$y = \frac{1 + \dfrac{[I]}{K_i}}{V_{max}} \quad \text{oder} \quad y = \frac{1}{V_{max}} + \frac{1}{K_i} \cdot \frac{1}{V_{max}} \cdot [I]. \tag{5-51}$$

Werden die y-Durchgänge aus Bild 18-A gegen die Inhibitor-Konzentration I aufgetragen, erhält man erneut eine Gerade (Bild 18-B). Die Steigung dieser Geraden ist $1/K_i \cdot V_{max}$, der y-Durchgang $1/V_{max}$ und der Schnittpunkt mit der x-Achse K_i. In dem dargestellten Beispiel ist $K_i = 28{,}8$ mM.

Es läßt sich rechnerisch zeigen, daß die kompetitive Hemmung durch Substratüberschuß ausgeschaltet werden kann. Nach der Formulierung des Mechanismus (5-46) ist das leicht verständlich. Denn je höher die Substratkonzentration ansteigt, desto geringer wird die Wahrscheinlichkeit, daß sich EI-Komplex bildet. Die kompetitive Hemmung ist eine Funktion der Substratkonzentration.

Anders verhält es sich dagegen mit der nicht-kompetitiven Hemmung. Da nach Mechanismus (5-49) die Substratbindung sowohl mit freiem Enzym als auch mit dem EI-Komplex möglich ist, also keine Verdrängung eintritt, erweist sich die nicht-kompetitive Hemmung als substratunabhängig. Solange I vorhanden ist, wird ein Teil des Enzyms als EI vorliegen. Die nicht-kompetitive Hemmung ist ausschließlich eine Funktion der Inhibitorkonzentration.

Die Hemmung von Enzymen mit hyperboler Kinetik beruht darauf, daß über die Veränderung von K_M oder V_{max} die Reaktionsgeschwindigkeit herabgesetzt wird. Diese beiden Möglichkeiten erschöpfen natürlich nicht das ganze Spektrum der bekannten Hemmtypen. In diesem Kapitel war aber lediglich beabsichtigt, die prinzipielle Art der Behandlung von Hemmungen „hyperboler Enzyme" darzustellen. Weitere Möglichkeiten, wie K_M und/oder V_{max} durch Inhibitoren modifiziert werden können, sind in Kinetikbüchern hinreichend abgehandelt. Eine übersichtliche Tabelle der Hemmtypen und der jeweiligen Veränderungen der Enzymparameter K_M und V_{max} ist bei Wong (1975) dargestellt.

Zu dem Beispiel Adenylosuccinat-Synthetase ist auch noch ein Wort nachzutragen. Das Enzym katalysiert eine Reaktion, an der drei Substrate und drei Produkte beteiligt sind. Es ist also sehr viel schwieriger zu analysieren als die einfache Fumarasereaktion, was schon daraus hervorgeht, daß der Inhibitor Succinat gegenüber dem Substrat Asparat kompetitiv wirkt, gegenüber dem Substrat GTP aber nicht-kompetitiv. Solches Verhalten ist nur durch die Annahme sehr vielgestaltiger Interaktionen zu erklären. Ein von Rudolph und Fromm (1969) formulierter Mechanismus für diese Reaktion umfaßt z.B. je sechs unterschiedliche Substrat- und Produktkomplexe mit insgesamt je 12 charakteristischen Konstanten. Dennoch folgt die prinzipielle Behandlung solcher vielgestaltiger Reaktionen, die leider in der zellphysiologischen Wirklichkeit eher die Regel als die Ausnahme sind, genau dem Muster, nach dem in diesem Kapitel verfahren wurde.

Auf einen besonders interessanten Fall sei noch verwiesen. Auch allosterische Enzyme (s. nächstes Kapitel) können unter bestimmten Bedingungen hyperbole Substratsättigungskurven liefern. Wirkt ein Inhibitor auf ein allosterisches Enzym ein, indem L, die allosterische Konstante (Definition s. Kapitel 7) verändert wird, resultiert daraus eine Kinetik, die von kompetitiver Hemmung nicht zu unterscheiden ist. Die K_M ist in diesem Fall um den Faktor $(1 + I/K_i + K_i/L)$ verändert. Also auch allosterische Enzyme können sich u.U. wie „normale" Michaelis-Menten-Enzyme verhalten (z.B. Ning et al. 1969). Das Beispiel führt noch einmal vor Augen, daß bei kinetischen Analysen immer sorgfältig überprüft werden muß, ob die für die Analyse zugrundegelegten Voraussetzungen auch wirklich gegeben sind. Denn für die Interpretation von Ergebnissen ist es schon nicht gleichgültig, ob der Schnittpunkt der Geraden in der Lineweaver-Burk-Auftragung mit der x-Achse eine „einfache" K_M^{-1} ist, oder wie im obigen Beispiel, die Form $[K_M(1 + I/K_i + K_i/L)]^{-1}$ hat. Außerdem zeigt das Beispiel, daß eine bestimmte kinetische Verhaltensweise noch kein hinreichendes Argument ist, um auf den Mechanismus der Enzymreaktion rückzuschließen. Für die Aufklärung von Reaktionsmechanismen mit kinetischen Methoden sind die hier abgehandelten Prinzipien der kinetischen Analyse allenfalls ein bescheidener Anfang. Hiervon kann man sich schnell überzeugen, wenn man Kinetik-Bücher wie das von Fromm (1975) oder Wong (1975) zur Hand nimmt.

Als Fazit, besonders dieser letzten Gedanken, sollte die Erkenntnis stehen, daß komplexe Mechanismen auch komplexe Konstanten liefern. Eine doppelt reziproke Auftragung für ein Enzym, das für die Reaktion ein Substrat und ein Cosubstrat benötigt, liefert der y-Durchgang eben nicht den $1/V_{max}$-Wert oder der x-Durchgang den $1/K_M$-Betrag, sondern komplexere Größen. Sie sind erst durch sekundäre und eventuell tertiäre Auftragungen aufzulösen. Hat man allerdings verläßliche Werte für K_M und V_{max} erstellt, sind sie im Sinne der Ausführungen des Abschnitts 5.5 auch als Systemkonstanten zu gebrauchen.

Die angesprochenen Mechanismen der Aktivitätshemmung von Enzymen bieten eine Möglichkeit, den Vorgang der *Rückkopplung* zu erklären. Denn die Zwischen- oder Endprodukte einer Reaktionssequenz können auch als kompetitive oder nicht-kompetitive Inhibitoren einzelner Reaktionsschritte wirken. Handelt es sich bei den gehemmten Enzymen um solche, die am Anfang einer Reaktionssequenz stehen, kann über die genannten Hemmungen der Durchfluß durch die Sequenz temporär verändert werden. Da die Konzentrationen der rückkoppelnden Moleküle selbst stetigen Veränderungen unterworfen sind, variiert das Ausmaß der Hemmung ständig. Dadurch erhält das Reaktionsgefüge der Sequenz eine zusätzliche dynamische Komponente, deren Zeitverhalten nur mit aufwendigen Modellen beschrieben werden kann.

5.8 Die Veränderung von V_{max} und K_M in Abhängigkeit von den externen Bedingungen

Die ein Enzym charakterisierenden Größen K_M und V_{max} sind komplexe Ausdrücke der verschiedensten Kombinationsformen von einzelnen Geschwindigkeitskonstanten. Analog dem Verhalten von Geschwindigkeitskonstanten chemischer Reaktionssysteme (vgl. Bild 9) hängen die Geschwindigkeitskonstanten einer enzymkatalysierten Reaktion natürlich auch von den externen Reaktionsbedingungen ab. Anders formuliert: Die Enzymcharakteristik und damit die katalytischen Eigenschaften eines Enzyms verändern sich mit dem Milieu, in dem die Reaktion abläuft. Aus dieser Erkenntnis resultiert zunächst die Notwendigkeit, daß Enzymuntersuchungen stets unter streng kontrollierten Bedingungen erfolgen müssen, die für Vergleichsmessungen absolut identisch sein müssen. Hier-

Tabelle 3: Veränderung von V_{max}- und K_M-Werten der Fumarase in Abhängigkeit von der Pufferkonzentration. Gemessen wurde die Fumarathydratisierung bei pH 6,5 und 25 °C (Alberty et al. 1954).

[Phosphat] mM	V_{max}	K_M (mM)
5	9,5	0,13
15	15,4	0,47
33,3	15,4	0,62
50,0	20,3	1,19

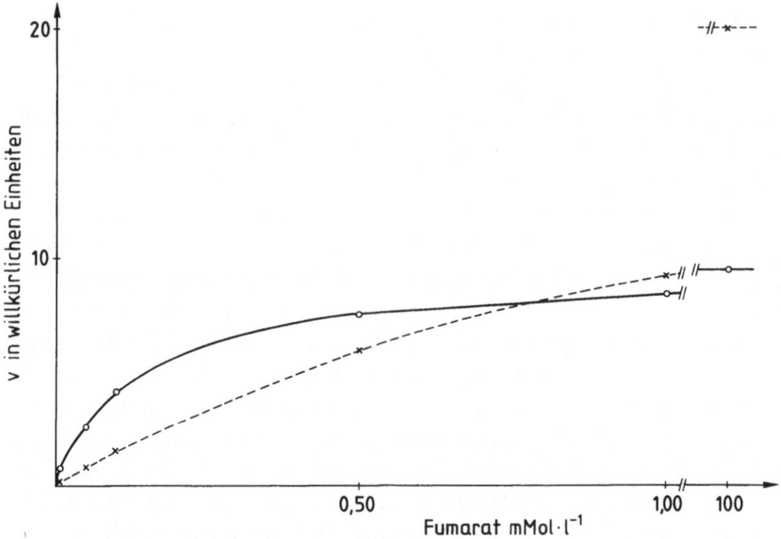

Bild 19 Substratsättigungskurve der Fumarase bei 5 mM o——o 50 mM x ––– x Phosphatpuffer, gemessen als Fumarathydratisierung.

$K_M = 0,13$ mM, $V_{max} = 0,16$ mM s^{-1} (5 mM) und

$K_M = 1,19$ mM, $V_{max} = 0,34$ mM s^{-1} (50 mM).

zu gehören die exakte Einhaltung des pH-Wertes des Reaktionsmilieus, die Festlegung der Ionenstärke des Puffers und die Einstellung einer konstanten Temperatur. Gerade diese externen Bedingungen sind aber für das physiologische System oft nur annähernd stabil. Deshalb ist es für die praktische Arbeit empfehlenswert, Enzymcharakterisierungen über einen weiten pH- oder Ionenstärkenbereich durchzuführen. Auf diesem Umweg ist es dann vielleicht möglich, eine dem in-vivo-System entsprechende Charakteristik zu erstellen. In jedem Falle gewinnt man auf diese Weise Kenntnis darüber, ob und in welchem

Umfang die Enzymparameter in Abhängigkeit von den externen Bedingungen variieren. Auf diesem Umweg kann man abschätzen, welche Auswirkungen erwartete zellinterne Milieuveränderungen auf die katalytischen Eigenschaften des jeweils untersuchten Enzyms erwarten lassen.

In Tabelle 3 sind die Veränderungen von V_{max} und K_M der Fumarase in Abhängigkeit von der Ionenstärke des Milieus dargestellt. Es ist interessant zu beobachten, daß mit steigender Phosphatkonzentration der V_{max}-Wert zunimmt, ebenso der K_M-Wert. Während sich im hier dargestellten Konzentrationsbereich der K_M-Wert verzehnfacht, verdoppelt sich V_{max} lediglich. Was bedeutet das für die Umsatzrate dieses Enzyms? Nach einer weitverbreiteten Vorstellung gilt ja die Faustregel: große K_M, schlechte Affinität (und damit schlechter Katalysator) und kleine K_M, guter Katalysator.

Errechnet man mittels des differentiellen Zeitgesetzes die Reaktionsgeschwindigkeit des Enzyms erhält man das in Bild 19 dargestellte Schaubild. Hieraus wird sofort ersichtlich, daß eine Beurteilung des Katalysators im Sinne von besser oder schlechter solange kaum möglich ist, solange über die Konzentration des Substrats keine Vorstellungen bestehen. Nimmt man die Reaktionsgeschwindigkeit als Kriterium, so ist die Enzymform mit der niedrigen K_M (entsprechend einem Milieu mit geringer Ionenstärke) bei kleinen Substratkonzentrationen mit größerer Umsatzrate ausgestattet, die mit größerer K_M (entsprechend einem Milieu höherer Ionenstärke) aber in höheren Substratbereichen „besser". In den mittleren Konzentrationsbereichen zwischen 0,4 und 1,0 mM unterscheiden sich beide Formen kaum, trotz beachtlicher Unterschiede für K_M und V_{max}.

Die Abhängigkeit der Parameter K_M und V_{max} von der Ionenkonzentration weist andererseits auf eine gewisse Adaptationsfähigkeit des Enzyms an das Milieu hin. Wenn also aus in-vitro-Daten eines Enzyms Rückschlüsse auf physiologische Funktionen gezogen werden sollen, ist man gut beraten, auch Vorstellungen über das erwartete in-vivo-Milieu zu entwickeln und in die Betrachtung mit einzubeziehen.

6 Reversible, enzymkatalysierte Reaktionen: die Haldane-Beziehung

6.1 Enzymkinetische Konstanten und Gleichgewicht

Die Veränderung der kinetischen Konstanten K_M und V_{max} in Abhängigkeit von der Phosphationenkonzentration, wie sie in Tabelle 3 dargestellt ist, wirft eine grundsätzliche Frage auf: In welchem Umfang können die Enzymkonstanten eigentlich unabhängig voneinander variieren und wie wirkt sich die Veränderung der Konstanten einer Reaktionsrichtung auf die K_M und die V_{max} der zugehörigen Rückreaktion aus?

Die Beantwortung dieser Frage ist für Experimentatoren insofern von großer Bedeutung, als im in-vitro-Versuch oft nur eine Reaktionsrichtung analysiert und charakterisiert wird, obwohl prinzipiell davon ausgegangen werden muß, daß das Enzym in-vivo eine reversible Reaktion katalysiert. Läßt also die Charakterisierung nur einer Reaktionsrichtung auch Rückschlüsse auf die dazugehörige Rückreaktion zu?

Die angesprochenen Fragen lassen sich prinzipiell mit der sogenannten Haldane-Beziehung beantworten, die hier in vereinfachter Form vorgestellt werden soll. Als Modellsystem dient wieder die Fumarasereaktion (5.4).

Nach der bereits gegebenen Definition für das chemische Gleichgewicht Gl. (3-7) gelten für die Fumarasereaktion Gl. (4-17) die folgenden Zusammenhänge:

$$K_{eq} = \frac{[\text{Malat}]_{eq}}{[\text{Fumarat}]_{eq}} = \frac{[P]_{eq}}{[S]_{eq}} = \frac{k_1}{k_{-1}} . \tag{6-1}$$

wobei K_{eq} die Gleichgewichtskonstante darstellt und k_1 und k_{-1} die beiden Geschwindigkeitskonstanten für die Vor- und Rückreaktion sind. $[\text{Malat}]_{eq}$ und $[\text{Fumarat}]_{eq}$ sind die Gleichgewichtskonzentrationen der beiden Reaktionspartner, allgemein als $[S]_{eq}$ (für Substrat) und $[P]_{eq}$ (für Produkt) geschrieben. Diese Gleichgewichtsbeziehung gilt natürlich auch dann, wenn k_1 und k_{-1} durch die entsprechenden Enzymparameter V_{max} und K_M ersetzt werden, d.h., wenn das Gleichgewicht unter Mithilfe der Enzymkatalyse eingestellt wird. Der Zusammenhang zwischen dem Quotienten k_1/k_{-1} und den Enzymparametern, die die Vor- und Rückreaktion charakterisieren, wird in dem folgenden Gedankengang dargelegt.

Die Reaktionsgleichung einer reversiblen enzymkatalysierten Reaktion lautet:

$$[E] + [S] \underset{k_{-1}}{\overset{k_1}{\rightleftharpoons}} [ES] \underset{k_{-2}}{\overset{k_2}{\rightleftharpoons}} [E] + [P]. \tag{6-2}$$

Nach dieser Formulierung existieren zwei hintereinandergeschaltete reversible Reaktionen. Die Gleichgewichtskonstante der Gesamtreaktion ermittelt sich aus dem Produkt der Gleichgewichtskonstanten der Einzelreaktionen.

Man kann schreiben:

1. Reaktion $\quad K_1 = \dfrac{[ES]}{[E] \cdot [S]_{eq}} = \dfrac{k_1}{k_{-1}}$;

2. Reaktion $\quad K_2 = \dfrac{[E] \cdot [P]_{eq}}{[ES]} = \dfrac{k_2}{k_{-2}}$.

$$(6\text{-}3)$$

Achtung: Um das Gleichgewicht der Gesamtreaktion zu formulieren, werden die Gleichgewichte fortlaufend von links nach rechts geschrieben. Das Reaktionsprodukt der ersten Teilreaktion ist der ES-Komplex, das des zweiten Reaktionsschrittes aber das Produkt aus E und P!

Durch Multiplikation erhält man aus diesen Gleichungen die Gleichgewichtskonstante des Gesamtablaufs:

$$K_{eq} = K_1 \cdot K_2 = \frac{[ES] \cdot [E] \cdot [P]_{eq}}{[ES] \cdot [E] \cdot [S]_{eq}} = \frac{k_1 k_2}{k_{-1} k_{-2}} . \tag{6-4}$$

Dieser Ausdruck wiederholt bereits Bekanntes: Die Gleichgewichtskonstante ist der Quotient aus den Gleichgewichtskonzentrationen von P und S. Sie ist aber auch der Quotient aus dem Produkt der Geschwindigkeitskonstanten k_1 und k_2 der Vor-Reaktionen und dem Produkt der Geschwindigkeitskonstanten der Rück-Reaktionen k_{-1} und k_{-2} (vgl. Abschnitt 3.1).

Die Geschwindigkeitskonstanten für beide Reaktionsrichtungen lassen sich aber auch durch die enzymkinetischen Konstanten ausdrücken (Abschnitt 5.6). Für die Vor-Reaktion gilt danach:

$$k_1 = \frac{k_{-1} + k_2}{K_M^{vor}} \quad \text{und} \quad k_2 = \frac{V_{max}^{vor}}{[E]_t} .$$

Durch Multiplikation erhält man aus k_1 und k_2 den Zählerausdruck der obigen Gleichung:

$$k_1 \cdot k_2 = \frac{V_{max}^{vor}}{[E]_t} \cdot \frac{k_{-1} + k_2}{K_M^{vor}} . \tag{6-5}$$

Entsprechend kann man für die Rückreaktion verfahren und erhält:

$$k_{-1} \cdot k_{-2} = \frac{V_{max}^{rück}}{[E]_t} \cdot \frac{k_{-1} + k_2}{K_M^{rück}} . \tag{6-6}$$

Durch Division beider Gleichungen gelangt man schließlich zu dem Quotienten $k_1 \cdot k_2 / k_{-1} \cdot k_{-2}$

$$\frac{k_1 \cdot k_2}{k_{-1} \cdot k_{-2}} = \frac{\dfrac{V_{max}^{vor}}{[E]_t} \cdot \dfrac{k_{-1} + k_2}{K_M^{vor}}}{\dfrac{V_{max}^{rück}}{[E]_t} \cdot \dfrac{k_{-1} + k_2}{K_M^{rück}}} . \tag{6-7}$$

Nach Kürzung erhält man folgende Beziehung:

$$K_{eq} = \frac{k_1 \cdot k_2}{k_{-1} \cdot k_{-2}} \qquad (6\text{-}8)$$

$$\boxed{K_{eq} = \frac{V_{max}^{vor}}{V_{max}^{rück}} \cdot \frac{K_M^{rück}}{K_M^{vor}}}$$

$$= \frac{k_{vor}}{k_{rück}}$$

$$= \frac{[P]_{eq}}{[S]_{eq}} \, .$$

Mit der umrandeten Formel ist die sogenannte Haldane-Beziehung formuliert. Sie zeigt, daß die Enzymparameter V_{max} und K_M der Vor- und Rückreaktion über die thermodynamische Gleichgewichtskonstante miteinander verbunden sind und deshalb nicht unabhängig voneinander variieren können. Verändert sich z.B. V_{max}^{vor} eines Enzymes, müssen die anderen Größen zwangsläufig mitverändert werden, da die Gleichgewichtskonstante für eine vorgegebene Reaktionsbedingung eine unveränderliche Größe ist.

Um die soeben getroffenen Aussagen zu belegen, sind in Tabelle 4 die Veränderungen der kinetischen Konstanten der Fumarase in Abhängigkeit von der Pufferkonzentration dargestellt. Die Zahlen verdeutlichen sehr anschaulich die Aussage der Haldane-Beziehung. Bei gleichbleibender Gleichgewichtskonstante verändern sich alle vier Enzymkonstanten mit der Veränderung des Milieus.

Die Haldane-Beziehung ist in vielerlei Hinsicht nutzbringend anzuwenden. Zunächst einmal bietet dieser formelmäßige Zusammenhang zwischen Vor- und Rückreaktion eine exzellente Möglichkeit, um experimentell ermittelte Enzymparameter auf ihre Richtigkeit hin zu überprüfen. Werden nämlich die Enzymkonstanten K_M und V_{max} für die Vor- und Rückreaktion in die Haldane-Gleichung eingesetzt, müssen sie den Betrag der Gleichgewichtskonstanten der Reaktion liefern. Die Gleichgewichtskonstante wird unabhängig von K_M und V_{max} bestimmt.

Tabelle 4 Die Veränderung der kinetischen Konstanten der Fumarase in Abhängigkeit von der Pufferkonzentration

V_{max}^{vor}, $V_{max}^{rück}$, K_M^{vor} und $K_M^{rück}$ sind die V_{max}- und K_M-Werte für Fumarat und Malat (aus Alberty et al. 1954)				
[Phosphat] mM	$V_{max}^{vor}/V_{max}^{rück}$	K_M^{vor} [mM l^{-1}]	$K_M^{rück}$ [mM l^{-1}]	K_{eq}
15	1,6	0,35	1,0	4,6
60	2,72	1,96	3,33	4,6
133	2,38	3,33	6,70	4,8

Im folgenden Berechnungsbeispiel ist die Haldane-Beziehung auf die Fumarasereaktion angewandt. Die kinetischen Konstanten entstammen Bild 14.

$$K_{eq} = \frac{k_{vor}}{k_{rück}} = \frac{V_{max}^{vor}}{K_M^{vor}} \cdot \frac{K_M^{rück}}{V_{max}^{rück}} \; ; \tag{6-9}$$

$$K_{eq} = \frac{0{,}032 \; [\text{mM s}^{-1}] \cdot 4{,}76 \; [\text{mM } l^{-1}]}{0{,}023 \; [\text{mM s}^{-1}] \cdot 1{,}67 \; [\text{mM } l^{-1}]} \; ;$$

$$K_{eq} = 4{,}00.$$

Bock und Alberty (1952) haben die Gleichgewichtskonstante der Reaktion bestimmt und als Mittelwert aus mehreren Experimenten den Betrag $K_{eq} = 4{,}2$ erhalten. Der oben berechnete Einzelwert ist somit eine gute Approximation an diesen Wert. (Um die Berechnung auf der Basis der Enzymkonstanten durchführen zu können, müssen die eingesetzten Enzymmengen für beide Reaktionsrichtungen natürlich übereinstimmen ($V_{max} = k_2 \cdot E_t$).)

Die Form der Haldane-Beziehung hängt vom Reaktionsmechanismus der jeweiligen enzymatischen Reaktion ab und ist eine Gleichung unterschiedlicher Komplexität. Details können in diesem Rahmen nicht besprochen werden. Eine umfangreiche Zusammenstellung von Haldane-Gleichungen für verschiedene Reaktionsmechanismen ist bei Fromm (1975) aufgeführt. Um diese Gleichungen nutzen zu können, muß der Reaktionsmechanismus des Katalysevorganges bekannt sein. Die Reaktionsmechanismen werden auch über kinetische Messungen ermittelt. Ihre Ausarbeitung verlangt eine weit über den Rahmen dieses Buches hinausgehende Durchdringung kinetischer Methodik (z.B. Cleland 1963).

Mit den Erkenntnissen, die aus der Haldane-Beziehung zu erlangen sind, muß noch ein Nachtrag zu Bild 13 gemacht werden. Für den Grenzfall nämlich, daß nur Vor- oder Rückreaktion ablaufen, vereinfacht sich Gl. (6-9); es gilt dann:

$$k_{vor} = \frac{V_{max}^{vor}}{K_M^{vor}} \quad \text{und} \quad k_{rück} = \frac{V_{max}^{rück}}{K_M^{rück}} \; . \tag{6-10}$$

De facto ist also der Quotient V_{max}/K_M gleichzusetzen mit einer Geschwindigkeitskonstanten für die jeweilige Reaktionsrichtung. Mit dieser Feststellung kann das Zeitgesetz für eine enzymkatalysierte Reaktion vereinfacht werden:

$$v_{vor} = \frac{V_{max}^{S}}{K_M^{S}} \cdot [S] = k_{vor} \cdot [S]$$

und

$$\tag{6-11}$$

$$v_{rück} = \frac{V_{max}^{P}}{K_M^{P}} \cdot [P] = k_{rück} \cdot [P].$$

Damit nimmt das Zeitgesetz einer enzymkatalysierten Reaktion eine ähnlich einfache Form an, wie das entsprechende Gesetz für unkatalysierte Reaktionen.

In Bild 13 ist nach dem Zeitgesetz Gl. (6-11) ebenfalls ein v/S Profil eingezeichnet. Wie das Bild zeigt, ist die lineare Abhängigkeit zwischen v und S nur bei kleinen Substratkonzentrationen gegeben. Die vereinfachte Form des Zeitgesetzes kann also nur dann angewandt werden, wenn sichergestellt ist, daß die Substratkonzentration im jeweiligen Fall einen sehr viel kleineren Betrag als der K_M-Wert hat.

Die Ribulose-1,5diphosphat-Carboxylase ist ein Beispiel, auf die das vereinfachte Zeitgesetz angewandt werden kann. Die Berechnung der Carboxylierungsrate mit der Michaelis-Menten-Gleichung und dem vereinfachten Zeitgesetz ergibt identische Werte für die Reaktionsgeschwindigkeit, wenn sich die Reaktionslösung im Gleichgewicht mit einem CO_2 Partialdruck von 50 ... 200 ppm befindet. Diese Substratkonzentrationen sind dann gegenüber der K_M (= 46,5 μM) für CO_2 sehr klein (Daten s. Walker 1976).

Die Haldane-Beziehung ist auch in einem anderen Zusammenhang noch sehr interessant. Sie macht nämlich verständlich, warum z.B. Isoenzyme völlig abweichendes kinetisches Verhalten aufweisen können. Dies soll am Beispiel der Hexokinase demonstriert werden (Fromm 1975). Die Gleichgewichtskonstante der Hexokinasereaktion bei pH 7,5 beträgt $K_{eq} = 4 \cdot 10^3$. Das Verhältnis von V_{max}^S/V_{max}^P der Hefehexokinase ist 20, während das der Hexokinase von Säugern (Rinderhirn) 25 000 beträgt.

Die Haldane-Beziehung für die Hexokinasereaktion lautet:

$$K_{eq} = \frac{V_{max}^S}{V_{max}^P} \cdot \frac{K_s^P}{K_s^S} \cdot \frac{K_M^P}{K_M^S} . \tag{6-12}$$

K_s^P und K_s^S sind die Dissoziationskonstanten des ES-Komplexes. Da das Verhältnis der V_{max}-Werte bei der Hefe- und Säugerhexokinase den Faktor 1250 aufweist, müssen die K-Werte bei den beiden Enzymen deutlich voneinander abweichen, um die Bedingung der obigen Gleichung zu erfüllen. Im Falle der Hexokinase sind es die K_s^P-Werte, die bei dem Hefeenzym $\approx 10^{-3}$ Mol l^{-1}, bei der Säugerhexokinase aber nur $\approx 10^{-6}$ Mol l^{-1} betragen.

Wie sich die Unterschiede im Betrag der Dissoziationskonstanten für das Produkt auf die Rückreaktion auswirken, verdeutlicht die folgende Berechnung:

Hefehexokinase

spezifische Aktivität: 10,0 [Mol l^{-1} mg^{-1} s^{-1}]

$$V_{max}^{rück} = \frac{V_{max}^{vor}}{20} = \frac{10}{20} = 0,5 \text{ [Mol } l^{-1} \text{ mg}^{-1} \text{ s}^{-1}].$$

Säuerhexokinase

spezifische Aktivität: 1,33 [Mol l^{-1} mg^{-1} s^{-1}]

$$V_{max}^{rück} = \frac{V_{max}^{vor}}{25\,000} = \frac{1,33}{25\,000} = 5,3 \cdot 10^{-5} \text{ [Mol } l^{-1} \text{ mg}^{-1} \text{ s}^{-1}].$$

Danach ist das Verhältnis der Rückreaktionen V_{max}^P (Hefe)/V_{max}^P (Säuger) 9375. Also 1 Mol Hefeenzym katalysiert die Rückreaktion annähernd 10 000 mal schneller als das Säugerenzym. Übertragen auf eine vorgegebene Stoffwechselsituation besagt dies: Für den Fall, daß das Energieprofil der Hexokinasereaktion die Rückreaktion vorgibt, liegt es an dem jeweils vorhandenen Isoenzym, ob auch tatsächlich eine Rückreaktion abläuft. Das Säugerenzym katalysiert nach der obigen Berechnung diese Reaktion praktisch nicht, im Gegensatz zum Hefeenzym, das sehr aktiv ist. Die Existenz eines Enzymkatalysators in einem Gewebe besagt also noch nicht, daß eine thermodynamisch vorgegebene Reaktionsmöglichkeit auch tatsächlich genutzt werden kann. Dies hängt von den jeweiligen Enzymparametern ab.

Mit dem Rechenbeispiel ist auch ein Beitrag zum Phänomen der (scheinbar) irreversiblen enzymatischen Reaktionen geleistet. Streng genommen gibt es keine irreversiblen Enzymreaktionen. Das geht aus der Haldane-Beziehung hervor. Dieselbe Beziehung erklärt aber auch, warum quasi irreversible Abläufe dennoch beobachtet werden.

6.2 Zeitgesetze für enzymkatalysierte reversible Reaktionssysteme

Wie bereits mehrfach angedeutet, lassen sich in Zellen zwei Kategorien von Reaktionen unterscheiden, die durch die Lage des Gleichgewichts charakterisiert sind. Es handelt sich um die „Gleichgewichtsreaktionen" und die „Ungleichgewichtsreaktionen", deren Existenz mit dem Energieprofil der Glykolysesequenz demonstriert worden ist (Bild 11). Entsprechend dieser Einteilung kann man auch von „Gleichgewichts-" und „Ungleichgewichts-Enzymen" sprechen.

„Gleichgewichtsenzyme" katalysieren Reaktionen, die sich in der Nähe des thermodynamischen Gleichgewichts befinden. Sowohl Substrat wie Produkt sind also dauernd vorhanden. Die Gleichgewichtskonstanten liegen oft in der Nähe von eins (s. Fumarase). „Gleichgewichtsenzyme" gehorchen in der Regel der Michaelis-Menten-Kinetik.

„Ungleichgewichtsenzyme" katalysieren Reaktionen, die weit vom thermodynamischen Gleichgewicht entfernt sind. In diesen Fällen ist praktisch nur Substrat vorhanden. Solche Enzyme haben oft regulatorische Funktion und folgen in der Regel den sogenannten sigmoiden Kinetiken. Sie markieren auch die geschwindigkeitsbestimmenden Schritte einer Sequenz (s. Kapitel 7).

In der jetzt folgenden Betrachtung geht es vornehmlich um Enzyme der Kategorie „Gleichgewichtsenzyme". Sie sollen unter der Annahme untersucht werden, daß potentiell jederzeit die Vor- und Rückreaktion stattfinden kann, da ja für eine Reaktion nahe dem Gleichgewicht Substrat und Produkt stets gleichzeitig vorhanden sind.

Was passiert nun mit einer „Gleichgewichtsreaktion", wenn in der Zelle plötzlich eine Milieuveränderung eintritt? Zellmilieu-Veränderungen treten auf bei Temperatursprüngen, beim Übergang von Dunkel- zu Lichtphasen, durch Reizung (Aktionspotentiale), bei Wasser- und Salzstreß etc. Milieuveränderungen verursachen Veränderungen der Enzymkonstanten (Abschnitt 5.8, Tabelle 3) der Vor- und Rückreaktion ebenso, wie Veränderungen thermodynamischer Gleichgewichte (Abschnitt 3.5 und 4.3). Wie aber wirken sich solche quantitativen Veränderungen auf das Gefüge eines Fließsystems aus?

Diese Frage läßt sich beantworten, wenn man Vor- und Rückreaktion des reversiblen Reaktionsschrittes unabhängig voneinander charakterisiert. Mit den so gewonnenen Daten wird dann das Verhältnis $k_{vor}/k_{rück}$ berechnet (s. Gl. (6-9). Andererseits kann man aber auch Zeitgesetze für reversible Reaktionen anwenden, die es natürlich auch für enzymkatalysierte Reaktionen gibt. Ein solches Zeitgesetz soll jetzt vorgestellt werden. Details der Ableitung werden übergangen, da gegenüber bereits vollzogenen Ableitungen keine prinzipiell neuen Aspekte auftauchen. Ein Zeitgesetz für einfache reversible Reaktionssysteme lautet (Alberty 1956):

$$v = -\frac{d\,[S]}{dt} = +\frac{d\,[P]}{dt}$$

$$= \frac{V_{max}^S \cdot [S]/K_M^S - V_{max}^P \cdot [P]/K_M^P}{1 + [S]/K_M^S + [P]/K_M^P} \cdot$$

$$(6\text{-}13)$$

K_M^S und K_M^P sind die K_M-Werte für Substrat und Produkt, V_{max}^S und V_{max}^P die Maximal-
geschwindigkeiten für die Vor- und Rückreaktionen, wie sie mittels der klassischen
Michaelis-Menten-Kinetik, also unabhängig voneinander, bestimmt werden können. Da
eine Reaktion nur entlang eines thermodynamischen Gefälles möglich ist, wird die Netto-
Reaktion eines enzymakatalysierten reversiblen Vorganges vornehmlich in der Vor- oder
Rückreaktion ablaufen oder natürlich gleich Null sein (Gleichgewicht). Die Netto-Reaktion
ist die Differenz einer potentiellen Vor- und Rückreaktion, also:

$$v_{netto} = v_{vor} + v_{rück}$$

wobei $\qquad\qquad\qquad\qquad\qquad\qquad\qquad\qquad\qquad\qquad\qquad\qquad\qquad$ (6-14)

$$v_{vor} = -\frac{dS}{dt} \text{ ist und } v_{rück} = +\frac{dS}{dt}$$

beträgt.

Nehmen wir an, die Vorreaktion überwiegt. Dann ist es sinnvoll, die kinetischen Konstanten, die die Rückreaktion charakterisieren, mittels der Konstanten der Vorreaktion aus-
zurücken. Da es die Haldane-Beziehung gibt, ist dies möglich. Der Zählerausdruck V_{max}^P/K_M^P
kann nämlich durch $V_{max}^S/K_{eq} \cdot K_M^S$ substituiert werden [17].

Einsetzen und Umformen der Gleichung liefert das folgende differentielle Zeitgesetz:

$$v_{netto} = \frac{V_{max}^S\left([S] - \dfrac{[P]_{eq}}{K_{eq}}\right)}{K_M^S\left(1 + \dfrac{[P]_{eq}}{K_M^P}\right) + [S]} \cdot \qquad\qquad\qquad\qquad\qquad (6\text{-}15)$$

Gegenüber dem Michaelis-Menten-Gesetz weist dieses Zeitgesetz zwei Erweiterungen auf.
Der Substratausdruck S im Zähler ist ersetzt durch $[S] - [P]_{eq}/K_{eq}$. Dieser Ausdruck ist
aber ΔS [18], die Konzentrationsdifferenz zwischen aktueller Substratkonzentration und
der dazugehörigen Gleichgewichtskonzentration (vgl. auch Gl. (4-35).

---

[17] Die Haldane-Beziehung lautet ja:

$$\frac{V_{max}^S}{K_M^S} \cdot \frac{K_M^P}{V_{max}^P} = K_{eq} \qquad \text{oder} \qquad \frac{K_M^P}{V_{max}^P} = \frac{K_{eq} \cdot K_M^S}{V_{max}^S} \cdot$$

Der reziproke Wert des zweiten Ausdrucks ist für die Substitution verwandt.

[18] Die Definition von ΔS erfolgt in Anlehnung an die Ausführungen des Abschnitts 3.1. Danach gilt:
$[S]_{eq} = [S]_0 - \Delta S$ und $[P]_{eq} = [P]_0 + \Delta S$. Hieraus resultiert eine Formulierung für Γ: $\Gamma = [P]_{eq} - \Delta S/[S]_{eq} + \Delta S$. Da aber $[S]_{eq} = [P]_{eq}/K_{eq}$ ist, erhält man durch Substitution von $[S]_{eq}$
den folgenden Ausdruck für den Massenwirkungsquotienten

$$\Gamma = \frac{[P]_{eq} - \Delta S}{\dfrac{[P]_{eq}}{K_{eq}} + \Delta S} \cdot$$

Die Konzentrationsdifferenz ΔS muß überwunden werden, um das Gleichgewicht zu erreichen. ΔS markiert die thermodynamische Triebkraft[19]), die das Reaktionssystem auf das Gleichgewicht hintreibt. Man sagt auch, ΔS ist die Auslenkung des Reaktionssystems aus dem Gleichgewicht. Die faktorielle Veränderung von V_{max}^S im Zeitgesetz besagt, daß ein Teil des Enzyms mit P in Wechselwirkung tritt, was einer Verdrängung von S gleichkommt und eine Verminderung der Umsatzrate nach sich zieht. Der Nennerausdruck $1 + [P]_{eq}/K_M^P$ dagegen erhöht den effektiven K_M-Wert für S, was auf eine kompetitive Hemmung (s. Abschnitt 5.7) hinausläuft. Beide Einflüsse verlangsamen die Enzymreaktion (Vorreaktion) und zwar umso deutlicher, je größer P wird.

Unter Berücksichtigung dieser Erweiterungen von Zähler und Nenner nimmt das Zeitgesetz für eine reversible enzymkatalysierte Reaktion folgende Form an:

$$v_{netto} = \frac{V_{max}^S \cdot \Delta S}{K_M^S \left(1 + \frac{[P]_{eq}}{K_M^P}\right) + \frac{[P]_{eq}}{K_{eq}} + \Delta S} \cdot \qquad (6\text{-}16)$$

Der veränderte Nennerausdruck resultiert daher, daß S durch $P_{eq}/K_{eq} + \Delta S$ (Fußnote 19) ersetzt wurde.

Gleichung (6-16) beschreibt die Geschwindigkeit des Netto-Flusses einer reversiblen Reaktion in Abhängigkeit von der Auslenkung des Reaktionssystems aus dem Gleichgewicht. Um mit dieser Gleichung arbeiten zu können, müssen also folgende Fakten bekannt sein:

1. Die kinetischen Konstanten des Enzyms für die Vor- und Rückreaktion müssen vorliegen.
2. Die Gleichgewichtskonstante der Reaktion muß bekannt sein.

Fortsetzung der Fußnote 18

Löst man diese Gleichung nach ΔS auf, erhält man: $\Delta S = [P]_{eq} (K_{eq} - \Gamma)/K_{eq} (1 + \Gamma)$. Nach dieser Gleichung läßt sich für jede beliebige Startbedingung einer Reaktion die Ablenkung aus dem Gleichgewicht berechnen. Wird ΔS dazu verwandt, um die freie Energie ΔG einer Reaktion zu berechnen (s. Fußnote 19), muß das Vorzeichen von ΔS beachtet werden.
Es gilt:

$\Gamma > K_{eq}$: ΔS ist negativ, Produkt wird zu Substrat umgesetzt.
$\Gamma < K_{eq}$: ΔS ist positiv, Substrat wird zu Produkt umgesetzt.
$\Gamma = K_{eq}$: ΔS ist Null, die Reaktion befindet sich im Gleichgewicht.

[19]) Der Zusammenhang zwischen der freien Enthalpie $\Delta G_{aktuell}$ und ΔS leitet sich aus folgenden Gleichungen ab:

$$\frac{\Gamma}{K_{eq}} = \frac{P/S}{P_{eq}/S_{eq}} = \frac{P \cdot S_{eq}}{S \cdot P_{eq}} \quad (3\text{-}7, 4\text{-}13, 4\text{-}15).$$

$P_{eq} = P + \Delta S$ und $S_{eq} = P_{eq}/K_{eq}$ (Fußnote 18).
Durch Einsetzen erhält man: $\Gamma/K_{eq} = P \cdot P_{eq}/K_{eq}/S (P + \Delta S)$. P_{eq}/K_{eq} ist aber $S - \Delta S$. Damit wird $\Gamma/K_{eq} = P (S - \Delta S)/S (P + \Delta S)$ und nach Multiplizieren und Dividieren von Zähler und Nenner durch PS: $\Gamma/K_{eq} = 1 - \Delta S/S/1 + \Delta S/P$. Nach Gl. (4-15) errechnet sich $\Delta G_{aktuell}$: $\Delta G_{aktuell} = RT \ln \Gamma/K_{eq} = RT \ln (1 - \Delta S/S/1 + \Delta S/P)$.

3. Die zu Beginn der Reaktion herrschenden Konzentrationen von Substrat und Produkt müssen bekannt sein, um ΔS und P_{eq} zu errechnen.

Somit bietet das Zeitgesetz für jede denkbare Kombinationsmöglichkeit von Substrat und Produkt eine Berechnungsgrundlage, um in Abhängigkeit von ΔS die Reaktionsgeschwindigkeit zu ermitteln. Ist $\Delta S = 0$, herrscht also Gleichgewicht, erfolgt keine Netto-Reaktion. Jeder Wert von $\Delta S \neq 0$ verursacht aber eine Netto-Reaktion in der Vor- oder Rückrichtung.

6.3 Die Auswirkung von milieubedingten Veränderungen der Enzymparameter auf die Flußraten von Gleichgewichtsreaktionen

Die Formulierung eines differentiellen Zeitgesetzes für reversible enzymkatalysierte Reaktionen Gl. (6-15) eröffnet eine einfache Möglichkeit, um die Veränderung von Flußraten als Folge abgeänderter Reaktionsbedingungen zu untersuchen. Oft ergeben Untersuchungen, daß nach bestimmten Vorbehandlungen von Versuchsobjekten die Enzymparameter V_{max} und/oder K_M um das Vielfache der Beträge zugehöriger Kontrollwerte verändert sind. Wie aber wirken sich solche Veränderungen auf die Flußraten der jeweiligen Reaktionen aus?

Um diese Frage zu diskutieren, wird erneut die Fumarasereaktion herangezogen. Sie eignet sich gut, da z.B. die K_M für Fumarat in Acetatpuffer gegenüber Phosphatpuffer um den Faktor 30 verändert ist; die des Malats variiert immerhin auch um den Faktor 20. Angesichts solcher Veränderungen erwartet man schon erhebliche Einflüsse auf die jeweiligen Flußraten.

In Bild 20 ist dargestellt, wie sich v_{netto} der Fumarase in Acetat- bzw. Phosphatpuffer in Abhängigkeit von der Fumaratkonzentration entwickelt. Für die Berechnung von v_{netto} wurde das Zeitgesetz Gl. (6-15) für reversible Enzymreaktionen verwandt. Um die Darstellung übersichtlich zu halten, ist angenommen, daß die Malatkonzentration konstant bleibt.

Bild 20 verdeutlicht, daß sich Substratschwankungen in der Nähe des thermodynamischen Gleichgewichts ($v_{netto} = 0$) deutlich in veränderten Reaktionsgeschwindigkeiten widerspiegeln. Ein positiver Wert von v_{netto} demonstriert Umsatz von Fumarat nach Malat, ein negativer Betrag dagegen beschreibt die Rückreaktion (Malat zu Fumarat). Bemerkenswert ist, daß die unterschiedlichen Milieubedingungen (Acetat- oder Phosphatpuffer) in der Nähe des Gleichgewichts nur einen geringfügigen Einfluß auf den Absolutbetrag der Reaktionsgeschwindigkeit haben. Die vergrößerte Darstellung des Reaktionsbereichs nahe dem Gleichgewicht in Bild 20-B verdeutlicht nochmals diesen Befund. Trotz beachtlicher Unterschiede der jeweiligen K_M-Werte ist wegen der gleichzeitig veränderten V_{max}-Beträge die Flußrate der Reaktion weitgehend unverändert.

Dagegen erreicht die Netto-Reaktion bei Substratkonzentrationen entfernt vom Gleichgewicht Maximalwerte. Bei Fumaratüberschuß (z.B. $10^{-3}\,\mathrm{Mol}\,l^{-1}$ Fumarat, dann ist $[\text{Fumarat}] \gg [\text{Fumarat}]_{eq}$) erfolgt Malatbildung. Bei Fumaratmangel (z.B. $10^{-6}\,\mathrm{Mol}\,l^{-1}$ Fumarat, dann ist $[\text{Fumarat}] \ll [\text{Fumarat}]_{eq}$) dagegen wird natürlich Fumarat gebildet. Unter diesen extremen Konzentrationsbedingungen wird die kompetitive Hemmung der jeweiligen Rückreaktion mit zunehmender Entfernung von der Gleichgewichtskonzentration immer bedeutungsloser. Schließlich ist das System so weit aus dem Gleichgewicht ausgelenkt, daß praktisch eine „unidirektionelle" Reaktion abläuft. Dann wirken sich die

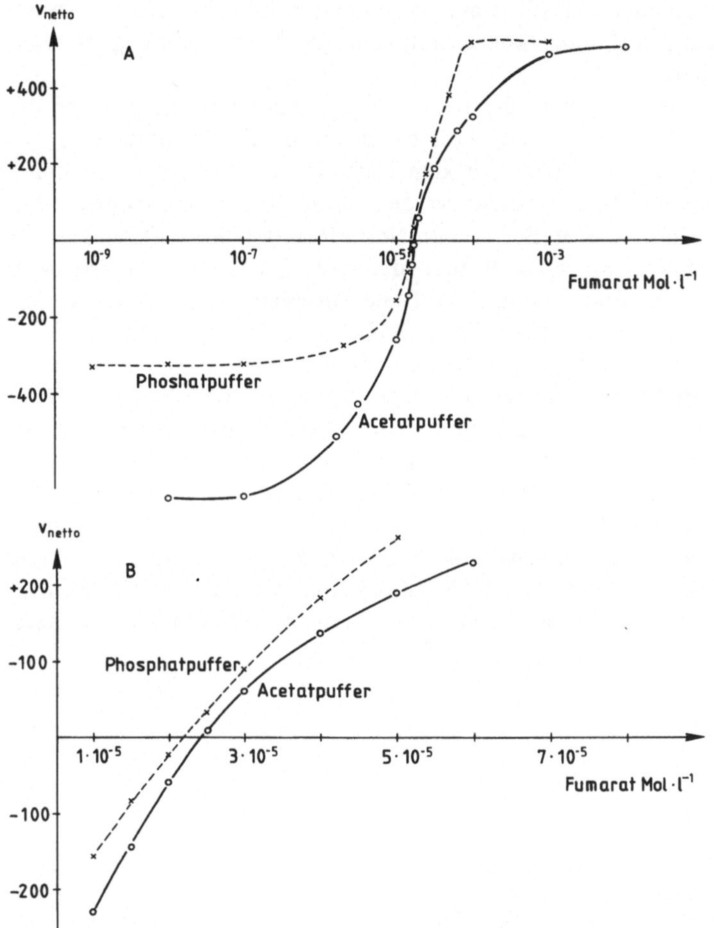

Bild 20 Die Netto-Reaktion der Fumarase bei konstanter Konzentration von Malat und variierenden Konzentrationen von Fumarat. Die Berechnung der Netto-Reaktion erfolgte mittels des Zeitgesetzes für reversible Reaktionen (6-15). Folgende kinetische Konstanten wurden verwandt (Frieden et al. 1957):

Acetatpuffer pH 7,0; 0,005 M: Phosphatpuffer pH 7,1; 0,005 M:

$$\text{o}\!-\!\!-\!\!-\text{o} \quad \frac{V_{max}^{F}}{[E]_0} = 1,9 \cdot 10^3 \,[s^{-1}] \qquad\qquad \text{x}\,-\!-\!-\,\text{x} \quad \frac{V_{max}^{F}}{[E]_0} = 0,75 \cdot 10^3 \,[s^{-1}]$$

$$K_M^{F} = 72 \,[M\,l^{-1}] \qquad\qquad\qquad\qquad K_M^{F} = 2,4 \,[M\,l^{-1}]$$

$$\frac{V_{max}^{M}}{[E]_0} = 1,1 \cdot 10^3 \,[s^{-1}] \qquad\qquad\qquad \frac{V_{max}^{M}}{[E]_0} = 0,81 \cdot 10^3 \,[s^{-1}]$$

$$K_M^{M} = 190 \,[M\,l^{-1}] \qquad\qquad\qquad\qquad K_M^{M} = 10 \,[M\,l^{-1}]$$

Für die Berechnung wurde eine konstante Konzentration von $10^{-4}\,[Mol\,l^{-1}]$ Malat angenommen.

unterschiedlichen Enzymparameter deutlich auf die Flußraten aus. Das „Acetatenzym" katalysiert z.B. bei niedrigen Fumaratkonzentrationen die Fumaratbildung deutlich schlechter als das „Phosphatenzym".

Trägt man für dasselbe Reaktionssystem die Reaktionsgeschwindigkeit v_{netto} gegen die Auslenkung aus dem Gleichgewicht ΔS auf, erhält man die in Bild 21 dargestellte Abhängigkeit. Im Gleichgewicht erfolgt natürlich kein Netto-Umsatz (Koordinatenschnittpunkt). Auslenkungen aus dem Gleichgewicht werden sofort dadurch beantwortet, daß Vor- oder Rückreaktion einsetzt. Der Betrag der Netto-Reaktion ist umso größer, je größer ΔS ist. Besonders hervorspringend ist aber, daß trotz ausgeprägter Unterschiede der kinetischen Konstanten der Fumarase in Acetat und Phosphat fast identische v_{netto}-Beträge zu verzeichnen sind, wenn ΔS nicht allzu erheblich vom Gleichgewicht abweicht. Die Auswirkung veränderter kinetischer Konstanten für den Netto-Fluß einer Gleichgewichtsreaktion ist also praktisch nicht zu beurteilen, wenn nur die kinetischen Konstanten für eine Reaktionsrichtung vorliegen und wenn außerdem nicht bekannt ist, ob das Enzym in der Nähe des Gleichgewichts oder entfernt davon katalytisch wirksam ist. Wie das Beispiel zeigt, können selbst drastische Veränderungen der Enzymparameter unter Umständen ohne Bedeutung für Flußraten sein.

Die im Bild 21 dargestellten Zusammenhänge sollten zum Anlaß genommen werden, um auf eine Vereinfachung des Zeitgesetzes Gl. (6-15) hinzuweisen. Wird nämlich die Auslenkung aus dem Gleichgewicht ΔS sehr klein, kann dieser Term im Nenner des Zeitgesetzes vernachlässigt werden.

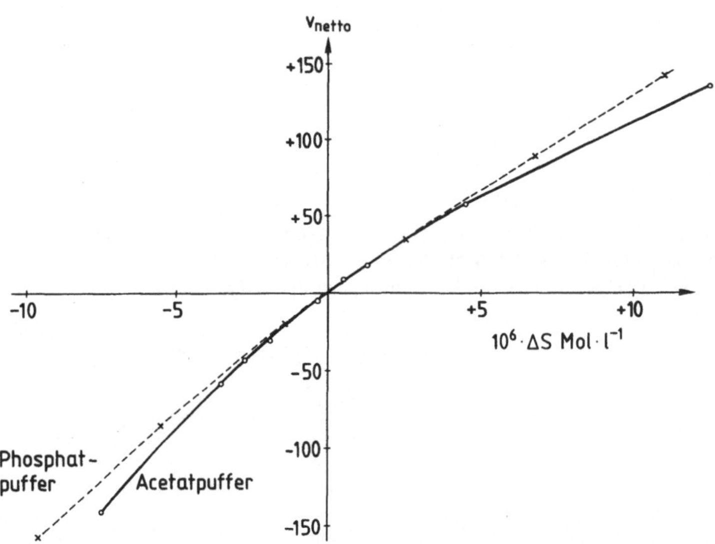

Bild 21 Die Abhängigkeit des Netto-Flusses der Fumarase von ΔS, der Auslenkung des Reaktionssystems aus dem Gleichgewicht.

x —— x in Phosphatpuffer

o —— o in Acetatpuffer

Die kinetischen Konstanten sind der Legende von Bild 20 entnommen.

Dann gilt:

$$v_{netto} = \left(\frac{V_{max}^S}{K_M^S \left(1 + \frac{[P]_{eq}}{K_M^P} \right) + \frac{[P]_{eq}}{K_{eq}}} \right) \cdot \Delta S. \tag{6-17}$$

Da der Klammerausdruck für eine vorgegebene Reaktionssituation ausschließlich Konstanten enthält, läßt sich das Zeitgesetz auf die einfache Form reduzieren:

$$v_{netto} = K^* \cdot \Delta S. \tag{6-18}$$

K^* entspricht dem Klammerausdruck. Diese Schreibweise führt besonders deutlich die Abhängigkeit der Reaktionsgeschwindigkeit von der Auslenkung aus dem Gleichgewicht vor Augen. Zum anderen zeigt sie auch, daß den Enzymparametern und den thermodynamischen Konstanten eine nicht minder bedeutende Rolle für die Reaktionsgeschwindigkeit zufällt. Alle Kenngrößen müssen ermittelt sein, will man über Reaktionsflüsse eine Aussage machen.

6.4 Die Relaxationszeit, ein Kriterium für die Charakterisierung von Fließsystemen

Die Formulierung der Reaktionsgeschwindigkeit als Funktion der Auslenkung aus dem Gleichgewicht ΔS liefert ein Bewertungskriterium für stabile steady-state-Vorgänge. Wenn sich eine Stoffwechselsequenz im Fließgleichgewicht befindet, sind natürlich auch die ΔS-Werte der beteiligten Reaktionen konstant. Gelingt es mit einer der beschriebenen Methoden, die Geschwindigkeit v_{netto} einer einzelnen Reaktion zu ermitteln (nach Gln. (6-14), (6-15), (6-16) und (6-17)), hat man damit auch die Flußrate der Gesamtsequenz bestimmt.
Andererseits bietet auch die Analyse der Veränderung von ΔS mit der Zeit eine Möglichkeit, dieses Ziel zu erreichen und darüberhinaus auch noch den Enzymkatalysator zu charakterisieren. Warum dies möglich ist, soll nachfolgend dargestellt werden.
Die Zeitgesetze Gln. (6-12), (6-14) und (6-15) sind differentielle Zeitgesetze der allgemeinen Form

$$-\frac{d\,\Delta S}{dt} = \Delta S \cdot K^* = v_{netto}. \tag{6-19}$$

K^* ist eine komplexe Konstante, die die Enzymparameter mit umfaßt. Sie wird gleich noch ausführlich besprochen.
Ganz analog dem Vorgang, wie er in Abschnitt 2.4 beschrieben ist, sind solche Funktionen auch integrierbar. Hammes und Alberty (1960) haben das Zeitgesetz für reversible Reaktionen Gl. (6-12) integriert und kommen zu folgendem Ergebnis:

$$\Delta S = \Delta S_0 \cdot e^{-K^* t}. \tag{6-20}$$

Details der Ableitung dieses Gesetzes sind der Originalarbeit zu entnehmen. ΔS_0 ist die Auslenkung des Reaktionssystems aus dem Gleichgewicht zum Zeitpunkt Null, ΔS die Auslenkung zu jeder beliebigen Zeit t. Die Konstante K^* dagegen ist eine bereits erwähnte komplexe Funktion.

Formal entspricht der Ausdruck Gl. (6-20) aber Zeitgesetzen, wie sie in Kapitel 2 besprochen wurden. Für Reaktionen wiederum, die durch derartige Zeitgesetze beschrieben werden können, ist die charakteristische Zeit τ (Abschnitt 2.7) eine wichtige Kenngröße. In Anlehnung an die in Abschnitt 2.7 vorgenommenen Ableitungen kann man also schreiben:

$$-\frac{d\,\Delta S}{dt} = v_{netto} = \Delta S \cdot \frac{1}{\tau} \qquad (6\text{-}21)$$

und

$$\Delta S = \Delta S_0 \cdot e^{-t/\tau}. \qquad (6\text{-}22)$$

Wird also die Veränderung von ΔS über die Zeit untersucht, läßt sich nach genau denselben Methoden, wie sie in den einleitenden Kapiteln beschrieben wurden, der Wert $1/\tau$ ermitteln. Die charakteristische Zeit τ ist aber eine wichtige Kenngröße einer Reaktion.

Bisher wurde nicht besprochen, wie die Relaxationszeit τ einer enzymkatalysierten Reaktion aussieht. Hammes und Alberty (1960) haben diese Frage beantwortet und die Relaxationszeit für steady-state-Systeme definiert. Sie haben für die Relaxationszeit von steady-state-Systemen die Bezeichnung τ_{ss} eingeführt. Diese Bezeichnung wird in unserem Text übernommen, um ein sichtbares Unterscheidungsmerkmal zwischen den charkateristischen Zeiten unkatalysierter (τ) und enzymkatalysierter Reaktionen (τ_{ss}) zu treffen. In den Zeitgesetzen Gln. (6-19) und (6-20) ist also τ durch τ_{ss} zu ersetzen.

Wie aber ist die Relaxationszeit τ_{ss} definiert und wie unterscheidet sie sich von τ?

Zur Beantwortung der Frage sei erneut auf die bereits zitierte Arbeit von Hammes und Alberty (1960) verwiesen. Die Arbeit gewährt Einblicke in die Methodik der prinzipiellen mathematischen Behandlung von Fließgleichgewichten und deckt damit besonders deutlich die Randbedingungen auf, unter denen eine Formel Gültigkeit hat. Für unsere Betrachtung genügt es, das Ergebnis der Ableitung vorzustellen. Die folgende Betrachtung ist an die Randbedingung geknüpft, daß ΔS gegenüber P_{eq} und S_{eq} sehr klein ist (vgl. Gl. (6-17)). Dann gilt:

$$-\frac{d\,\Delta S}{dt} = \Delta S \cdot \frac{1}{\tau_{ss}}$$

und

$$-\frac{d\,\Delta S}{dt} = \Delta S \cdot \left(\frac{V_{max}^S/K_M^S + V_{max}^P/K_M^P}{1 + \dfrac{[S]_{eq}}{K_M^S} + \dfrac{[P]_{eq}}{K_M^P}} \right). \qquad (6\text{-}23)$$

Aus der Gegenüberstellung wird deutlich, daß der gesamte Klammerausdruck dem Wert $1/\tau_{ss}$ entspricht.

Während die Relaxationszeit unkatalysierter reversibler Reaktionen τ im einfachsten Falle die Summe der Geschwindigkeitskonstanten der Vor- und Rückreaktion ist, stellt sich τ_{ss} einer enzymkatalysierten Reaktion als sehr komplexe Funktion dar. Über die V_{max}-Werte erfaßt τ_{ss} die Enzymkonzentration und hängt zudem von den K_M-Werten für die Vor- und Rückreaktion ab. Die Relaxationszeit τ_{ss} verschlüsselt also die Abhängigkeiten, die auch in der Haldane-Beziehung und dem Zeitgesetz für reversible enzymkatalysierte Reaktionen stecken. Die Bestimmung von τ_{ss} liefert auch ohne aufwendige Enzymcharakterisierung wertvolle Informationen, die eine Beurteilung von Reaktionssituationen und Flußcharakteristiken von Sequenzen ermöglichen. Im folgenden Abschnitt wird am Beispiel Enolasereaktion auf diesen Punkt nochmals eingegangen. Zuvor aber noch eine Bemerkung über die Abhängigkeit der Relaxationszeit τ_{ss} von P_{eq}.

Löst man τ_{ss} aus dem obigen Zusammenhang heraus, kann man schreiben:

$$\tau_{ss} = \frac{1 + \dfrac{[S]_{eq}}{K_M^S} + \dfrac{[P]_{eq}}{K_M^P}}{\dfrac{V_{max}^S}{K_M^S} + \dfrac{V_{max}^P}{K_M^P}} \,. \tag{6-24}$$

Unter Berücksichtigung der Haldane-Beziehung kann S_{eq} substituiert werden. Gleichung (6-22) nimmt dann eine geringfügig veränderte Form an:

$$\tau_{ss} \cdot V_{max}^S = [P]_{eq} \, \frac{1 + \dfrac{V_{max}^S}{V_{max}^P}}{K_{eq} + 1} + \frac{K_{eq} \, K_M^S}{K_{eq} + 1} \,. \tag{6-25}$$

In dieser Schreibweise wird deutlich, daß τ_{ss} abhängig von P_{eq} ist. Da P_{eq} über die Gleichgewichtskonstante aber auch mit S verknüpft ist, geht daraus hervor, daß τ_{ss} sich mit dem Absolutbetrag von S in linearer Abhängigkeit verändert. Hammes und Alberty (1960) haben diese Abhängigkeit ausgenutzt, um die Enzymparameter der Fumarase zu ermitteln. Die Übereinstimmung der nach dieser Methode ermittelten Kenngrößen der Fumarase mit den Werten, die nach dem „klassischen" Verfahren bestimmt wurden, ist sehr gut.

Die Relaxationszeit τ_{ss} ist also ein Parameter, der in mehrfacher Hinsicht interessant ist. Mit dem differentiellen Zeitgesetz Gl. (6-19) ermöglicht sie Berechnungen von steady-state-Flüssen des Stoffwechsels. Ein Rechenbeispiel wird im nächsten Abschnitt vorgeführt. Zudem ist τ_{ss} geeignet, Enzymcharakterisierungen vorzunehmen. Ein dritter Aspekt soll noch nachgetragen werden. Mittels der Relaxationszeit τ_{ss} lassen sich auch Zeithierarchien im Stoffwechsel aufklären. Geht man davon aus, daß im Stoffwechsel nur solche Reaktionen miteinander kooperieren können, die etwa auf dem gleichen Zeitniveau ablaufen, lassen sich "steady-state-Aggregationen" aufstellen (Heinrich und Rapoport 1977). Systeme mit τ_{ss}-Werten von Stunden oder Tagen sind kaum zu Wechselwirkungen mit Systemen geeignet, die τ_{ss}-Beträge von Sekunden oder Minuten aufweisen. Mit den „steady-state-Aggregationen" lassen sich also funktionelle Zusammenhänge entdecken und darüberhinaus ein Ordnungsprinzip in die Vielfalt der dynamischen Abläufe des Stoffwechsels einführen.

Am Rande sei erwähnt, daß Relaxationsmessungen eine ausgezeichnete experimentelle Basis sind, um Untersuchungen im Bereich der „Übergangskinetik" durchzuführen. Sie gehören daher zum Standardrepertoir bei der Aufklärung von Enzymmechanismen. Als klassisches Beispiel sei hier eine Serie von Arbeiten über die Ribonuclease genannt, die von der Arbeitsgruppe Hammes (1964, 1965, 1966) durchgeführt wurden.

Für den interessierten Leser sollen noch einige Übersichtsartikel aufgeführt werden, die eine Vertiefung in die Theorie und Praxis dieses höchst interessanten Gebietes der Relaxationskinetik ermöglichen: G. G. Hammes 1968; G. H. Czerlinski 1966; C. F. Bernasconi 1976.

6.5 Die Charakterisierung der Enolasereaktion mit Hilfe der Relaxationskinetik: ein Beispiel

Die Enolase katalysiert eine Gleichgewichtsreaktion in der Glykolsesequenz (Bild 11):

$$[\text{Phosphoenolpyruvat}] \underset{k_{\text{rück}}}{\overset{k_{\text{vor}}}{\rightleftharpoons}} [\text{Glycerat-2-Phosphat}] \qquad\qquad (6\text{-}26)$$
$$\text{(PEP)} \qquad\qquad\qquad\qquad \text{(G2P)}$$

$$K_{eq} = \frac{[G2P]}{[PEP]} = 0{,}208.$$

Bücher und Rüssmann (1963) haben die Reaktion mittels der Methode der Relaxationsmessung analysiert. Ihre Ergebnisse bilden die Grundlage für die folgende Betrachtung.

Versetzt man eine PEP-Lösung mit Enolase, wird die Reaktion solange ablaufen, bis das Gleichgewicht erreicht ist (Bild 22-A). Zufügen von G2P im Zustand des Gleichgewichts stört dieses System, es wird sich erneut ein Gleichgewicht einstellen; man sagt, das System relaxiert (Bild 22-B). Die Geschwindigkeit der Gleichgewichtseinstellung hängt ab von der Konzentration des Enzyms und von dessen enzymatischen Eigenschaften. Um diesen enzymatischen Schritt zu charakterisieren, müßte eine „klassische" Enzymanalyse durchgeführt werden. Mit Zuhilfenahme der Gln. (6-21) und (6-22) erreicht man dieses Ziel auch über die Bestimmung von τ_{ss}.

Die Auswertung der Kinetik der Gleichgewichtseinstellung oder Relaxation geschieht mit Zeitgesetzen für reversible Reaktionen erster Ordnung (vgl. hierzu Kap. 3). In unserem Fall wurde die Methode nach Guggenheim angewandt (Bild 23). Prinzipiell ist es möglich, beide Kinetiken der Gleichgewichtseinstellung für die Auswertung zu verwenden. Da aber ΔS, die Auslenkung aus dem Gleichgewicht, möglichst klein sein soll, wird üblicher Weise die Relaxation nach erfolgter Gleichgewichtseinstellung und nach geringfügiger Störung des Systems ausgewertet. Eine andere Möglichkeit ist die, daß Substrate und Produkte einer Reaktion in einem solchen Konzentrationsverhältnis gemischt werden, daß daraus eine geringfügige Auslenkung aus dem thermodynamischen Gleichgewicht resultiert. Dann wird mit einer bekannten Enzymmenge die Reaktion gestartet.

In unserem Beispiel wird die Relaxation für beide Gleichgewichtseinstellungen ausgewertet, um die Abhängigkeit der Relaxationszeit τ_{ss} von P_{eq} zu demonstrieren (s. Gl. (6-23)). Die Guggenheimauftragung für jede der beiden Kinetiken liefert jeweils eine Gerade, deren Steigung der Summe der Geschwindigkeitskonstanten $k_{vor} + k_{rück}$ entspricht. Der reziproke Wert dieser Steigung ist die Relaxationszeit τ_{ss}. Sie beträgt für die erste Relaxation (Bild A) $\tau_{ss} = 75\,[s]$ ($PEP_{eq} = 159\,\mu M\,l^{-1}$), für die zweite Relaxation (Bild B) $\tau_{ss} = 101\,[s]$ ($PEP_{eq} = 202\,\mu M\,l^{-1}$). Da die Relaxationszeit der Summe der Geschwindigkeitskonstanten $k_{vor} + k_{rück}$ umgekehrt proportional ist, bleibt es gleichgültig, ob die Vor- oder Rückreaktion zur Ermittlung von τ_{ss} herangezogen wird.

Wie aus der Definition von τ_{ss} hervorgeht Gl. (6-23), ist in der Relaxationszeit noch die V_{max}^S enthalten. Das bedeutet, daß bei höherer Enzymkonzentration die Gleichgewichtseinstellung schneller erfolgt als bei niedriger Konzentration. Um mittels der Relaxationszeit Aussagen über Flußraten machen zu können, muß also die jeweils vorherrschende Enzymkonzentration berücksichtigt werden (s. hierzu auch Bücher und Rüssmann 1963).

Was besagt die Auswertung hinsichtlich der Beurteilung der Dynamik einer Reaktionssequenz oder der Effizienz einer Einzelreaktion?

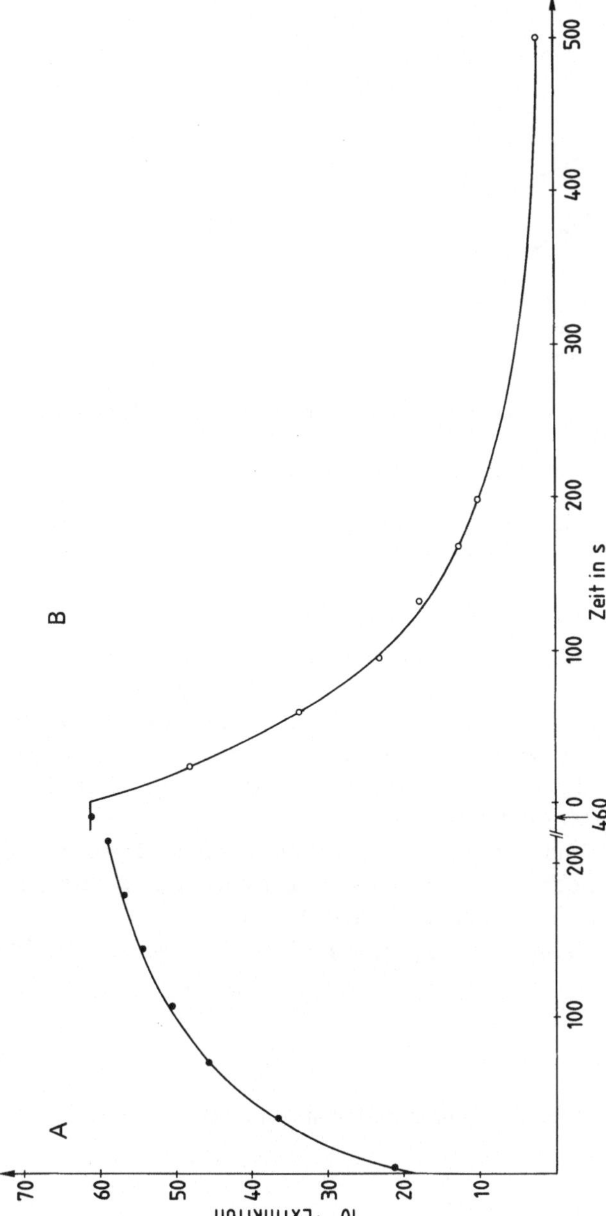

Bild 22 Gleichgewichtsabläufe der Enolase in 100 mM Imidazolpuffer pH 6,8, der 0,8 mM MgSO$_4$ enthält. Temperatur 37 °C. Die Ansätze wurden mit 4,6 Enzymeinheiten Enolase gestartet.

A. Bildung des Glycerat-2-Phosphates aus Phosphoenolpyruvat. Konzentration des Phosphoenolpyruvates zum Zeitpunkt 0: 192 μM l^{-1}. Gleichgewichtskonzentrationen: Phosphoenolpyruvat: 159 μM l^{-1}, Glycerat-2-Phosphat: 33 μM l^{-1}.

B. Nachdem das Gleichgewicht eingestellt war, wurde dem Reaktionssystem 52 μM l^{-1} Glycerat-2-Phosphat zugefügt. Die Kurve des Bildes B markiert die erneute Einstellung des Gleichgewichts. Gleichgewichtskonzentrationen dieses Experiments: Phosphoenolpyruvat: 202 μM l^{-1}, Glycerat-2-Phosphat: 42 μM l^{-1}.

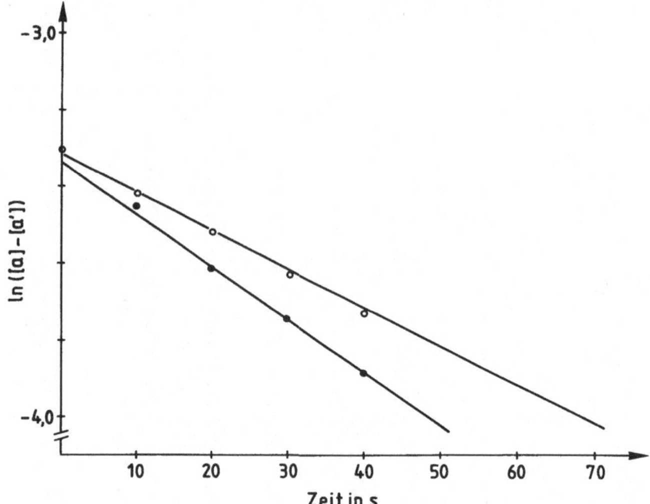

Bild 23 Auswertung der Kinetik der Gleichgewichtseinstellung aus Bild 22 mit der Methode nach Guggenheim.

Abszisse: Zeit in Sekunden; Ordinate: $\ln(\mathrm{Ext}_{t+\Delta t} - \mathrm{Ext}_t)$ Rückreaktion ○——○; bzw.
$\ln(\mathrm{Ext}_t + \mathrm{Ext}_{t+\Delta t})$ Vorreaktion ●——●. Ext_t ist die Extinktion zur Zeit t, $\mathrm{Ext}_{t+\Delta t}$ ist die jeweilige Extinktion nach einem konstanten Zeitintervall. Die Steigung der Geraden ist die Summe der Geschwindigkeitskonstanten $k_{vor} + k_{rück}$, der reziproke Wert der Steigung ist die Relaxationszeit τ_{ss}. Sie beträgt ●——● 75 s und ○——○ 101 s.

Wenn über ein gut ausgearbeitetes Energieprofil die steady-state-Konzentration der Substrate und Produkte einer Reaktion festgestellt worden sind, kann ΔS berechnet werden Gl. (4-35). Wenn zusätzlich auch noch die in-vivo vorherrschende Enzymkonzentration ermittelt werden kann, steht der Bestimmung von τ_{ss} nach dem soeben besprochenen Verfahren nichts mehr im Wege. Mit der Kenntnis von ΔS und τ_{ss} aber kann die Reaktionsgeschwindigkeit ausgerechnet werden Gl. (6-21).

Die Enolasereaktion (kinetische und thermodynamische Daten aus Bild 22) soll im Folgenden verwendet werden, um nochmals einige wichtige Berechnungen anzustellen, die für die Beurteilung einer Stoffwechselsituation erforderlich sind.

1. Ermittlung der Reaktionsrichtung für vorgegebene Reaktionsbedingungen (Reaktionsgleichung PEP ⇌ G2P)

$$\Delta G_{aktuell} = RT \ln \frac{\Gamma}{K_{eq}}$$

oder nach Einsetzen der entsprechenden Konzentrationen (Bild 22)

$$\Delta G_{aktuell} = RT \ln \frac{\dfrac{33+52}{159}}{0{,}208} \; [\mathrm{kcal\ Mol^{-1}}]$$

$$= 0{,}56 \; [\mathrm{kcal\ Mol^{-1}}]$$
$$= 2{,}34 \; [\mathrm{kJ\ Mol^{-1}}].$$

Unter den Startbedingungen des Versuchs wird die Reaktion in Richtung PEP-Bildung ablaufen. Daher ist es für die weitere Berechnung zweckmäßig, die Gleichgewichtskonstanten entsprechend der Reaktion G2P $\rightleftharpoons$ PEP zu definieren:

$$K_{eq} = \frac{[PEP]}{[G\text{-}2\text{-}P]} = \frac{159}{33} = 4,82.$$

2. Berechnung von ΔS, der Auslenkung des Systems aus dem Gleichgewicht.

Die Auslenkung des Systems aus dem Gleichgewicht kann man für den dargestellten Versuch direkt aus den Δ Extinktionswerten ermitteln. Um sicherzustellen, daß nicht unerwünschte Hemmeffekte einen vorzeitigen scheinbaren Gleichgewichtszustand verursacht haben, kann ΔS auch rechnerisch überprüft werden (vgl. hierzu die Berechnung von ΔS in Abschnitt 6.2):

$$\Delta S = \frac{[P]_{eq}\,(K_{eq} - \Gamma)}{K_{eq}\,(1 + \Gamma)}\;[\mu\text{Mol}\;l^{-1}]$$

$$= \frac{202\left(4,82 - \dfrac{159}{85}\right)}{4,82\left(1 + \dfrac{159}{85}\right)}$$

$$= 43,1\;[\mu\text{Mol}\;l^{-1}].$$

3. Die Reaktionsgeschwindigkeit zum Zeitpunkt 0 (v_0 nach Zugabe von G2P).

Mit dem ΔS-Wert und unter Verwendung des differentiellen Zeitgesetzes Gl. (6-19) ermittelt sich die Reaktionsgeschwindigkeit für die im Versuch eingesetzte Enzymmenge nach

$$v = \Delta S \cdot \frac{1}{\tau_{ss}}$$

$$= 43,1\;[\mu\text{Mol}\;l^{-1}] \cdot 9,9 \cdot 10^{-3}\;[s^{-1}]$$

$$= 0,43\;[\mu\text{Mol}\;l^{-1} \cdot s^{-1}].$$

Diese Reaktionsgeschwindigkeit herrscht unmittelbar nach dem Start des Systems vor.

Für den Fall, daß ΔS der steady-state-Abweichung der Enolasereaktion unter in-vivo-Bedingungen entspricht und daß zudem eine Enzymmenge wirksam ist, wie sie im Versuch eingesetzt wurde, entspräche diese Reaktionsgeschwindigkeit der Flußrate der Gesamtsequenz.

7 Nicht-hyperbolische Enzymkinetiken (Kooperative Kinetiken)

7.1 Allosterische Enzyme

Es ist eine bekannte Tatsache, daß in vielen Fällen die experimentell ermittelten Substrat-sättigungskurven keinen hyperbolischen Verlauf aufweisen und deshalb nicht auf der Basis der Gleichung von Michaelis und Menten analysiert werden können. Ja es gibt sogar kritische Stimmen (Hill et al. 1977), die die grundsätzliche Frage aufwerfen, ob „überhaupt irgend ein Enzym der Michaelis-Menten-Gleichung folgt" (Übersetzung Verf.). Hinter dieser Frage verbirgt sich zweifellos die Erkenntnis, daß die weitgehende Generalisierung des komplexen Vorganges der Enzymkatalyse, wie sie mit der Gleichung von Michaelis und Menten vollzogen wurde, durchaus problematisch sein kann. Diese kritische Einwendung gegenüber einer vereinfachenden Theorie sollte daher ein umso stärkerer Ansporn sein, im jeweiligen Einzelfall sorgfältig zu überprüfen, ob Theorie und praktischer Befund in Einklang miteinander sind (vgl. hierzu Abschnitt 5.5).

Ungeachtet der prinzipiellen Bedenken hat die Arbeit mit Enzymen aber gezeigt, daß trotz Vereinfachungen für die quantitative Beschreibung von Enzymreaktionen die folgenden Konzepte sehr wohl als Basis für weiterführende Untersuchungen dienen können. Es sind dies:

a) die Beschreibung hyperboler Sättigungskinetiken mit der Gleichung von Michaelis und Menten (Kap. 4),

b) die Analyse sigmoider Kinetiken auf der Basis des Konzeptes allosterischer Wechselwirkungen von Untereinheiten oligomerer Enzyme und

c) die Analyse nicht-hyperbolischer Sättigungskurven, wie sie als Folge langsamer „struktureller Enzymübergänge" (Hysterese) entstehen.

Wenn nach sorgfältiger Auswertung einer Substratsättigungskurve also feststeht, daß sie keinen hyperbolischen Verlauf aufweist, muß nach anderen Prinzipien analysiert werden als in den vorangegangenen Kapiteln besprochen. Diese anderen Prinzipien sollen nun vorgestellt werden. Beginnen wir mit den sigmoiden Kinetiken allosterischer Enzyme.

Allosterische Enzyme sind Oligopeptide, deren Untereinheiten koordiniert miteinander wechselwirken. In Schema 6 sind diese Wechselwirkungen vorgestellt und gleichzeitig Klärungen der Nomenklatur allosterischer Interaktionen gegeben (verändert nach Wong 1975).

Folgende charakteristischen Besonderheiten oligomerer Enzyme sind zu beachten:

1. Die Untereinheiten oligomerer Enzyme haben einen engen räumlichen Kontakt zueinander. Dieser enge Kontakt ist die Voraussetzung für die Ausbildung einer biologisch wirksamen Struktur (Funktionsstruktur).

Schema 6

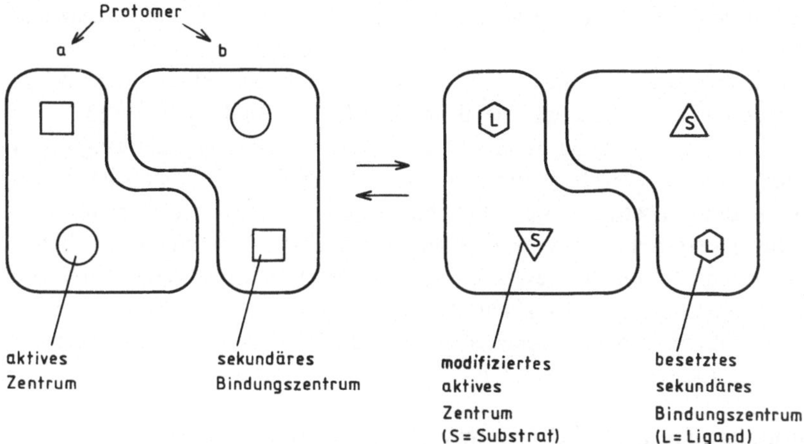

2. Neben dem aktiven Zentrum haben Untereinheiten noch sogenannte sekundäre Bindungszentren. Dort binden Substrat- und andere Moleküle, die als Effektoren (Liganden) bezeichnet werden.

3. Die Bindung von Effektoren verändert die Struktur des aktiven Zentrums, wodurch die Affinität des Enzyms für ein Substrat besser oder schlechter wird. Im ersten Fall spricht man von positiver, im zweiten von negativer Kooperativität.

4. Die Auswirkung der Interaktion mit sekundären Bindungszentren auf die Substratbindung (und damit Aktivität) heißt Allosterie. Sie ist homotrop, wenn der Effektor ein Substratmolekül ist. Von heterotroper Interaktion dagegen spricht man, wenn der Effektor kein Substratmolekül ist.

5. Allosterische Enzyme liegen in einer enzymatisch wenig aktiven Form vor, die als T-Form bezeichnet wird (sekundäre Bindungszentren unbesetzt), und einer aktiveren Form, die R-Form heißt (sekundäre Bindungszentren besetzt). Das Verhältnis von T zu R heißt allosterische Konstante (T/R = L). Es wird allgemein angenommen, daß Aktivatoren an die R-Form, Inhibitoren an die T-Form des Enzyms binden. Die Bindung der Effektormoleküle verändert die allosterische Konstante.

Zwei Modellvorstellungen haben vor allen anderen die Diskussion über die Mechanistik der in Schema 6 skizzierten Interaktionen beflügelt. Es handelt sich um das Symmetriemodell von Monod, Wyman und Changeux (1965) (MWC-Modell) und das Sequenzmodell von Koshland, Nemethy und Filmer (1966) (KNF-Modell). Die Modelle unterscheiden sich im wesentlichen in der Annahme, daß im ersten Fall ausschließlich die T- und R-Formen des Enzyms nebeneinander vorliegen. Das jeweilige Konzentrationsverhältnis von T zu R wird durch die allosterische Konstante beschrieben. Nach dem zweiten Modell aber wird ein sukzessiver Strukturübergang von T und R angenommen. Die Bindung eines Effektormoleküls ändert nur die Struktur der betroffenen Untereinheit. Neben den beiden Extremstrukturen T und R existieren Zwischenstrukturen unterschiedlicher Sättigungsgrade.

Diese knappe Darstellung möge ausreichen, um als Grundlage für die Formulierung eines Reaktionsmechanismus allosterischer Enzyme zu dienen. Zur weiteren Vertiefung der Problematik muß auf Spezialliteratur verwiesen werden (z.B. Koshland 1970, Lewitzki 1978, Koshland 1969).

Die Ableitung von Zeitgesetzen für allosterische Enzyme ist sehr komplex und geschieht in Anlehnung an Gesetzmäßigkeiten, wie sie prinzipiell für die Bindung von Substraten und Effektoren an ein Enzymmolekül bereits beschrieben wurden. Die Ableitung dieser Bindungsgesetze soll hier nicht nachvollzogen werden, da im Bereich der angewandten Enzymologie direkte Bindungsstudien sicherlich die Ausnahme sind. Die Formulierung von Zeitgesetzen für allosterische Enzyme dagegen (Frieden 1967, Dalziel 1968) liefert die Grundlage, um einem breiten Interessentenkreis das Arbeiten mit solchen Enzymen verständlich zu machen. Einige grundsätzliche Zusammenhänge zwischen Substrat- bzw. Effektorbindung und Enzymaktivität allosterischer Systeme sind im folgenden Abschnitt beschrieben.

7.2 Reaktionsmechanismus und Zeitgesetz allosterischer Enzyme

Allosterische Enzyme erkennt man u.a. an ihrer typischen Substratsättigungskurve. In Bild 24 ist anhand des Beispiels der Pyruvatkinase aus Hefe eine charakteristische Sättigungskinetik eines kooperativen Enzyms vorgestellt (Wieker et al. 1970). Bei niedrigen Pyruvatkonzentrationen steigt die Aktivität zunächst nur langsam an, um sich dann bei höheren Substratkonzentrationen deutlich schneller zu entwickeln. Nach Durchlaufen eines Wendepunktes strebt die Aktivität einem Maximalbetrag zu. Die Sättigungskurve

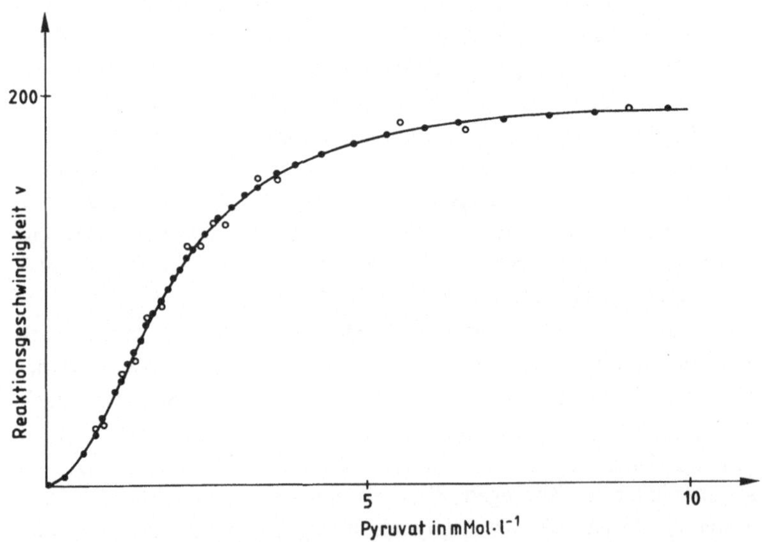

Bild 24 Subtratsättigungskurve der Pyruvat-Kinase.

o —— o   gemessene Reaktionsgeschwindigkeiten,

● —— ●   berechnete Reaktionsgeschwindigkeiten.

Die Auswertung des Sättigungsprofuls erfolgte mit der Hill-Gleichung (7-8).

ist S-förmig, sie ist sigmoid. Ihre Entstehung erklärt der folgende Reaktionsmechanismus (Schema 7, verändert nach Dalziel 1968).

Schema 7: Reaktionsmechanismus eines tetrameren allosterischen Enzyms, das nach dem MWC-Modell funktioniert

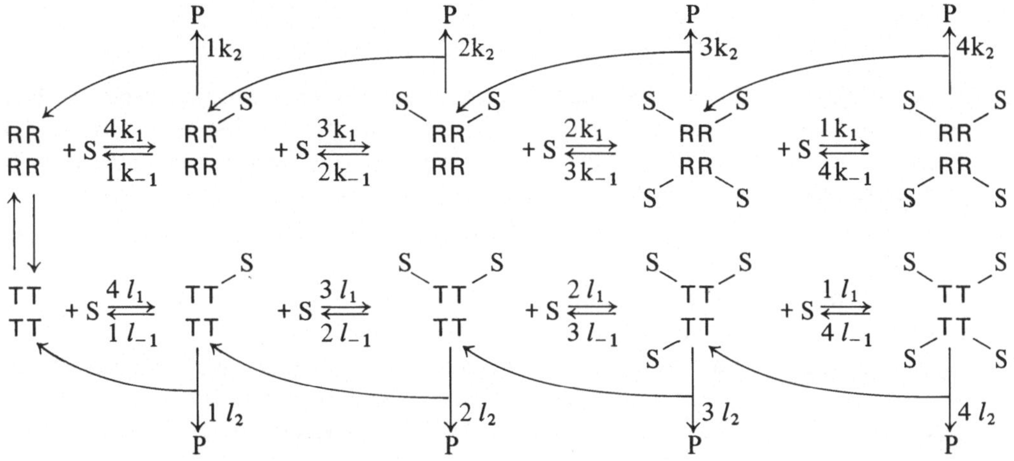

$$
\begin{array}{c}
P \uparrow 1k_2 \qquad P \uparrow 2k_2 \qquad P \uparrow 3k_2 \qquad P \uparrow 4k_2 \\[2mm]
\genfrac{}{}{0pt}{}{RR}{RR} + S \underset{1k_{-1}}{\overset{4k_1}{\rightleftharpoons}}
\genfrac{}{}{0pt}{}{RR}{RR} + S \underset{2k_{-1}}{\overset{3k_1}{\rightleftharpoons}}
\genfrac{}{}{0pt}{}{RR}{RR} + S \underset{3k_{-1}}{\overset{2k_1}{\rightleftharpoons}}
\genfrac{}{}{0pt}{}{RR}{RR} + S \underset{4k_{-1}}{\overset{1k_1}{\rightleftharpoons}}
\genfrac{}{}{0pt}{}{RR}{RR} \\[3mm]
\genfrac{}{}{0pt}{}{TT}{TT} + S \underset{1l_{-1}}{\overset{4l_1}{\rightleftharpoons}}
\genfrac{}{}{0pt}{}{TT}{TT} + S \underset{2l_{-1}}{\overset{3l_1}{\rightleftharpoons}}
\genfrac{}{}{0pt}{}{TT}{TT} + S \underset{3l_{-1}}{\overset{2l_1}{\rightleftharpoons}}
\genfrac{}{}{0pt}{}{TT}{TT} + S \underset{4l_{-1}}{\overset{1l_1}{\rightleftharpoons}}
\genfrac{}{}{0pt}{}{TT}{TT} \\[2mm]
P \downarrow 1l_2 \qquad P \downarrow 2l_2 \qquad P \downarrow 3l_2 \qquad P \downarrow 4l_2
\end{array}
$$

$\genfrac{}{}{0pt}{}{RR}{RR}$ und $\genfrac{}{}{0pt}{}{TT}{TT}$ sind die R- und T-Formen eines tetrameren Enzyms. Die Geschwindigkeitskonstanten der Substratbindung und -dissoziation sind k_1 und k_{-1}, sowie l_1 und l_{-1}; k_2 und l_2 sind die Geschwindigkeitskonstanten der Produktbildung. Das Modell sieht vor, daß der $R \rightleftharpoons T$ Übergang nur über das freie Enzym erfolgt, eine Annahme, die nur wegen der Vereinfachung des Systems gemacht wird.

Die Faktoren vor den Geschwindigkeitskonstanten kommen so zustande:

Wenn eine als isoliert angenommene Untereinheit mit Substrat bindet, resultiert daraus folgende Dissoziationskonstante:

$$[R] + [S] \underset{k_{-1}}{\overset{k_1}{\rightleftharpoons}} [RS],$$

$$K_s = \frac{[R] \cdot [S]}{[RS]} = \frac{k_{-1}}{k_{+1}} \qquad \text{(vgl. Gl. (5-7))}. \tag{7-1}$$

K_s ist die sogenannte mikroskopische (englisch: intrinsic) Dissoziationskonstante. S kann aber bei einem Tetramer statistisch an einer von vier Bindungsstellen anknüpfen, symbolisiert durch $4 \cdot k_1$, aber nur von einer abdissoziieren, symbolisiert als $1 \cdot k_{-1}$. Die mikroskopische Dissoziationskonstante ist mit einer „wahren" oder „effektiven" Dissoziationskonstanten K_d in folgender Weise verknüpft:

$$K_{s1} = \frac{1\,k_{-1}}{4\,k_1} = \frac{1}{4}\,K_d$$

und weiter

$$K_{s2} = \frac{2\,k_{-1}}{3\,k_1} = \frac{2}{3}\,K_d$$

$$K_{s3} = \frac{3\,k_{-1}}{2\,k_1} = \frac{3}{2}\,K_d \tag{7-2}$$

$$K_{s4} = \frac{4\,k_{-1}}{k_1} = 4\,K_d$$

Diese Aussage gilt für den Fall, daß die Bindungsstellen untereinander keine Wechselwirkungen haben, sich also nicht gegenseitig beeinflussen. Genau diese gegenseitige Beeinflussung aber zeichnet allosterische Enzyme aus, weshalb die Dissoziationskonstanten jeweils um einen Faktor erweitert werden müssen, also:

$K_{s1} = \frac{1}{4}\,K_d$ Alle vier Bindungsstellen sind vor der Bindung des ersten Substrats identisch;

$K_{s2} = a \cdot \frac{2}{3}\,K_d$ Die Bindung des zweiten Substrats ist um den Koeffizienten a gegenüber der Bindung des ersten verändert;

$K_{s3} = a \cdot b \cdot \frac{3}{2}\,K_d$ Das dritte Substrat bindet um den Koeffizienten b anders als das zweite und um das Produkt a · b anders als das erste;

$K_{s4} = a \cdot b \cdot c \cdot 4\,K_d$ Das vierte Substrat bindet um den Koeffizienten c anders als das dritte etc.).

Die Koeffizienten a, b und c sind also Faktoren, um die K_s jeweils verändert wurde. Nimmt man z.B. an, daß die Bindung des zweiten Substrats um den Faktor 10 besser ist als die des ersten, wird

$$K_{s2} = \frac{2\,k_{-1}}{10 \cdot 3\,k_1} = 0{,}06\,\frac{k_{-1}}{k_1}\,.$$

Je kleiner K_s wird, desto besser ist die Bindung des folgenden Substrats. Ähnlich wie früher bereits geschehen Gl. (6-4) läßt sich für steady-state-Bedingungen eine übergeordnete Konstante K* bilden, indem das Produkt der Einzelkonstanten formuliert wird:

$$K^* = K_{s1} \cdot K_{s2} \cdot K_{s3} \cdot K_{s4} = a^3 b^2 c\,K_d^4\,. \tag{7-3}$$

Diese Definition von K* liegt dem K-Wert der Hill-Gleichung (5-5) zugrunde, wenn sie auf kooperative Kinetiken allosterischer Enzyme angewandt wird. Der K-Wert der Hill-Gleichung ist danach ein komplexer exponentieller Ausdruck, dessen Bedeutung für unterschiedliche Reaktionssysteme aber durchaus verschieden sein kann (s. unten!).

Mit diesen Definitionen sind alle Konstanten beschrieben, die im Schema 7 angesprochen sind. Jetzt kann auch die Entstehung einer sigmoiden Sättigungskurve verständlich gemacht werden. Wenn nämlich die Bindung eines Substratmoleküls die Affinität für das nächstfolgende verbessert, ist die Sättigung der folgenden Untereinheit bei kleineren Substratkonzentrationen möglich. Die Sättigungskurve wird steiler. Sind schließlich alle Bindungsstellen besetzt, ist die Maximalaktivität erreicht.

Der im Schema 7 formulierte Reaktionsmechanismus läßt ein komplexes Zeitgesetz erwarten. Dalziel (1968) z.B. hat ein Zeitgesetz formuliert, das diese Erwartung bestätigt.

Das Zeitgesetz lautet:

$$v = \frac{n \cdot V_{max} \cdot \alpha(1+\alpha)^{n-1} + L\,l_2\,\alpha\,c\,(1+c\,\alpha)^{n-1}}{(1+\alpha)^n + L(1+c\,\alpha)^n}. \qquad (7\text{-}4)$$

n ist die Anzahl der Substrat-Bindungsstellen, α ist die sogenannte „reduzierte Liganden-konzentration" S/K_s^R (Frieden 1967) oder nach Dalziel (1968) S/K_M^R (s. Gl. (5-37)), L ist die allosterische Konstante T/R und c ist das Verhältnis K_s^R/K_s^T bzw. K_M^R/K_M^T.
Diese Gleichung gilt unter folgenden Voraussetzungen:

1. Der geschwindigkeitsbestimmende Schritt ist die Produktbildung (dies ist u.U. dann nicht der Fall, wenn die Überführung der verschiedenen Konformationen ineinander langsam erfolgt (Hysterese, Abschnitt 7.8).
2. Effektoren verändern nur das T/R-Verhältnis, nicht V_{max}!
3. α bezieht sich ausschließlich auf die Substrat-, nicht auf die Effektorbindung.

Die Gleichung zeigt, daß die Enzymkonstanten K_M und V_{max} ebenfalls wieder präsent sind. Der sigmoide Charakter der Sättigungskurven wird aber durch die zusätzlichen Größen L und c, sowie durch n bedingt. Damit ist der Experimentator mit dem Problem konfrontiert, aus dieser Fülle von charakteristischen Parametern und ihren komplexen Verflechtungen einzelne Konstanten zu ermitteln. Selbstverständlich geht es nicht an, solche Kinetiken, oder auch Teile davon, nach Lineweaver und Burk oder nach den anderen linear transformierten Gleichungen zu analysieren. (Einige Grenzfälle, bei denen dies gestattet ist, werden noch zu behandeln sein.)
Prinzipiell ist es möglich, die im obigen Zeitgesetz benannten charakteristischen Parameter auf der Basis kinetischer Daten zu bestimmen. Ein schönes Beispiel dafür ist die Analyse von Yon (1972), der die Aspartat-Transcarbamylase von Weizenkeimlingen untersucht hat. Der Arbeit ist auch zu entnehmen, daß umfassende theoretische Kenntnisse erforderlich sind, um eine derartige Analyse durchzuführen.
Für Vergleichszwecke genügt es in der Regel, vereinfachende Annahmen zu treffen und auf diesem Wege die Gl. (7-4) dem analytischen Zugriff zugänglicher zu machen. Unter der Voraussetzung z.B., daß das Substrat nur von der R-Form des Enzyms gebunden wird und außerdem die allosterische Konstante sehr groß ist, kann man das Zeitgesetz Gl. (7-4) vereinfachen. (L wird dann sehr groß, wenn dem Enzym ein allosterischer Inhibitor zugefügt wird, der nur von der T-Form gebunden wird.)
Wenn die genannten Voraussetzungen zutreffen, entfällt der letzte Summand im Zähler des Zeitgesetzes. Im Nenner kann der Multiplikator der allosterischen Konstante vernachlässigt werden. Formuliert man jetzt die fraktionelle Sättigung $\bar{y}$, gilt:

$$\bar{y} = \frac{v}{n \cdot V_{max}} = \frac{\alpha(1+\alpha)^{n-1}}{(1+\alpha)^n + L} \qquad (7\text{-}5)$$

oder

$$\bar{y} = \frac{\dfrac{[S]}{K_M^R}\left(1+\dfrac{[S]}{K_M^R}\right)^{n-1}}{\left(1+\dfrac{[S]}{K_M^R}\right)^n + L}. \qquad (7\text{-}6)$$

Für $S/K_M^R \gg 1$ vereinfacht sich dieser Ausdruck nochmals:

$$\bar{y} = \frac{\dfrac{S^n}{(K_M^R)^n}}{\dfrac{S^n}{(K_M^R)^n} + L} = \frac{S^n}{S^n + (K_M^R)^n \cdot L} \,. \tag{7-7}$$

Bezeichnet man den Ausdruck $(K_M^R)^n \cdot L$ als K^*, nimmt die Gl. (7-7) die Form der Hill-Gleichung an (s. Gl. (5-43)). Im Gegensatz zu der früher getroffenen Ableitung Gl. (7-3) umfaßt K^* noch die allosterische Konstante L, erfährt also nochmals eine Erweiterung der Bedeutung. Das Beispiel zeigt, daß komplexe Konstanten immer dann nicht interpretierbar sind, wenn der Experimentator versäumt, ihre Herleitung aufzudecken.

Die soeben getroffene Vereinfachung des Zeitgesetzes Gl. (7-4) zeigt dreierlei:

1. Unter bestimmten Voraussetzungen sind die Kinetiken allosterischer Enzyme mit Hilfe der Hill-Gleichung analysierbar. Die Kenngrößen n, K^* und V_{max} können somit ermittelt werden. (Weitere mögliche Vereinfachungen von Zeitgesetzen allosterischer Enzyme sind bei Newsholme und Start (1977) formuliert.)

2. Die Konstante K^* der Hill-Gleichung ist ein komplexer Parameter, der nicht ohne weiteres interpretierbar ist.

3. Auch ohne detaillierte Kenntnis des komplexen Aufbaus einzelner Parameter ist die Kenntnis von n, K^* und V_{max} die Voraussetzung, um Sättigungskurven quantitativ zu beschreiben. Damit ist nicht nur eine Überprüfung möglich, ob Zeitgesetze und experimentelle Daten miteinander in Einklang sind. Vielmehr liefern die genannten Kenngrößen eines Enzyms auch geeignete Vergleichsparameter, um festzustellen, ob ein Enzym, und damit ein Reaktionsschritt, durch die Behandlung von Versuchsmaterial grundsätzlich verändert worden ist oder nicht.

In diesem Sinne ist die Charakterisierung der Pyruvatkinase aus Hefe (Wieker et al. 1970) ein Beispiel dafür, daß experimentelle Befunde und die nach der Hill-Gleichung ermittelten Parameter in Einklang sind (Bild 24). Die berechneten und gemessenen Sättigungskurven sind in diesem Fall deckungsgleich. Daß so etwas nicht selbstverständlich ist, soll in einem folgenden Abschnitt am Beispiel der Isocitratdehydrogenase demonstriert werden.

7.3 Hill-Gleichung und kooperative Kinetiken: Schwierigkeiten und Lösungsmöglichkeiten

Die vereinfachte Schreibweise des Zeitgesetzes für allosterische Enzyme Gl. (7-7) läßt unschwer die formale Ähnlichkeit mit der bereits früher benannten Hill-Gleichung (5-43) erkennen. Im Gegensatz zu der im Abschnitt 5.5 angenommenen Struktur des Enzyms sind nach der Formulierung Gl. (7-7) nicht ein, sondern n aktive Zentren vorhanden. Diesem Umstand wird dadurch Rechnung getragen, daß die V_{max} noch mit n multipliziert wird (s. Gl. (7-5)). Da bei der experimentellen Bestimmung von V_{max} aber die Summe der Umsätze aller aktiven Zentren gemessen wird, wird dieses n in der Hill-Gleichung oft unterschlagen und lediglich V_{max} geschrieben. Soll die V_{max} aber näher charakterisiert werden (Bestimmung der Umsatzzahl z.B.), muß n unter allen Umständen mit berücksichtigt werden.

Bevor die Hill-Gleichung auf die Kinetik eines allosterischen Enzyms angewandt werden soll, seien noch einige grundsätzliche Probleme besprochen. Ähnlich wie bei der Michaelis-Menten-Kinetik gibt es auch bei allosterischen Enzymen das Problem, die V_{max} exakt zu ermitteln. Die optimale Annäherung an V_{max} ist aber die Voraussetzung dafür, um n_H [20] wie auch K* zu erlangen. Die Suche nach extrapolatorischen Verfahren (s. linear transformierte Michaelis und Menten-Gleichung) bietet sich an, um V_{max} zu ermitteln. Hierbei treten Schwierigkeiten auf, wie die folgende Darstellung zeigt.

Die Hill-Gleichung wird zunächst so umgeformt, daß die Reaktionsgeschwindigkeit als lineare Funktion der Substratkonzentration auftritt:

$$v = \frac{V_{max} \cdot S^{n_H}}{K^* + S^{n_H}}$$

$$v \cdot S^{n_H} + vK^* = V_{max} \cdot S^{n_H}$$

$$vK^* = V_{max} \cdot S^{n_H} - v \cdot S^{n_H}$$

$$vK^* = (V_{max} - v)\, S^{n_H} \tag{7-8}$$

$$\frac{v}{V_{max} - v} = \frac{S^{n_H}}{K^*}$$

$$\log \frac{v}{V_{max} - v} = n_H \log S - \log K^*.$$

Mit der bereits bekannten letzten Gleichung ist zwar eine Funktion formuliert, mit deren Hilfe n_H bestimmt werden kann. Wie exakt die Steigung der Geraden aber den Betrag des Koeffizienten n_H wiedergibt, hängt von V_{max} ab. Der wahre Wert von V_{max} ist aber den experimentellen Daten nicht zu entnehmen und müßte zusätzlich bestimmt werden. Eine Möglichkeit dazu bietet auch die Hill-Gleichung.

$$v = \frac{V_{max} \cdot S^{n_H}}{K^* + S^{n_H}}$$

$$v \cdot S^{n_H} + vK^* = V_{max} \cdot S^{n_H}$$

und nach Ausklammern von v und nach Division durch S^{n_H}

$$\frac{v}{S^{n_H}} (S^{n_H} + K^*) = V_{max}$$

$$\frac{v}{S^{n_H}} = \frac{V_{max}}{S^{n_H} + K^*}$$

Der reziproke Wert ist $\hspace{6cm}$ (7-9)

$$\frac{S^{n_H}}{v} = \frac{1}{V_{max}} \cdot S^{n_H} + \frac{K^*}{V_{max}}$$

---

[20] Der Hill-Koeffizient n_H ist nicht unbedingt identisch mit *n*, der Anzahl der Bindungsstellen! Siehe hierzu Atkinson et al. 1965.

Gleichung (7-9) ermöglicht die Bestimmung von V_{max}, indem S^{n_H}/v gegen S^{n_H} aufgetragen wird. Jetzt muß aber wieder vorausgesetzt werden, daß der Koeffizient n_H bekannt ist. Man sieht also: Wie auch immer die Hill-Gleichung umgeformt wird, bleibt die Schwierigkeit, mit der zusätzlichen dritten Unbekannten fertig zu werden. Das Problem ist nur durch ein Verfahren des Versuchs und Irrtums zu lösen, was mittels sogenannter iterativer Rechenprogramme geschieht (Wieker et al. 1970). Das Prinzip der Iteration liegt darin, daß auf der Basis einer Annäherung durch Probieren n_H, K^* und V_{max} so lange variiert werden, bis sie die Bedingung der Hill-Gleichung erfüllen. Dies geschieht so, daß den experimentellen Daten ein angenäherter V_{max}-Wert entnommen wird, um mittels Gl. (7-8) n_H und K^* zu gewinnen. Mit diesen Daten wird jetzt nach Gl. (7-9) erneut V_{max} berechnet. Die Prozedur kann solange wiederholt werden, bis die Bedingung der Hill-Gleichung erfüllt ist. Spezifikationen dieses Programms, die die Limitierung der Durchläufe und die statistischen Bedingungen betreffen, sind der zitierten Arbeit zu entnehmen. Mit dieser Methode ließ sich eine sehr gute Kurvenanpassung für die sigmoide Kinetik der Pyruvat-Kinase aus Hefe erzielen (Bild 24). Da Rechenanlagen heute praktisch überall zur Verfügung stehen, bietet dieses Vorgehen auch für einen weiten Kreis von Experimentatoren eine einfache Möglichkeit, optimale Daten zu erstellen.

Eine modifizierte Auftragung nach Lineweaver und Burk bietet auch ein Annäherungsverfahren, um V_{max} einer sigmoiden Kinetik zu bestimmen. Wenn nämlich $1/v$ gegen $1/S^{n_H}$ aufgetragen wird, erhält man ebenfalls eine Gerade. Der y-Durchgang entspricht dem Betrag $1/V_{max}$, der x-Durchgang dagegen ist $1/K^*$. Die Schwierigkeit für die Anwendung dieser Methode liegt darin, den richtigen Wert für n_H einzusetzen. Den Koeffizienten n_H kann man durch Ausprobieren erlangen. Der Betrag von n_H wird bei diesem Verfahren solange verändert, bis die Meßpunkte nach der oben benannten Auftragung eine Gerade liefern.

Zum Schluß noch eine Bemerkung zu der Konstanten K^*. Sie ist nicht die „Substratkonzentration bei halbmaximaler Reaktionsgeschwindigkeit" (Ausnahme: $n_H = 1$). Dies geht aus folgender Betrachtung hervor. Ersetzt man in der Hill-Gleichung v durch $V_{max}/2$, erhält man die Beziehung

$$S_{0,5}^{n_H} = K^*. \tag{7-10}$$

Durch Eliminieren des Exponenten auf der linken Seite der Gleichung wird der Zusammenhang zwischen K^* und $S_{0,5}$ deutlich. Es gilt:

$$S_{0,5} = \sqrt[n_H]{K^*}. \tag{7-11}$$

Die Substratkonzentration, die man bei $V_{max}/2$ einer sigmoiden Sättigungskurve ablesen kann, entspricht also der n-ten Wurzel von K^*.

Die Konstante K^* wird von verschiedenen Autoren unterschiedlich geschrieben. Die häufigsten Bezeichnungen sind: K, $K_{0,5}^n$ und $S_{0,5}^n$.

7.4 Sigmoide Substratsättigungsprofile von „K-Enzymen": experimentelle Ausarbeitung und Erkennungsmerkmale

Der sigmoide Charakter von Substratsättigungskurven manifestiert sich vornehmlich in Bereichen niedriger Substratkonzentrationen. Deshalb sind für die Aufnahme von Kinetiken gerade die Bereiche niedriger Substratkonzentrationen von besonderer Bedeutung.

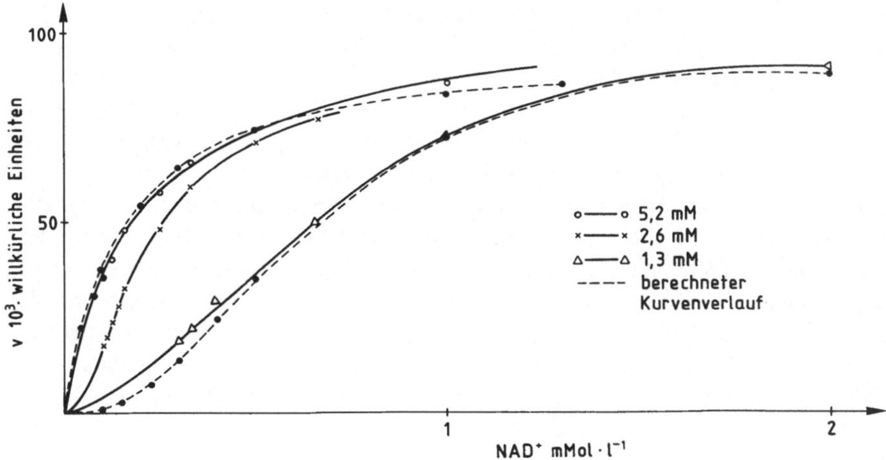

Bild 25 Substratsättigungskurven der Isocitratcehydrogenase mit NAD^+ als variablem Substrat und jeweils konstanten Konzentrationen von Isocitrat im Ansatz.

o ——— o 5,2 mM, x ——— x 2,6 mM, △ ——— △ 1,3 mM Isocitrat

Die durch die Signatur ● – – – ● gekennzeichneten Kurven sind nach der Hill-Gleichung berechnet (siehe Text). (Daten von Sanwal und Cook 1966).

Auf diese Besonderheit hat Atkinson (1966) bereits ausdrücklich hingewiesen; denn schon bei geringer Koordinatenverschiebung nach rechts und nach oben (vgl. Bild 25) erweisen sich sigmoide Sättigungskurven als scheinbar hyperbol. Da sigmoide Kinetiken aber auf Reaktionsmechanismen basieren, die abweichend von denen der Michaelis-Menten-Kinetik sind, darf man diese „scheinbar hyperbolen" Sättigungskurven natürlich unter keinen Umständen nach den in den vorangegangenen Kapiteln besprochenen Prinzipien analysieren.

Katalysiert das zu untersuchende Enzym eine Mehrsubstratreaktion (z.B. Substrat + Coenzym), empfiehlt es sich, einige generell gültige Regeln bei der Aufnahme von Sättigungsprofilen zu beachten. Sie sollen am Beispiel der Isocitratdehydrogenase-Reaktion erläutert werden (Bild 25).

Die Reaktionsgeschwindigkeit v in Abhängigkeit vom variablen Substrat (in dem aufgeführten Beispiel ist es NAD^+) muß bei mehreren, jeweils konstant gehaltenen Konzentrationen des zweiten Substrats gemessen werden. In unserem Beispiel betragen die Konzentrationen des Isocitrats in den Extremfällen 1,3 und 5,2 mM. Ziel dieses Vorgehens ist es, den sigmoiden Charakter der Sättigungskurven zu ändern (Bild 24) (Verschiebung des T/R-Verhältnisses!). Die Kinetik hat bei niedrigen Isocitratkonzentrationen einen stark ausgeprägten sigmoiden Charakter (L ist groß), der mit zunehmender Konzentration zugunsten einer hyperbolischen Abhängigkeit verschwindet (R überwiegt oder liegt ausschließlich vor).

Es ist ratsam, in einer weiteren Untersuchung das variable und das jeweils konstant gehaltene Substrat gegeneinander zu vertauschen. Im Fall der Isocitratdehydrogenase (Bild 25) muß also auch das Isocitrat als variables Substrat eingesetzt werden, während NAD dann in konstanten Konzentrationen vorgegeben wird. Die dann gemessenen Sättigungskurven müssen auch sigmoiden Verlauf aufweisen. (Eine derartige Kinetik ist hier nicht dargestellt, ist aber von Sanwal und Cook (1966) veröffentlicht worden.)

Eine weitere wichtige Maßnahme bei der Aufnahme von v/S-Profilen ist die Veränderung der Testbedingungen, vornehmlich die Veränderung des pH-Wertes und der Temperatur. Das Ziel, das mit diesen Modifikationen der Meßbedingungen erreicht werden soll, ist erneut die Abwandlung des sigmoiden Verlaufs der Sättigungskurve.

Liegt schließlich eine Schar von Sättigungskurven vor, ist bereits eine erste Charakterisierung und Beurteilung des zu untersuchenden Enzyms möglich. Die Sättigungskurven der Isocitratdehydrogenase (Bild 25) weisen z.B. aus, daß sich der allosterische Effekt nicht auf die V_{max} auswirkt. Sie ist für alle untersuchten Beispiele offensichtlich identisch. Die halbmaximalen Sättigungskonzentrationen $S_{0,5}$ dagegen verändern sich mit der Isocitratkonzentration. Allosterische Enzyme, die unter verschiedenen Testbedingungen eine konstante V_{max}, aber veränderliche $S_{0,5}$-Werte aufweisen, heißen nach einem Einteilungsschema von Monod et al. (1965) *„K-Enzyme"*.

Der allosterische Effektor Isocitrat bewirkt, daß der Betrag von K* mit zunehmender Konzentration um mehrere Größenordnungen ansteigt. Das ergibt sich aus einer Berechnung, deren Ergebnis in Tabelle 5 aufgelistet ist. Isocitrat wirkt als positiver Modulator, da es die Umsatzgeschwindigkeit bei vorgegebenen kleinen NAD-Konzentrationen erhöht.

Tabelle 5 Ermittlung von $S_{0,5}$ und K* aus Bild 25

Isocitrat mM	n_H	$S_{0,5}$	$K^* = S_{0,5}^{n_H}$
1,3	2,54	$6,03 \cdot 10^{-4}$	$6,62 \cdot 10^{-9}$
5,2	1,1	$1,50 \cdot 10^{-4}$	$6,20 \cdot 10^{-5}$

Wie die Beispiele belegen, sind für die spätere Auswertung sigmoider Sättigungskurven die niedrigen und die hohen Substratkonzentrationen von besonderer Bedeutung. Bei niedrigen Substratkonzentrationen tritt der sigmoide Charakter der Sättigungskurve zutage; hohe Substratkonzentrationen sind erforderlich, um V_{max} möglichst gut festzulegen. Frieden (1967) empfiehlt daher, die Substratbereiche $> 90\%$ und $< 10\%$ der V_{max} bei kooperativen Kinetiken besonders zu beachten.

Und nun zu einigen Prüfungsverfahren, mit deren Hilfe sigmoide v/S-Profile erkannt werden können. Im Abschnitt 5.5 ist das Verhältnis $S_{0,9} : S_{0,1}$ bereits als Identifizierungsmerkmal für hyperbolische Sättigungskinetiken vorgestellt worden. Beträgt dieses Verhältnis 81, liegt Michaelis-Menten-Kinetik vor. Sigmoide Kinetiken liefern von 81 abweichende Zahlen. Nach Koshland et al. (1966) gelten folgende Beziehungen:

$S_{0,9}/S_{0,1} < 81$ — Es liegt positive Kooperativität vor;

$S_{0,9}/S_{0,1} = 81$ — Es liegt Michaelis-Menten-Kinetik vor;

$S_{0,9}/S_{0,1} > 81$ — Es liegt negative Kooperativität vor.

Die positiv kooperative Kinetik der Isocitratdehydrogenase (Bild 25) scheint beim ersten Hinsehen diesen Aussagen nicht zu genügen. Die sigmoide Kinetik erscheint im Bereich zwischen 10 % und 90 % Sättigung flacher als die hyherbolische. Dieser scheinbare Widerspruch löst sich schnell auf, wenn man für die Ableitung des Verhältnisses $S_{0,9} : S_{0,1}$ das Zeitgesetz einsetzt, wie es bei der Vorstellung der Hill-Gleichung (7-7) verwandt wurde (vgl. hierzu auch den Aufsatz von Atkinson et al. 1965). Die Auflösung der Hill-Gleichung nach $S_{0,9}$ und $S_{0,1}$, analog dem bei der Besprechung der Michaelis-Menten-Gleichung gegebenen Verfahren, liefert folgendes Ergebnis für die Quotientenbildung:

$$\frac{S_{0,9}}{S_{0,1}} = \frac{\sqrt[n]{9\,K^*}}{\sqrt[n]{\frac{1}{9}\,K^*}} = \sqrt[n]{81}. \tag{7-12}$$

Mit dieser Beziehung errechnet sich für die sigmoide Kinetik (1,3 mM Isocitrat) und den Hill-Koeffizienten von $n_H = 2{,}54$ das Verhältnis:

$$\frac{S_{0,9}}{S_{0,1}} = \sqrt[2,54]{81} = 5{,}64.$$

Dieses Verhältnis ist deutlich < 81, das System ist positiv kooperativ.

Wendet man dieselbe Berechnung auf die „hyperbolische" Kinetik an ($n = 1{,}1$) erzielt man immerhin eine Verhältniszahl von 54,3 — also noch deutliche Hinweise auf positive Kooperativität, die die Lineweaver-Burk-Auftragung nicht ausweist.

Streng genommen liegt eine hyperbolische Sättigungskurve nur vor, wenn n_H tatsächlich 1 beträgt. Läßt sich also absichern, daß der Hill-Koeffizient (auch geringfügig) von 1 abweicht, ist die Behandlung der Kinetik nach dem Michaelis-Menten-Gesetz problematisch.

Die Darstellung der Sättigungskinetiken nach den linear transformierten Zeitgesetzen (Abschnitt 5.5) ergibt im Falle sigmoider Kinetiken keine Gerade. Dies ist durch Bild 26

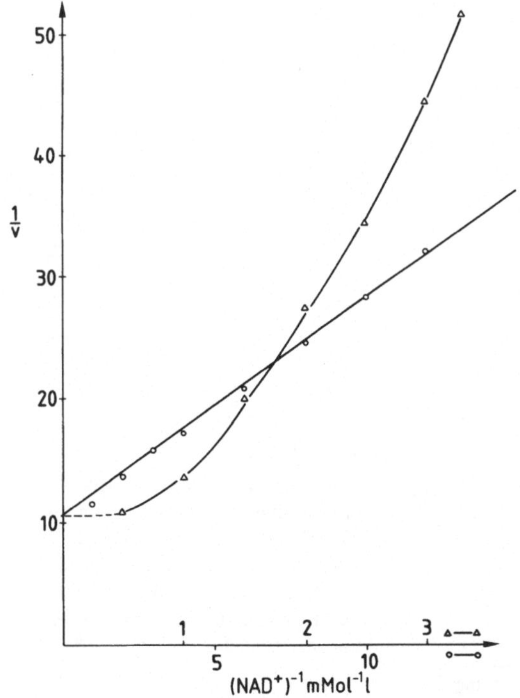

Bild 26

Lineweaver-Burk-Auftragung der Kinetik von Bild 25.

o —— o Kinetik mit 5,2 mM Isocitrat im Ansatz

△ —— △ Kinetik mit 1,3 mM Isocitrat im Ansatz

belegt. Hier sind die Meßwerte von Bild 25 nach Lineweaver-Burk ausgewertet. Die rezi-proke Auftragung der Kinetik mit 5,2 mM Isocitrat im Ansatz ist linear ($K_M = 1,6 \cdot 10^{-4}$ M), hat also hyperbolischen Charakter. Die andere Kinetik dagegen ist eindeutig nicht-linear, sie biegt konkav nach oben ab. Dieses Verhalten weist einen positiv kooperativen Effekt aus, der mit steigender Isocitratkonzentration abnimmt (vgl. dazu $S_{0,9} : S_{0,1}$!).

Der Vollständigkeit halber sei an dieser Stelle darauf hingewiesen, daß ein Abweichen der Geraden bei der Auftragung nach Lineweaver-Burk nach unten negative Kooperativi-tät ausweist (s. unten). Auch jetzt aber gilt wieder die bereits geäußerte Einschränkung, daß die Lineweaver-Burk-Auftragung nicht die günstigste Form der Darstellung ist. Um Abweichungen von der Geraden festzustellen, sind die Auftragungen nach Eadie oder Hofstee besser geeignet.

7.5 Die Auswertung eines sigmoiden Substratsättigungsprofils nach der Hill-Gleichung

Im Bild 27 ist die Auswertung einer sigmoiden Kinetik nach der umgeformten Hill-Gleichung (7-8) vorgeführt. Für die Darstellung wurden die Meßwerte der Isocitratdehy-drogenase-Kinetiken mit 1,3 mM und 5,2 mM Isocitrat im Ansatz verwandt. Die Hill-Koeffizienten n_H errechnen sich aus den Steigungen der jeweiligen Geraden und betragen $n_H = 2,54$ und 1,1 für die niedrigen und hohen Isocitratkonzentrationen. Die Substrat-

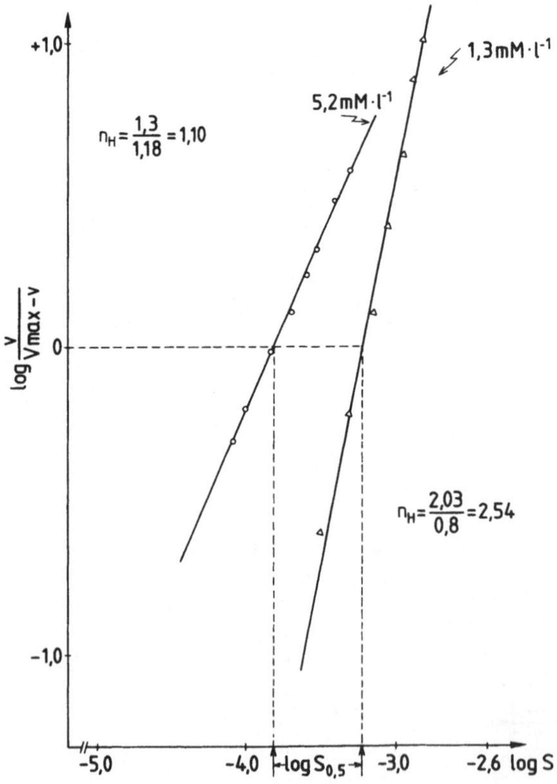

Bild 27

Auswertung der Substratsätti-gungskurven von Bild 25 nach der Hill-Gleichung (siehe Text). o —— o 5,2 mM und Δ —— Δ 1,3 mM Isocitrat im Ansatz, mit den Hill-Koeffizienten $n_H = 1,10$ und $n_H = 2,54$.

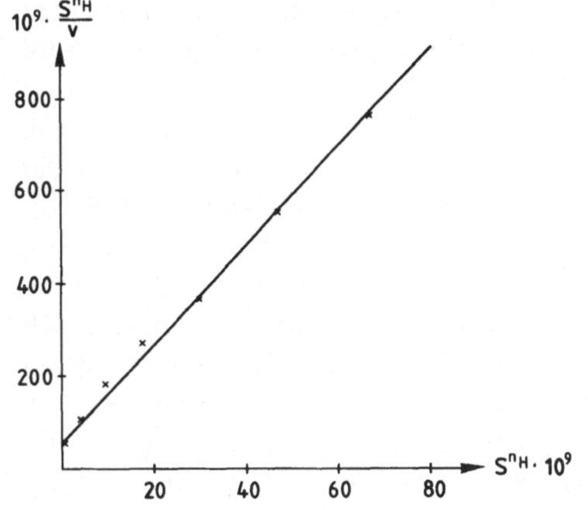

Bild 28

Ermittlung des V_{max}-Wertes eines allosterischen Enzyms mit der modifizierten Hill-Gleichung (7-9).

$$\frac{S^{nH}}{v} = \frac{1}{V_{max}} \cdot S^{nH} + \frac{K}{V_{max}}$$

Aufgetragen sind S^{nH}/v gegen S^{nH}. Die Steigung entspricht dem reziproken Wert der V_{max}.

konzentrationen $\log S_{0,5}$ sind von der Abszisse abzulesen, wenn man das Lot von den beiden Geraden für $\log v/V_{max} - v = 0$ fällt. Mit $S_{0,5}$ und n_H kann nun auch der Betrag von K^* ausgerechnet werden (Tabelle 5).

Im Bild 28 ist dargestellt, wie mit der umgeformten Hill-Gleichung (7-9) die V_{max} ermittelt wird. Die Auftragung ist linear, die Steigung der Geraden entspricht dem reziproken Wert der V_{max}. V_{max} beträgt $93,3 \cdot 10^{-3}$ Einheiten. Mit diesem Betrag der V_{max} wurde auch die Hill-Auswertung vorgenommen.

Die mit der Hill-Auswertung gewonnenen Kenngrößen n_H, K^* und V_{max} ermöglichen die Berechnung der Sättigungskurve. In dem durch die Signatur ●···● dargestellten Kurvenverlauf ist das Ergebnis einer solchen Berechnung in Bild 25 eingetragen. Wie zu sehen ist, ergeben sich Abweichungen zwischen experimentell ermittelter und errechneter Sättigungskurve. Dieser sicherlich unerwartete Befund sollte Anlaß genug sein, die experimentellen Daten wie auch die Auswertung nochmals zu überprüfen. Denn er deutet an, daß in unserem Beispiel offensichtlich systembedingte Diskrepanzen zwischen Befund und Auswertungsergebnis vorliegen. Die Sättigungskurve kann möglicherweise nicht mit der Hill-Gleichung beschrieben und damit nach diesem Verfahren auch nicht analysiert werden.

Zum Abschluß noch ein Nachtrag zur Tabelle 5. Mit abnehmendem sigmoiden Charakter der Sättigungskurven nähern sich die Werte von $S_{0,5}$ und K^* einander an. Für $n = 1$ werden sie identisch Gl. (7-10). Der $S_{0,5}$-Wert dieser Grenz-Situation entspricht dem K_M-Wert, wie er bei der Abhandlung der Michaelis-Menten-Beziehung definiert wurde. Gelingt es also, bei einem kooperativen Enzym durch Veränderung des Reaktionsansatzes eine hyperbolische Sättigungskurve zu erzielen, kann nach Michaelis und Menten analysiert und so K_M und V_{max} des allosterischen Enzyms ermittelt werden. Die hyperbolische Sättigungskurve des „allosterischen" Enzyms ist Ausdruck der Existenz einer Grenzsituation. Diese Grenzsituation wird z.B. dann erreicht, wenn $K_M^R = K_M^T$ wird, wenn k_2 identisch l_2 wird oder wenn L den Wert 0 erreicht (nur R- oder T-Form des Enzymes vorhanden). Dann nimmt das Zeitgesetz Gl. (7-4) die Form an:

$$v = \frac{n_H \cdot V_{max} \cdot [S]}{K_M^R + [S]} \tag{7-13}$$

Die Gleichung entspricht aber der Michaelis-Menten-Gleichung.

Nach der rein formalen Behandlung der Kinetik soll jetzt eine Interpretation versucht werden. Eine plausible Erklärung der typischen Ausprägung der Sättigungskurven fußt auf der Vorstellung, daß NAD nur von der R-Form des Moleküls gebunden wird. Diese Annahme ist gegenüber dem Reaktionsmechanismus des Schemas 7 zwar eine Vereinfachung, erleichtert aber die Formulierung eines plausiblen Modells. Befindet sich das substratfreie Enzym in einem Puffer, wird ein milieubedingtes Verhältnis von T/R vorliegen. Werden diesem Ansatz jetzt Substratmoleküle zugesetzt, erfolgt die Substratbindung gemäß der oberen Reihe des Schemas 7. Mit zunehmender Substratkonzentration wird R gesättigt sein (R liegt als R_4S_4 vor). Unter unserer Annahme liegt die R-Form zu Beginn des Versuches in geringer Konzentration vor (L ist dann groß). Bis zur vollständigen Sättigung von R wird die Aktivität daher zunächst nur gering sein (lag-Phase in Bild 25). In demselben Maße aber, in dem R zugunsten der Bildung von RS-Komplexen aus dem T/R-Gleichgewicht entfernt wird, wandelt sich T in R um. In Abhängigkeit von der Substratkonzentration wird also immer mehr R-Form gebildet, die Anzahl der enzymatisch aktiven Moleküle nimmt zu. Diese Gleichgewichtsverschiebung verursacht zusammen mit der Aktivierung der aktiven Zentren den Aktivitätsanstieg, der gegenüber der Anfangsphase der Sättigung zu beobachten ist. Erweist sich ein Ligand als allosterischer Aktivator, wird generell postuliert, daß er ausschließlich mit der R-Form komplexiert. Der allosterische Aktivator verschiebt somit das T/R-Gleichgewicht zugunsten von R. Das Isocitrat in unserem Beispiel ist in diesem Sinne ein Aktivator. Je mehr das Gesamtenzym in der R-Form vorliegt, desto mehr wird sich das v/S Profil einer „normalen" Sättigungskurve annähern und schließlich die im Zeitgesetz Gl. (7-13) formulierte Grenzsituation erreichen.

Ein allosterischer Inhibitor dagegen komplexiert nach den gängigen Vorstellungen nur mit der T-Form des Enzyms. Zunehmende Konzentrationen des Inhibitormoleküls begünstigen die Ausbildung der T-Form, verstärken somit den allosterischen Charakter der Sättigungskurve. Ein typisches Beispiel für allosterische Hemmung liefert die Aspartat-Transcarbamylase aus Weizenkeimlingen, die durch UMP gehemmt wird. Die allosterische Konstante L = T/R steigt von 3,2 bei 1 μM UMP auf 1×10^9 bei 1000 μM UMP an (Yon, 1972).

Die soeben geäußerte Vorstellung, daß Aktivatoren mit der R-Form, Inhibitoren dagegen mit der T-Form eines allosterischen Enzyms komplexieren, verlangt eine erweiterte Definition der allosterischen Konstanten L. Wie bereits erwähnt, entspricht das Verhältnis T/R nur dann der allosterischen Konstanten L, wenn das Enzymsystem substrat- und ligandenfrei ist. Sowie aber Komplexierungen mit Substrat und/oder Effektoren geschehen, wird L verändert. Die quantitative Veränderung von L wird dann durch die folgende Beziehung ausgedrückt:

$$L'_{\text{Aktivator}} = \frac{L}{\left(1 + \dfrac{[A]}{K_A^R}\right)^n} \tag{7-13}$$

und

$$L'_{\text{Inhibitor}} = L \left(\frac{[I]}{K_I^T}\right)^n . \tag{7-14}$$

A und I symbolisieren die Konzentrationen des Aktivators und Inhibitors, K_A^R und K_I^R sind deren Dissoziationskonstanten mit der R- bzw. T-Form des Enzyms.

Mit diesen Betrachtungen sind wesentliche und prinzipielle Dinge angesprochen, die für die Analyse eines Enzyms mit sigmoidem v/s-Profil zu bedenken sind. Trotz komplexer Zeitgesetze, die solchen kooperativen Enzymen zu eigen sind, lassen sich V_{max}- und K_M-Werte ermitteln, zudem die Konstante K^*, die das Ausmaß einer sigmoiden Ausprägung beschreibt. Nicht behandelt wurden bisher Möglichkeiten der Ermittlung von L, c und α, der Größen also, die das Zeitgesetz beherrschen. Aus Platzgründen muß diese Diskussion hier unterbleiben. Deshalb sei erneut auf die Arbeit von Yon (1972) hingewiesen, in der die pflanzliche Aspartat-Transcarbamylase auf der Basis kinetischer Daten analysiert wurde. Dieser Arbeit sind Details zu entnehmen, wie Kenntnisse über die Beträge von L, c und α zu erhalten sind.

Schließlich soll noch ein Gedanke zu dem Problem geäußert werden, ob auch ein allosterisches Enzym durch eine Systemkonstante zu charakterisieren ist. Zweifellos ist die V_{max} eines „K-Enzyms" eine solche Konstante. Die Verwendung von V_{max} als Systemkonstante setzt aber voraus, daß das Enzym mit Substrat und Effektormolekülen gesättigt ist. Unter dieser Voraussetzung können aber die regulatorischen Eigenschaften nicht zur Geltung kommen, die typisch für allosterische Enzyme sind. Die regulatorische Effizienz ist am deutlichsten ausgeprägt im Bereich von $S_{0,5}$. In diesem Sättigungsbereich verändern sich die mikroskopische Dissoziationskonstante ebenso wie z.B. die allosterische Konstante. Für die Berechnung von Stoffwechselflüssen müßte dann schon das vollständige Zeitgesetz verwandt werden, und zwar unter Berücksichtigung der durch Substrat- und Effektorkonzentrationen bedingten Modulationen des Enzyms. Die quantitative Beschreibung der jeweils vorherrschenden Reaktionsrate allosterischer Enzyme verlangt also schon aufwendigere Rechen- und Analysenprogramme.

7.6 Die Fructose-1,6-Diphosphatase, ein „V-Enzym"

Die Diskussion der Erkennungsmöglichkeiten und der Analyse nicht-hyperboler Enzymkinetiken in den vorangegangenen Abschnitten basierte auf der vordergründigen Beobachtung, daß bei geeigneten experimentellen Voraussetzungen der sigmoide Charakter der Kinetik offen zutage trat. Dies gilt — mit einigen Einschränkungen (vgl. Abschnitt 5.7) — für allosterische Enzyme des „K-Systems".

Schwieriger jedoch gestaltet sich die Entdeckung der allosterischen Eigenschaften der „V-Enzyme". Effektoren verändern bei diesen Enzymen nämlich ausschließlich V_{max}, nicht jedoch K. Als Beispiel für ein derartiges Enzym soll die Fructose-1,6-Diphosphatase vorgestellt werden (Bild 29). Gegenüber F1,6P liefert dieses Enzym eine hyperbolische Sättigungskurve. Steigende Konzentrationen von AMP hemmen das Enzym, indem die V_{max} reduziert wird, K aber erhalten bleibt (Bild 29A). Der hyperbole Charakter der Sättigungskurve wird durch lineare Abhängigkeiten in der Lineweaver-Burk-Auftragung bestätigt. Der gemeinsame Abszissenschnittpunkt der Geradenschar weist auf unveränderte K-Werte hin. V_{max} dagegen wird mit steigender AMP-Konzentration kleiner. Die Auswertung der Kinetik weist offensichtlich eine nicht-kompetitive Hemmung aus. Hinweise auf allosterische Phänomene sind nicht erkennbar.

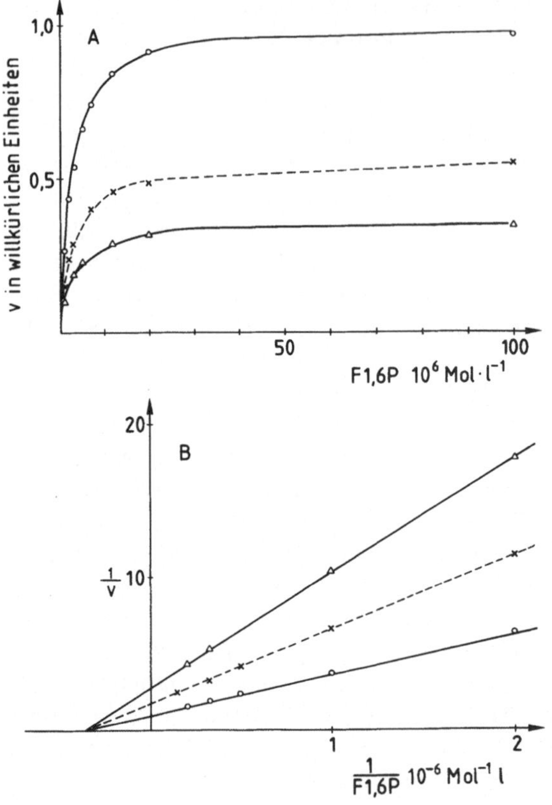

Bild 29

Kinetik eines allosterisch inhibierten „V-Enzyms" (nach Daten von Taketa und Pogell 1965).

Steigende Konzentrationen von AMP inhibieren die Fructose-1,6-Diphosphatase, indem die V_{max} reduziert wird, die K_M jedoch unbeeinflußt bleibt.

A. v/S-Profil der Inhibierung
B. Lineweaver-Bruk-Auftragung der Meßwerte von A

o —— o   kein AMP Zusatz
x ---- x $0,08 \cdot 10^{-6}$ M AMP-Zusatz
△ —— △ $0,16 \cdot 10^{-6}$ M AMP-Zusatz.

Formal weist diese Kinetik eine nicht-kompetitive Hemmung aus.

Analysiert man nun aber die Ursache dieser „nicht-kompetitiven Hemmung", indem man bei sonst unverändertem Meßansatz das Ausmaß der Hemmung in Abhängigkeit von der AMP-Konzentration untersucht, erhält man das in Bild 30 dargestellte Schaubild. Die Hemmung ist eine sigmoide Funktion der AMP-Konzentration, was besagt, daß über Wechselwirkungen von mehr als einem Molekül AMP der Enzym-Inhibitor-Komplex gebildet wird (anderenfalls wäre eine hyperbole Sättigungskinetik zu erwarten). Das Substrat F1,6P und der Inhibitor AMP sind strukturell gänzlich verschieden. Das AMP ist außerdem kein Substrat der Reaktion. Daraus folgt, daß die Bindung des Inhibitors an einer allosterischen Bindungsstelle erfolgt und nicht im aktiven Zentrum. AMP übt also einen heterotropen allosterischen Effekt aus. Wie Taketa und Pogell (1965) nachgewiesen haben, sind die experimentellen Daten am besten mit der Annahme zu interpretieren, daß insgesamt drei Bindungsstellen für AMP existieren.

Die Analyse eines V-Enzyms kann also nach den Prinzipien der Michaelis-Menten-Kinetik vorgenommen werden, solange die hyperbolen v/S-Profile zur Diskussion stehen. In unserem Fall ist das die Abhängigkeit der Reaktionsgeschwindigkeiten von F1,6P. Eine Besonderheit ist dabei jedoch zu beachten. V_{max} ist jetzt ein komplexer Ausdruck. Das ergibt sich aus folgender Überlegung (Dalziel 1968). Wenn $K_M^T = K_M^R$ wird, also die K_M-

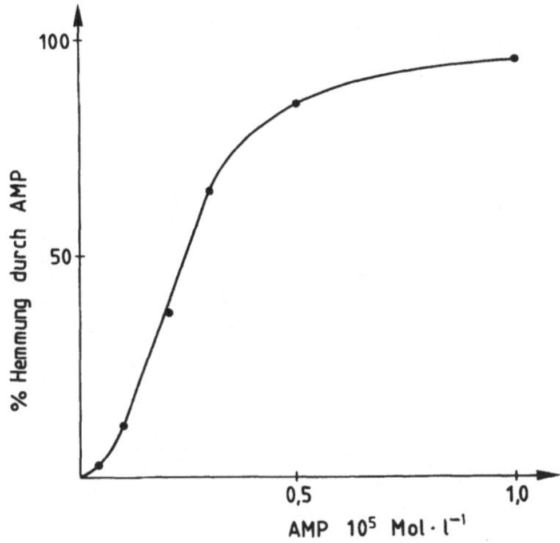

Bild 30

Hemmung der Fructose-1,6-Diphosphatase durch steigende Konzentrationen von AMP (nach Daten von Taketa und Pogell 1965).

Testansatz: 0,1 mM F-1,6-P, 50 mM Tris-HCl pH 7,5 (Messung in gekoppelter Reaktion mit Glucose-6-Phosphatdehydrogenase).

Die sigmoide Ausprägung der Hemmkinetik offenbart, daß mehr als ein Molekül AMP pro Molekül Enzym an der Bildung des inaktiven Enzym-Inhibitor-Komplexes beteiligt ist, also eine kooperative Interaktion vorliegt.

Werte des T- und R-Zustandes des Enzyms für das Substrat identisch sind, reduziet sich das Zeitgesetz Gl. (7-4) zu der vereinfachten Form:

$$v = \frac{n \cdot [E]_t\,(k_2 + L\,l_2)/(1 + L) \cdot [S]}{[S] + K_M^R} \, . \tag{7-15}$$

Hieraus geht hervor, daß ein Effektor, der unterschiedliche Affinitäten für R und T hat, über die Veränderung der allosterischen Konstanten L die Maximalgeschwindigkeit verändert. Die Anwendung der Lineweaver-Burk-Auswertung auf einen derartigen Fall liefert also für $1/v \to 0$ den Wert K_M^R!

Der y-Durchgang ($1/S \to 0$) dagegen ist eine komplexe Größe und hat die Form

$$\frac{1}{v} = \frac{1 + L}{(k_2 + L\,l_2)^n \cdot [E]_t} \, . \tag{7-16}$$

In diesem Fall ist es also nicht gestattet, nach der bereits früher dargestellten Methode aus V_{max} und E_t die katalytische Konstante k_2 zu berechnen. Eine weitergehende Interpretation dieses V_{max}-Wertes setzt neben der Kenntnis der Enzymkonzentration auch die Kenntnis der allosterischen Konstanten L und der katalytischen Konstanten l_2 voraus.

Weitere Grenzfälle, die auf dem Zeitgesetz Gl. (7-4) basieren, sind in der Arbeit von Dalziel (1968) diskutiert. Die bisherige Betrachtung sollte jedoch zeigen, daß auch scheinbar eindeutige Fälle (hyperboler Kinetik) auf Mechanismen basieren können, die eine schematische Analyse ohne gründliche Einblicke in theoretische Hintergründe als höchst problematisch erscheinen lassen.

7.7 Negative Kooperativität

Das Kapitel über nicht-hyperbolische kooperative Enzymkinetiken soll mit der Besprechung eines negativ kooperativen Enzymsystems abgeschlossen werden. Ein Beispiel für negative Kooperativität bietet die Glutamatdehydrogenase aus Rinderleber (Engel und Dalziel 1969).

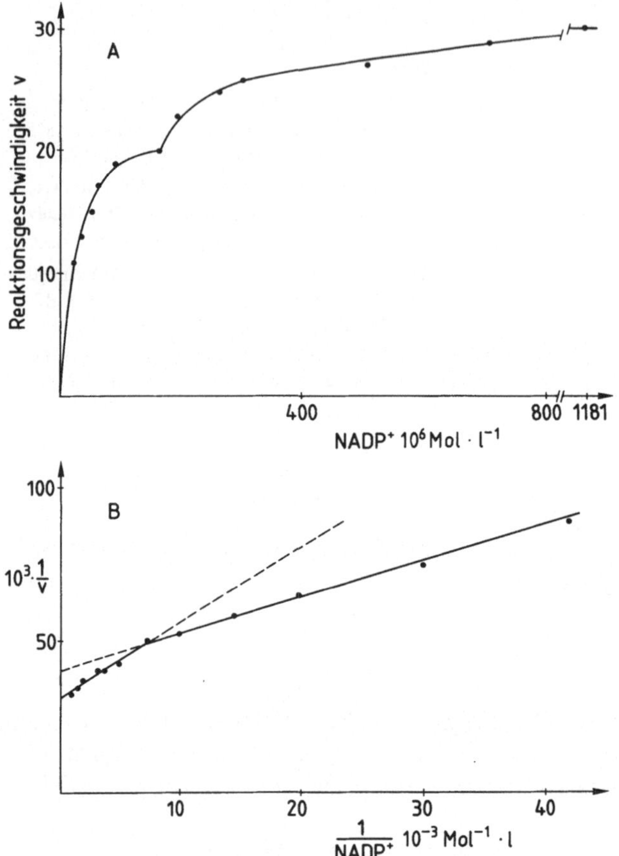

Bild 31

Substratsättigungskurve der Glutamatdehydrogenase aus Rinderleber (A) und Auswertung der Kinetik nach Lineweaver-Burk (B).

Meßbedingungen: Natriumphosphatpuffer pH 7; Ionenstärke 0,25; 25 °C; Glutamatkonzentration 50 mM.

In Bild 31-A ist die Substratsättigungskurve der Glutamatdehydrogenase mit $NADP^+$ als variablem Substrat dargestellt. Beachtenswert ist zunächst einmal der weit ausgedehnte Substratbereich, der für die Aufnahme der Kinetik berücksichtigt wurde. Die Substratsättigungskurve weist zwei Bereiche auf, die sich in der Lineweaver-Burk-Darstellung (Bild 31-B) deutlich als Knick der Geraden zu erkennen geben. Dieses typische Verhalten ist ein unübersehbares Indiz für das Vorliegen einer negativen Kooperativität: die Meßpunkte weichen bei niedrigen Substratkonzentrationen nach unten von der Geraden ab (im Gegensatz zur positiven Kooperativität, wo sie ja nach oben ausscheren — s. Bild 27). Rein formal lassen sich aus dieser Kinetik zwei V_{max} und K_M-Werte ermitteln, nämlich je ein Wertepaar für hohe und niedrige Substratkonzentrationen. Sie betragen in unserem Beispiel:

a) hohe Substratkonzentration:

$$K_M = 7{,}4 \cdot 10^{-5} \, [Mol \, l^{-1}] \quad und \quad V_{max} = 31{,}7 \text{ (willkürliche Einheiten)}$$

b) niedrige Substratkonzentration:

$$K_M = 3{,}0 \cdot 10^{-5} \, [Mol \, l^{-1}] \quad und \quad V_{max} = 25{,}0 \text{ (willkürliche Einheiten)}.$$

Aus diesen Zahlen geht hervor, daß bei einem negativ kooperativen Enzym sowohl die Beträge von V_{max} als auch von K_M abnehmen, wenn die Substratkonzentration niedriger wird. Aus diesem kinetischen Verhalten läßt sich auch eine mögliche physiologische Funktion solcher Enzyme herleiten. Negative Kooperativität garantiert nämlich eine gleichbleibende Umsatzrate einer Reaktion, unabhängig von großen Substratschwankungen. Bei niedrigen Substratkonzentrationen hat das Enzym zwar eine verringerte V_{max}, ist dafür aber auch mit einer niedrigeren K_M ausgestattet. Andererseits ist eine hohe V_{max} mit einer hohen K_M gepaart, was ja dämpfend auf die Durchsatzrate wirkt. Quantitativ läßt sich diese Aussage mit der früher definierten Systemkonstante V_{max}/K_M gut belegen. Unter Berücksichtigung dieser Definition ist die bei niedrigen Substratkonzentrationen ausgebildete Form der Glutamatdehydrogenase eher ein effektiverer Katalysator als die Struktur bei hohen $NADP^+$-Konzentrationen.

Negativ kooperative Enzyme sollten also an den Stellen des Stoffwechsels zu suchen sein, an denen hohe Poolschwankungen der Substrate zu verzeichnen sind. Diese Orte des Stoffwechsels sind aber gleichzeitig dadurch charakterisiert, daß eine stetige und effiziente Katalyse unumgänglich ist. Pflanzliche Glutamatdehydrogenase zeigt dieses Verhalten besonders deutlich gegenüber NH_4^+, einem Substrat, das in-vivo je nach Stickstoffangebot erheblich schwanken kann (Pahlich und Gerlitz 1980). Die negative Kooperativität ist somit eine Voraussetzung für die Funktion von Adaptationsmechanismen. Eine Adaptation wäre in unserem Beispiel dadurch gegeben, daß auftretende Substratschwankungen abgefangen werden, ohne nennenswerte Veränderungen von Flußraten nach sich zu ziehen.

Um zu belegen, daß bei negativ kooperativen Enzymen die Bindung des Substrats tatsächlich zunehmend schlechter wird, seien die mikroskopischen Dissoziationskonstanten der Glycerinaldehydphosphat-Dehydrogenase für NAD^+ genannt. Sie sind durch direkte Bindungsmessungen ermittelt worden (Conway und Koshland jr. 1968, Henis und Levitzki 1980). Die Dissoziationskonstanten für NAD^+ betragen:

$$K_1 = 4 \cdot 10^{-11}, \quad K_2 = 1{,}5 \cdot 10^{-9}, \quad K_3 = 3 \cdot 10^{-7}$$

und

$$K_4 = 5 \cdot 10^{-6} \, \text{Mol} \, l^{-1}.$$

Die schrittweise Veränderung der Dissoziationskonstanten bestätigt zudem den sequentiellen Charakter der Bindung. Diese Beobachtung begründet die generell akzeptierte Vorstellung, daß negativ kooperative Enzyme dem Koshland'schen Sequenzmodell folgen.

Zum Schluß noch ein Wort zu den Beträgen der oben zitierten Dissoziationskonstanten. Dissoziationskonstanten der Größenordnung 10^{-9} bis 10^{-11} Mol l^{-1} besagen nämlich, daß das Coenzym extrem fest an das Protein gebunden ist. Wenn also Substratsättigungskurven erstellt werden sollen, muß zunächst sichergestellt werden, daß diese Bindungsstellen auch frei sind. Anderenfalls würden Versuche mit teilgesättigten Enzymspezies erfolgen.

Kinetiken negativ kooperativer Enzyme können in der Regel wie hyperbole Kinetiken ausgewertet werden. Dieses Vorgehen ist statthaft, da ganze Bereiche der Kinetik lineare Abhängigkeiten in reziproken Auftragungen liefern, für diese Bereiche also die Michaelis-Menten-Voraussetzungen erfüllt sind. Das Beispiel der Untersuchung der Glutamatdehydrogenase durch Dalziel und seine Mitarbeiter unterstützt diese Ausführungen. Allerdings gilt auch jetzt wieder, daß dann die Michaelis-Menten-Gleichung in modifizierter Form vorliegt und die Enzymparameter K_M und/oder V_{max} komplexere Ausdrücke sind, als es der Anschein erwarten läßt (s. hierzu z.B. Levitzki und Koshland 1976).

7.8 Langsame Strukturübergänge von Proteinen und kooperatives Verhalten von Enzymen

Die Entstehung nicht-hyperboler Enzymkinetiken nach den bisher besprochenen Modellen (MWC, KNF) ist an eine Reihe von Voraussetzungen geknüpft, deren wichtigste wohl die effektorinduzierten strukturellen Veränderungen der Untereinheiten und die Verschiebung des T/R-Verhältnisses sind. Die Modelle setzen voraus, daß diese Strukturübergänge im Vergleich zum katalytischen Schritt sehr schnell ablaufen. Der geschwindigkeitsbestimmende Schritt ist die Produktfreisetzung.

Während der letzten zwei Dekaden ist aber eine wachsende Zahl von Publikationen erschienen, in denen strukturelle Übergänge bei Proteinen als sehr langsam ablaufende Prozesse beschrieben wurden. Die Strukturübergänge werden über die Bindung von Substraten oder Effektoren, aber auch durch die Milieubedingungen (pH, Ionenstärke etc.) hervorgerufen. Die Zeitkonstanten der Strukturveränderungen erreichen die Größenordnung des katalytischen Schrittes. Verschiedene Enzymstrukturen, die durch unterschiedliche enzymatische Eigenschaften ausgezeichnet sind, befinden sich also nicht im Gleichgewicht miteinander, sondern streben während einer Aktivitätsmessung auf ein Gleichgewicht hin.

Da die beiden Enzymstrukturen unterschiedliche enzymatische Eigenschaften haben, ermittelt man durch die Aktivitätsmessung die Summe der enzymatischen Aktivitäten der unterschiedlichen Strukturen und außerdem das sich stetig verändernde Verhältnis der Konzentrationen der Strukturen zueinander.

Die Erkennung und Behandlung solcher Systeme soll jetzt angesprochen werden. Wegen der Komplexität der Kinetiken und im Rahmen eines kurzen Überblickes ist es aber nicht möglich, sehr ins Detail zu gehen. Deshalb seien einige wichtige Arbeiten zitiert, die eine Vertiefung der angeschnittenen Problematik ermöglichen.

Whitehead (1970) hat das Problem der langsamen strukturellen Veränderungen von Proteinen im Rahmen eines Übersichtsartikels über allosterische Phänomene abgehandelt. Dort sind prinzipielle Dinge mehr aus der Sicht eines Physikochemikers dargestellt.

Frieden (1970) beleuchtet das Problem mehr aus der Sicht des Enzymkinetikers, der seine Erkenntnisse aus Aktivitätsmessungen bezieht. Von ihm stammt die Bezeichnung *Hysterese* für solche langsamen Strukturübergänge. Frieden (1969) hat auch einen Übersichtsartikel zu diesem Thema veröffentlicht.

Anschauliche Einführungen zum Phänomen der Hysterese stammen von Neet und Ainslie (1976) und (1980). Obwohl in den genannten Quellen die einschlägige Literatur natürlich erfaßt ist, seien hier noch die Arbeiten von Ricard et al. (1974) hervorgehoben. Die Autoren sprechen in unserem Zusammenhang von „struktureller Kinetik" und haben auch eine umfassende Theorie zu dieser Art der Kinetik vorgestellt. Erwähnt sei schließlich, daß Hysteresephänomene sowohl bei monomeren Enzymen (Ricard et al. 1974), wie auch bei oligomeren Enyzmen auftreten können. In letzterem Fall geht man davon aus, daß voneinander *unabhängige* Untereinheiten langsame Strukturveränderungen durchmachen.

Das Problem der Hysterese von Enzymen soll in dieser Abhandlung nur soweit aufgegriffen werden, als es zur Erkennung des Phänomens selbst und zur prinzipiellen Behandlung experimenteller Daten nötig ist. Als Beispiel soll die Glutamatdehydrogenase von Neurospora dienen, von der bekannt ist, daß sie in einer aktiven und einer inaktiven Konformation vorliegen kann (Ashby et al. 1974). Beide Konformationen werden durch pH-Änderungen hervorgerufen. In saurem Milieu (pH 6,9) liegt das Enzym in einer inaktiven Struktur vor, bei alkalischem pH dagegen (pH 7,4) bildet sich eine enzymatisch aktive Form aus. Der Strukturübergang ist reversibel und konnte in diesem Fall durch Fluoreszenzmessungen am Protein direkt nachgewiesen werden.

In Bild 32 ist gezeigt, wie sich das bei pH 6,8 vorinkubierte inaktive Enzym reaktiviert, wenn es bei pH 7,4 gemessen wird. Nach 8 Minuten ist der Strukturübergang abgeschlossen, das Enzymprotein liegt dann in seiner aktiven Form vor. Der umgekehrte Vorgang läuft ab, wenn das Enzym von alkalischem in saures Milieu überführt wird.

Prinzipiell ist es möglich, die Kinetik des Strukturüberganges nach einer Beziehung zu analysieren, die Frieden (1970) formuliert hat. Sie lautet:

$$v_t = v_f + (v_0 - v_f)\, e^{-k't}. \tag{7-17}$$

v_t ist die Aktivität des Enzyms zur Zeit t;
v_f ist die Aktivität des Enzyms nach erfolgtem Strukturübergang;
v_0 ist die Aktivität des Enzyms zum Zeitpunkt Null;

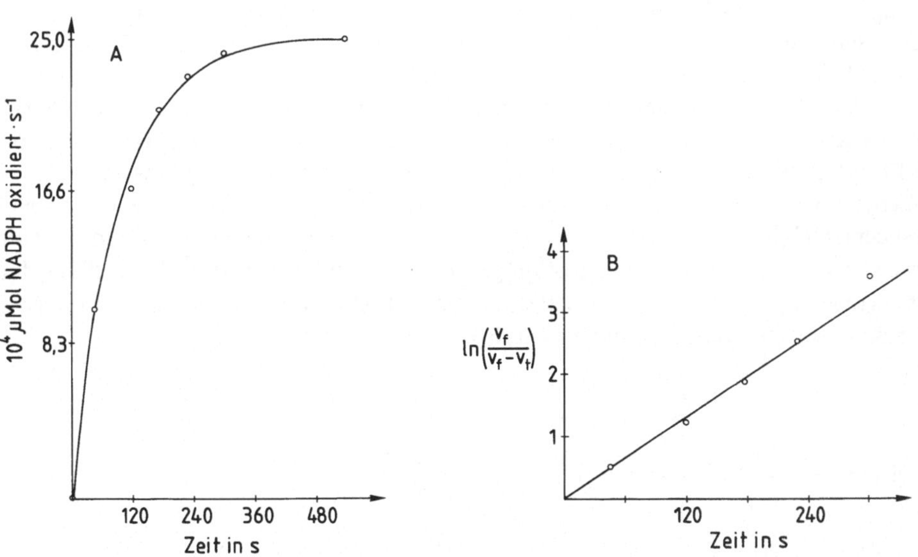

Bild 32 A. Kinetik der pH-abhängigen Reaktivierung der Glutamatdehydrogenase von Neurospora. Das bei pH 6,9 vorinkubierte Enzym ist inaktiv (t = 0). Durch Inkubation dieses Enzyms bei pH 7,8 erfolgt eine zeitabhängige Reaktivierung (nach Ergebnissen von Ashby et al. 1974).
B. Auswertung der Kinetik nach der Beziehung $v_t = v_f + (v_0 - v_f) \cdot e^{-k'^{-1}t}$ (Frieden 1979). Erklärung siehe Text. Die apparente Geschwindigkeitskonstante des Strukturüberganges ist $k' = 10,8 \cdot 10^{-3}\,s^{-1}$.

k' ist die apparente Geschwindigkeitskonstante des Strukturüberganges. Sie ist äußerst komplex und aus einzelnen Geschwindigkeitskonstanten und Substratkonzentrationen zusammengesetzt (s. auch Frieden 1979).

Mit der Beziehung Gl. (7-17) ist es möglich, die Geschwindigkeitskonstante des Strukturüberganges der Glutamatdehydrogenase zu ermitteln. In logarithmischer Schreibweise nimmt die Gleichung die Form an:

$$\ln \frac{v_t - v_f}{v_0 - v_f} = -k' \cdot t. \tag{7-18}$$

Die Auftragung des logarithmischen Ausdrucks der Gleichung gegen t ergibt eine Gerade mit der Steigung k'. In Bild 32-B ist diese Auftragung für die Glutamatdehydrogenase-Kinetik vorgenommen. Der Strukturübergang vollzieht sich nach der ersten Ordnung. Mit Fluoreszenzmessungen haben Ashby et al. (1974) nachgewiesen, daß sich die ermittelte Ordnung der Reaktion auf die Proteinkonzentration bezieht. Diese Beobachtung legt die Annahme nahe, daß der Aktivierung/Inaktivierung eine Isomerisierung zugrunde liegt. Die Geschwindigkeitskonstante hat den Wert $k' = 10{,}8 \cdot 10^{-3}\,s^{-1}$ und stimmt mit der auf der Grundlage der Fluoreszenzmessungen ermittelten Konstanten $k' = 11{,}2 \cdot 10^{-3}\,s^{-1}$ gut überein.

Der Wert k' ist geeignet, um Strukturveränderungen in Abhängigkeit von dem Milieu zu analysieren. Pflanzliche Glutamatdehydrogenase ist z.B. zu ähnlichen Strukturveränderungen befähigt (Pahlich, unveröffentlicht), die sich in unterschiedlichem Ammonium-milieu verschieden schnell vollziehen. Bei $3{,}3 \cdot 10^{-3}\,\text{Mol}\,l^{-1}\,NH_4^+$ beträgt $k' = 6{,}5 \cdot 10^{-3}\,s^{-1}$; bei $213 \cdot 10^{-3}\,\text{Mol}\,l^{-1}$ dagegen $k' = 233{,}3 \cdot 10^{-3}\,s^{-1}$. Hohe Ammoniumkonzentrationen begünstigen eine sehr schnelle Ausbildung einer Struktur, die enzymatisch wenig effektiv ist. Die Befunde sind insofern im Einklang mit früheren Beobachtungen (Pahlich und Gerlitz 1980), als sie formal „negative Kooperativität" ausweisen. Sie eröffnen aber zugleich eine Möglichkeit, den kooperativen Effekt auf der Basis eines Hysteresephänomens zu erklären. Diese Möglichkeit ist ganz interessant, weil damit dem Ammoniumion keine Effektorwirkung zugeschrieben werden muß (keine spezifische Bindungsstellen).
Die Aktivierung der Glutamatdehydrogenase von Neurospora gelingt aber auch mit Natriumsuccinat (Bild 33). Das Aktivierungsprofil hat einen typischen sigmoiden Verlauf und weist auf kooperative Wechselwirkungen hin. Eine mögliche Modellvorstellung für dieses Aktivierungsprofil — wie überhaupt für hysteretische Systeme — ist mit dem folgenden Reaktionsmechanismus formuliert (nach Withehead 1970):

$$[E_1] + [X] \underset{k_{-1}}{\overset{k_1}{\rightleftharpoons}} [E_1 X] \xrightarrow{k_2} [E_2 X] \underset{k_3}{\overset{k_3'}{\longrightarrow}} [E_2] + [P] \qquad \overset{k_{-4}}{} \qquad \overset{k_{-3}}{} [X] \tag{7-19}$$

Der Ligand X bindet mit der Enzymkonformation E_1 und bewirkt zunächst den langsamen Strukturübergang $E_1 X \rightarrow E_2 X$. Struktur $E_2 X$ vollzieht den Katalyseschritt (k_3'). Nach dessen Ablauf kehrt E_2 sofort wieder zur Struktur E_1 zurück (k_{-4}). Dieser vereinfachte, schematische Ablauf ist für niedrige Konzentrationen von X zu erwarten. Bei

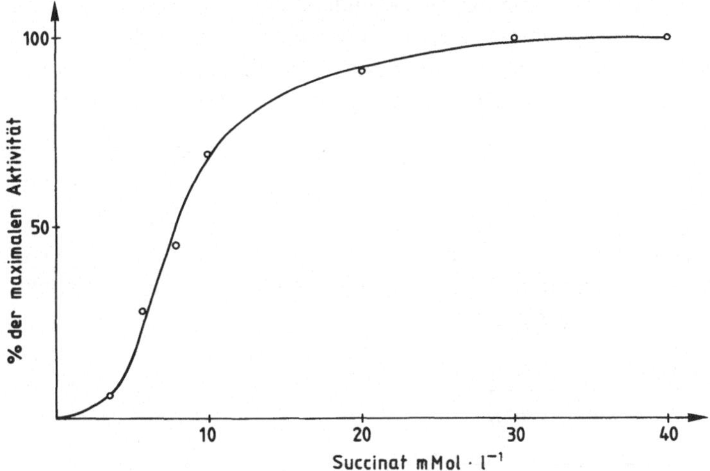

Bild 33 Aktivierung der Glutamatdehydrogenase von Neurospora durch Succinat. Der sigmoide Verlauf der succinatabhängigen Aktivierung ist das Ergebnis langsamer struktureller Veränderungen des Enzyms.

hohen Konzentrationen von X wird E_2 sofort wieder „abgefangen" und erneut E_2X gebildet (k_3). Während bei niedrigen X-Konzentrationen also die gesamte obere Sequenz ablaufen wird, erfolgt im zweiten Fall nach der Komplexbildung sofort wieder die Katalyse. Beim Übergang von niedrigen zu hohen X-Konzentrationen wird die Katalyse immer schneller, da dann der langsame Strukturübergang (k_2) wegfällt. De facto verhält sich das System so, als sei bei niedrigen Konzentrationen von X eine große Menge inaktiven oder wenig aktiven Enzyms neben einer geringen Menge hochaktiven Enzyms vorhanden. Bei hohen Konzentrationen von X kehrt sich das Verhältnis um.

Wie sich der Strukturübergang auf die enzymatische Aktivität auswirkt, läßt sich an der V_{max} verdeutlichen. Sie wird für hohe und niedere X-Konzentrationen durch folgende Ausdrücke wiedergegeben (Whitehead 1970):

$$V_{max}^{hoch} = k_3' \cdot [E]_t. \tag{7-20}$$

Diese V_{max} entspricht der bereits früher gegebenen Definition.

$$V_{max}^{niedrig} = \frac{k_3' \cdot k_{+2} \cdot k_{-4} \cdot [E]_t}{(k_{-3} + k_3')(k_{+2} + k_{-4}) + k_2 \cdot k_{-4}}.$$

Dieser Betrag von V_{max} ist so komplex, daß er ohne weiterführende Untersuchung nicht interpretierbar ist.

Die Kooperativität, die durch Hysterese hervorgerufen wird, hat andere mechanistische Ursachen als die im vorausgegangenen Abschnitt beschriebenen Interaktionen. Der sigmoide Charakter solcher Kinetiken beruht auf langsamen Strukturübergängen. Ein Analytiker muß also zunächst immer entscheiden, welches Reaktionsmodell einer Kinetik zugrunde liegt und welche Zeitgesetze demzufolge eingesetzt und für die Auswertung angewandt werden müssen.

Wie hysteretische Enzymsysteme grundsätzlich zu behandeln sind, haben Ainslie et al. (1972) für ein monomeres Enzym mit einem einzelnen aktiven Zentrum beschrieben, das durch die Substratbindung isomerisiert wird. Nur um einen Eindruck von dem komplexen Charakter solcher Kinetiken zu vermitteln, seien das Zeitgesetz und seine reziproke Form genannt:

$$v = \frac{d\,[S]^2 + e\,[S]}{a\,[S]^2 + b\,[S] + c} \, . \qquad\qquad (7\text{-}21)$$

S ist die Substratkonzentration, die Koeffizienten a, b, c und d sind Kombinationen von insgesamt 16 Geschwindigkeitskonstanten. Die reziproke Form dieses für ein extrem einfaches Reaktionsschema angenommene Zeitgesetz lautet:

$$\frac{1}{v} = \frac{c}{e}\,(1/S) + \frac{be - cd}{e^2} + \frac{ae^2 - bed + cd^2}{e^2\,(d + e\,(1/S))} \, . \qquad\qquad (7\text{-}22)$$

Hieraus sollte ersichtlich sein, daß bei der Auftragung von $1/v \rightarrow 1/S$ die Achsenschnittpunkte nicht als $1/V_{max}$ oder $1/K_M$ interpretierbar sind, selbst dann nicht, wenn Bereiche der Meßdaten sich auf eine Gerade zwängen lassen. Eine ausgezeichnete Analyse einer solchen Kinetik ist am Beispiel der Phenylalaninammonium Lyase durchgeführt worden, bei der langsame, substratinduzierte Strukturübergänge der Untereinheiten erfolgen. Die kinetische Analyse erfaßt weniger die Enzymparameter K_M und V_{max} als die Interaktionseigenschaften der Untereinheiten (Nari et al. 1974).

Für die praktische Arbeit ergeben sich folgende Hinweise:

Wenn bei Aktivitätsmessungen über die Zeit erhebliche Abweichungen von einer Geraden erfolgen, die Aktivität zunächst sehr schnell anläuft, um dann langsamer zu werden („burstphase") oder erst langsam anläuft und dann immer schneller wird („lag phase"), ist das Auftreten von Hysteresephänomenen sehr wahrscheinlich. Die schematische Auswertung der Daten nach den üblichen Analyseverfahren kann zu erheblichen Fehlinterpretationen führen. Man stelle sich vor, was für eine „K_M" man erhält, wenn ein reziprokes Zeitgesetz gültig ist, wie es in Gl. (7-22) dargestellt wurde. Bei dem Auftreten solcher Kinetiken ist es ratsam, sich an Experten zu wenden. Es erschien mir aber wichtig, im Rahmen dieser Abhandlung auf das Phänomen der Hysterese hinzuweisen, da langsame Strukturübergänge bei Enzymen ein weit verbreitetes Phänomen zu sein scheinen (Citri 1973, Kurganov et al. 1976), und daher auch in der Praxis mit diesen Systemen zu rechnen ist [21]).

Welche physiologische Funktion haben „hysteretische" Enzyme? Erfolgt in einer Zelle eine plötzliche Milieuveränderung (z.B. pH-Sprung), wird ein zu Strukturübergängen befähigtes Enzym auch in dem neuen Milieu zunächst seine „alte" katalytische Funktion behalten, es „erinnert" sich an die Ausgangssituation. Erst im Laufe der Zeit wird es sich auf die veränderten Milieubedingungen einstellen. Auf diese Weise kann sichergestellt werden, daß der Stoffwechsel keine abrupten Sprünge vollführt, sondern sich allmählich den veränderten Reaktionsbedingungen anpaßt. Zu Hysterese befähigte Enzyme erfüllen eine „Pufferfunktion" im Stoffwechsel. Allosterische Enzyme dagegen ermöglichen die Feinabstimmung von Reaktionsraten.

---

[21]) Die langsame Ausbildung von Enzym-Inhibitorkomplexen kann Effekte verursachen, die „Hystereseübergänge" vortäuschen – „kinetische Hysterese" (Morris 1982). Daher sollte immer versucht werden, den Verdacht auf hysteretische Übergänge („strukturelle Hysterese") durch direkte Struk-

8 Die charakteristischen Eigenschaften von Stoffwechselsequenzen

8.1 Thermodynamische Struktur und dynamisches Verhalten von Stoffwechselsequenzen

In dem einleitenden Kapitel „Zellstoffwechsel und Fließsysteme" ist ein Katalog von mehreren Punkten aufgeführt, in dem nach den Triebkräften und Regelprinzipien einer Reaktionssequenz im Fließgleichgewicht gefragt wurde. Die einzelnen Mosaiksteine für die Beantwortung der dort aufgeworfenen Fragen sind in den vorangegangenen Kapiteln bereitgestellt worden, so daß es jetzt möglich ist, auf dieser Grundlage prinzipielle Aussagen über die Struktur und Dynamik einer Stoffwechselsequenz zu machen.
Stoffwechselsequenzen sind zu definieren als Folgen von Reaktionsabläufen, die mit einer geschwindigkeitsbestimmenden Reaktion (s. unten) beginnen und mit einem Produkt enden. Produkte sind in diesem Kontext Metaboliten, die ihrerseits Ausgangspunkte weiterer Sequenzen sind oder in Reservoire (sink) abtransportiert werden (nach Newsholm und Crabtree 1979). Die soeben getroffene Definition wird anhand der folgenden Sequenz von Reaktionsschritten verdeutlicht:

$$[X] \rightarrow [A] \rightleftharpoons [B] \rightleftharpoons [C] \rightleftharpoons [D] \rightarrow. \tag{8-1}$$

Nach einer Reaktion nullter Ordnung wird ein Metabolit A aus einem Reservoir oder einer zuliefernden Reaktion bereitgestellt. Die Bereitstellung von A ist der geschwindigkeitsbestimmende Schritt der Sequenz. Die Metabolisierung von A geschieht in drei Reaktionsschritten und ist mit der Synthese des Produktes D beendet. D wird z.B. in ein Reservoir geleitet. In unserem Beispiel wird angenommen, daß sich die Sequenz im Fließgleichgewicht befindet. Ein konstanter Fluß von Materie bewegt sich unter dieser Voraussetzung von A in Richtung D. Die Konzentrationsverhältnisse der Metaboliten zueinander sind über die Zeit konstant.
Eine Reaktionssequenz, die sich so verhält, hat auch eine stabile thermodynamische Struktur (Newsholm 1980), die durch das Energieprofil darstellbar ist. Ein konkretes Beispiel für ein derartiges Energieprofil und seine Erstellung ist in Bild 11 bereits vorgestellt worden. Für den vorliegenden Fall ist ein hypothetisches Energieprofil angenommen (Schema 8). Dieses Schema zeigt, daß ein Energiegefälle von X nach D herrscht. Mit dem Energiegefälle ist auch die Ursache für den Materiefluß von A nach D aufgedeckt. Das Profil zeigt aber auch, daß trotz des Energiegefälles über die Gesamtreaktion eine Untergliederung insofern auftritt, als sogenannte Gleichgewichts- neben Ungleichgewichtsreaktionen vorliegen. A → B → C wären nach diesem Energieprofil Gleichgewichtsreaktionen, X → A und C → D dagegen sind Ungleichgewichtsreaktionen. Die thermodynamische Struktur einer Reaktionssequenz beschreibt also die Energiesprünge oder Energiestufen der einzelnen Reaktionen der Sequenz. Die Energiestufen der Einzelreaktionen

Schema 8

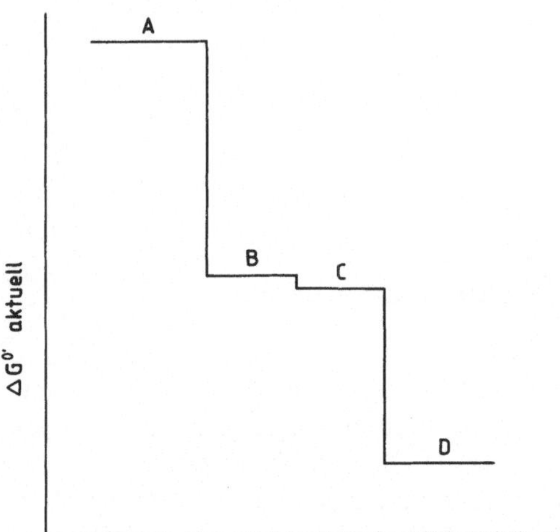

hängen ab von den jeweils vorherrschenden Konzentrationen der Metaboliten und werden über die aktuellen freien Energien $\Delta G_{aktuell}$ erfaßt. Wird ein steady-state-Gefüge wie das der beschriebenen Sequenzen gestört, verändert sich auch das Energieprofil.

Das Energieprofil allein ist eine unvollständige Beschreibung einer Reaktionssequenz. Es muß noch durch die „kinetische Struktur" ergänzt werden, die das dynamische Verhalten der Reaktionsfolge zutage fördert. Thermodynamische Voraussetzungen und kinetische Struktur sind aber nicht als voneinander unabhängige Parameter anzusehen. Die enge Verknüpfung dieser beiden Charakteristika soll durch die folgende Betrachtung aufgedeckt werden (s. hierzu auch Rolleston 1972).

Wie bereits früher erörtert (Gl. (6-14)) ergibt sich der Netto-Fluß einer Reaktion (oder Reaktionssequenz) aus der Größe der beiden Komponenten v_{vor} und $v_{rück}$. Da eine reversible enzymkatalysierte Reaktion aber durch die Alberty-Gleichung (6-13) beschrieben wird, ist eine quantitative Festlegung der Beträge der Vor- und Rückreaktion möglich. Es gilt nämlich:

$$v_{vor} = \frac{\dfrac{V_{max}^{S} \cdot [S]}{K_{M}^{S}}}{Z} \qquad (8\text{-}2)$$

und

$$v_{rück} = \frac{\dfrac{V_{max}^{P} \cdot [P]}{K_{M}^{P}}}{Z} \cdot \qquad (8\text{-}3)$$

Z ist der Zählerausdruck der Alberty-Gleichung. Mit diesen beiden Gleichungen kann das Verhältnis $v_{rück}/v_{vor}$ für einen enzymkatalysierten Vorgang benannt werden.

$$\frac{v_{rück}}{v_{vor}} = \underbrace{\frac{V_{max}^P \cdot K_M^S}{K_M^P \cdot V_{max}^S}}_{a} \cdot \underbrace{\frac{[P]}{[S]}}_{b} \cdot \qquad (8\text{-}4)$$

Das Glied a des Produktes auf der rechten Seite der Gleichung ist aber der reziproke Wert der Haldane-Beziehung (6-8) und somit identisch dem Wert $1/K_{eq}$. Der Multiplikator b dagegen ist der Massenwirkungsquotient Γ (s. Gl. (4-13)). Mit diesen beiden Konstanten berechnet sich das Verhältnis der Rück- zur Vorreaktion:

$$\frac{v_{rück}}{v_{vor}} = \frac{1}{K_{eq}} \cdot \Gamma. \qquad (8\text{-}5)$$

Die Gl. (8-5) macht deutlich, wie das Verhältnis der Reaktionsgeschwindigkeiten der Vor- zur Rückreaktion von der aktuellen freien Energie $\Delta G_{aktuell}$ abhängt ($\Delta G_{aktuell} = RT \ln \Gamma/K_{eq}$). Die Gl. (8-4) dagegen weist aus, daß dieses Verhältnis auf das engste mit den Enzymparametern des jeweiligen Katalysators verknüpft ist.

Das Energieprofil einer Reaktion gibt also bereits erste Hinweise darüber, in welchem Verhältnis die Reaktionsgeschwindigkeiten der Vor- und Rückreaktion des jeweiligen Reaktionsschrittes zueinander stehen. Energiesprünge, die ja auf Reaktionen im Ungleichgewicht hinweisen, besagen gleichzeitig, daß nur eine Reaktionsrichtung bevorzugt abläuft. $\Delta G_{aktuell}$-Werte nahe Null, also Gleichgewichtsreaktionen, weisen aus, daß Vor- und Rückreaktion sich in etwa die Waage halten.

8.2 Reaktionen in der Nähe des Gleichgewichtes: „Gleichgewichtsreaktionen"

Wie kann man die aufgezeigten Zusammenhänge dafür heranziehen, um die Funktionen und Besonderheiten von Gleichgewichtsreaktionen einer Sequenz zu verdeutlichen?

Zunächst ist die generelle Aussage gerechtfertigt, daß Gleichgewichtsreaktionen von Enzymen mit hoher Aktivität katalysiert werden. Die hohe katalytische Aktivität garantiert einen hohen Produktanteil, der das Verhältnis Γ/K_{eq} in die Nähe von 1 rückt, also Vor- und Rückfluß in etwa gleich groß macht (s. hierzu Bilder 18 und 19 und die dazugehörige Diskussion). An einem Beispiel sei diese Feststellung verdeutlicht. Angenommen, der Stofffluß durch die Gesamtsequenz betrage 100 Einheiten/Zeit. Dann muß auch für jede einzelne Reaktion der Sequenz gelten, daß $v_{vor} - v_{rück} = 100$ ist. Anderenfalls wäre ein konstanter Fluß von 100 Einheiten/Zeit nicht gewährleistet. Für eine Gleichgewichtsreaktion muß aber zusätzlich noch die Bedingung erfüllt sein, daß $v_{vor}/v_{rück} \cong 1$ ist Gl. (8-5).

Kombiniert man beide Gleichungen, erhält man:

$$\frac{v_{rück}}{100 + v_{rück}} = 1. \qquad (8\text{-}6)$$

Mit diesem Ausdruck kann man abschätzen, wie hoch die Enzymaktivität der Rückreaktion sein muß, um möglichst gut die Bedingungen des Fließgleichgewichts zu erfüllen und gleichzeitig eine Gleichgewichtsreaktion hervorzubringen. In Tabelle 6 ist dargestellt, wie sich eine sukzessive Erhöhung der Geschwindigkeit der Rückreaktion auf die Ausbildung einer Gleichgewichtsreaktion im steady-state auswirkt. v_{vor} wurde berechnet nach der Beziehung: $v_{vor} = 100 + v_{rück}$.

Tabelle 6 Der Einfluß steigender Umsatzraten der Vor- und Rückreaktion auf die Ausbildung einer Gleichgewichtsreaktion im steady-state (v_{vor} und $v_{rück}$ sind in willkürlichen Einheiten angenommen). $V_{steady\text{-}state} = 100$ Einheiten/Zeit

$v_{rück}$	$\dfrac{v_{rück}}{100 + v_{rück}}$	v_{vor}
50	0,33	150
100	0,5	200
1 000	0,91	1 100
10 000	0,99	10 100

Die Zahlen zeigen, daß sich bei kleinen Rekationsraten der Vor- und Rückreaktion im Vergleich zum steady-state-Fluß eine Gleichgewichtssituation im Sinne der Formulierung Gl. (8-6) nicht ausbilden kann. Je höher jedoch die Reaktionsraten werden, desto besser gelingt die Annäherung an eine Gleichgewichtsreaktion. Bei einer Rate der Rückreaktion, die z.B. 100 mal größer ist als die des steady-state-Flusses, sind die Bedingungen der Gl. (8-6) praktisch erfüllt, der Quotient wird 1. Das Beispiel verdeutlicht, daß die enzymatischen Aktivitäten von Gleichgewichtsreaktionen sehr viel größer sein müssen als der steady-state-Fluß des Gesamtsystems. Je mehr sie dessen Betrag übersteigen, desto besser ist die Annäherung an das in Formulierung Gl. (8-6) getroffene Postulat gegeben.

Das Beispiel zeigt aber auch, daß eine in-vivo gemessene Aktivitätserhöhung eines Enzyms nicht notwendigerweise auch bedeutet, daß eine Sequenz veränderte Durchsatzraten aufweist. Um diese Frage zu diskutieren, sind Erkenntnisse darüber erforderlich, ob der fragliche Reaktionsschritt eine Gleichgewichts- oder Ungleichgewichtsreaktion ist. Denn nach der Rechnung in unserem Beispiel bleibt selbst eine Aktivitätserhöhung um den Faktor 200 bei einer Gleichgewichtsreaktion ohne Einfluß auf die Flußrate der Sequenz. Die Aktivitätserhöhung besagt lediglich, daß die besprochene Reaktion sich mehr und mehr einer Gleichgewichtssituation annähert.

In Fortführung des Gedankenganges läßt sich eine Formulierung ableiten, mit deren Hilfe es möglich ist, aus dem Massenwirkungsquotienten und der jeweils zugehörigen Gleichgewichtskonstanten abzuschätzen, ob unter in-vivo-Bedingungen eine Gleichgewichts- oder Ungleichgewichtsreaktion vorliegt (Hess und Brand 1965, Rolleston 1972). Ausgehend von Gl. (8-5) kann man schreiben:

$$v_{vor} = \frac{K_{eq}}{\Gamma} \cdot v_{rück}.$$

Da $v_{netto} = v_{vor} - v_{rück}$ ist, ergibt sich durch Einsetzen

$$v_{netto} = \frac{K_{eq}}{\Gamma} \cdot v_{rück} - v_{rück} = v_{rück}\left(\frac{K_{eq}}{\Gamma} - 1\right)$$

(8-7)

$$\frac{v_{vor}}{v_{netto}} = \frac{1}{1 - \dfrac{\Gamma}{K_{eq}}} = \frac{K_{eq}}{K_{eq} - \Gamma}\,.$$

Nach demselben Rechenschema erhält man eine Beziehung, die das Verhältnis $v_{rück}/v_{netto}$ beschreibt. Sie lautet:

$$\frac{v_{rück}}{v_{netto}} = \frac{1}{\dfrac{K_{eq}}{\Gamma} - 1} = \frac{\Gamma}{K_{eq} - \Gamma}\,.$$

(8-8)

Die beiden Gleichungen besagen: Je mehr sich Massenwirkungsquotient und Gleichgewichtskonstante annähern, je mehr die Reaktion also im Sinne einer Gleichgewichtsreaktion wirkt, desto größer wird der Quotient $v_{rück}/v_{netto}$. Für $\Delta G_{aktuell} = 0$, entsprechend $\Gamma/K_{eq} = 1$, strebt $v_{rück}/v_{netto} \to \infty$. Nimmt der Quotient dagegen sehr kleine Werte an, bedeutet das, daß eine Ungleichgewichtsreaktion vorliegt. Rolleston (1972) benutzt diese Abhängigkeiten, um Gleichgewichts- von Ungleichgewichtsreaktionen abzutrennen. Reaktionen, bei denen $v_{rück}/v_{netto} \geqslant 1$ ist (dann ist $\Gamma/K_{eq} \approx 0{,}5$ und $\Delta G_{aktuell} = -0{,}4$) zählt er zu den Gleichgewichtsreaktionen. Nimmt der Quotient dagegen einen Betrag von $v_{rück}/v_{netto} \geqslant 0{,}01$ an ($\Gamma/K_{eq} = 0{,}01$; $\Delta G_{aktuell} = -2{,}8$), liegt eine Ungleichgewichtsreaktion vor. Andere Autoren legen die Grenzen durchaus anders fest (z.B. Newsholm und Crabtree 1976).

Schließlich sei in diesem Zusammenhang nochmals auf die Auswirkung einer negativen Rückkopplung auf die Struktur der Sequenzen hingewiesen. Wird z.B. durch externe Manipulation an einem physiologischen System die Konzentration von C, dem Produkt der Gleichgewichtsreaktion, drastisch erhöht, kann der Fluß der Sequenz an diesem Schritt umgekehrt werden, also zur Bildung von B führen. Ein Konzentrationsanstieg von B ist u.U. aber geeignet, um auf dem Wege einer negativen Rückkopplung den Zufluß zur Sequenz zu verändern. Dies sei an dem folgenden Schema verdeutlicht.

Ausgangssituation:

$$\to [A] \rightleftharpoons [B] \rightleftharpoons [C] \rightleftharpoons.$$

Durch externe Aplikation wird die Konzentration von C drastisch erhöht, wodurch die Konzentration von B ansteigt.

$$\to [A] \rightleftharpoons [B] \rightleftharpoons [C] \rightleftharpoons.$$

B wirkt bei höheren Konzentrationen aber als negativer Rückkoppler auf die Reaktion $A \rightleftharpoons B$

$$\to [A] \rightleftharpoons [B] \rightleftharpoons [C] \rightleftharpoons.$$

Damit wird die Bildung von B aus A gehemmt, das System baut die nicht vorgesehene Erhöhung von C mit der Zeit ab. Mit diesem Beispiel wird auch demonstriert, daß veränderte Poolgrößen nicht unbedingt ein Indiz für eine Systemveränderung sind. In unserem Beispiel wäre das System zwar temporär gestört, würde mit der Zeit aber den Ausgangszustand wieder herstellen (Äquifinalität).

Zum Schluß sei noch besonders darauf hingewiesen, daß eine Gleichgewichtsreaktion nicht ein für alle mal festgelegt, sondern bei veränderten Bedingungen durchaus auch zu einer Ungleichgewichtsreaktion werden kann und umgekehrt. Gleichgewichtsreaktionen sind in der Regel durch allosterische Effektoren nicht regulierbar; sie sind in diesem Sinne also keine Kontrollpunkte von Stoffwechselsequenzen.

8.3 Reaktionen entfernt vom Gleichgewicht: „Ungleichgewichtsreaktionen"

Neben den Gleichgewichtsreaktionen sind es die Ungleichgewichtsreaktionen, die die Struktur einer Sequenz bestimmen. Es sind die Reaktionen, bei denen $\Delta G_{aktuell}$ einen großen negativen Betrag aufweist. Diese Kategorie von Reaktionen läßt sich in zwei Gruppierungen untergliedern (Newsholm 1980), nämlich die Ungleichgewichtsreakionen bei Substratsättigung (katalysieren Reaktionen nullter Ordnung) und solche, die nicht mit Substrat gesättigt sind. Letztere sind oft am Ende von Sequenzen zu finden und verhindern das „Leerlaufen" der Sequenz. Beiden Gruppierungen ist gemeinsam, daß die Rückflußkomponente $v_{rück}$ praktisch nicht existiert. Die Ursache für ein solches Reaktionsverhalten ist darin zu suchen, daß das Produkt der Reaktion sehr schnell durch eine Folgereaktion entfernt wird. Gleichzeitig ist u.U. die Effizienz der Rückreaktion sehr gering (unidirektionelle Katalyse), was aber nicht notwendiger Weise für die Ausbildung einer Ungleichgewichtssituation ausschlaggebend ist. Schließlich sind geringe Enzymaktivitäten oft die Ursache dafür, daß Ungleichgewichte auftreten.

Unabhängig von der Ursache, von der die Ausbildung einer Ungleichgewichtsreaktion abhängt, sind deren Folgen für die Durchsatzraten einer Sequenz klar zu erkennen. Ungleichgewichtsreaktionen verleihen dem Stofffluß eine Richtung, sie geben der Stoffwechselsequenz ein vektorielles Gepräge. Zudem kann die Durchflußgeschwindigkeit an solchen Reaktionsstellen durch Veränderung der Enzymkonzentration oder durch allosterische Modulation drastisch verändert werden, wodurch solche Enzyme zu Kontroll- und Regelstellen von Sequenzen werden. Für die Analyse der Enzyme solcher Reaktionen bedeutet dies außerdem, daß die enzymatischen Charakteristika nur für eine Reaktionsrichtung ermittelt werden müssen.

Mit den bisher genannten Besonderheiten von Ungleichgewichtsreaktionen lassen sich auch die sogenannten „Schrittmacher-Enzyme" charakterisieren. Schrittmacher-Enzyme müssen zunächst in niedrigen Konzentrationen vorliegen und sind daher auch wenig aktiv. Die niedrige Enzymaktivität ist die Ursache dafür, daß das Produkt nicht angereichert werden kann (die folgende Reaktion verbraucht es sofort) und daher auch die Rückreaktion nicht möglich ist. Schrittmacher-Enzyme arbeiten außerdem bei Substratsättigung (die aktuelle Substratkonzentration überschreitet deutlich den K_M-Wert des Enzyms). Auf diese Weise wird erreicht, daß sich Substratschwankungen nicht auf die Flußrate der Sequenz auswirken (trotz Substratschwankungen bleibt das Enzym gesättigt). Die

Sequenz funktioniert also gleichbleibend. Schließlich sind Schrittmacher-Enzyme regulierbar, und zwar über die Proteinkonzentration, eventuell auch durch Modulationen. Schrittmacher-Enzyme markieren Reaktionen, die als „Flaschenhälse" einer Reaktionssequenz anzusehen sind. Sie limitieren den Materiefluß durch die Sequenz. Bei der Untersuchung von Störungen physiologischer Systeme sollte den Schrittmacher-Enzymen besondere Aufmerksamkeit gewidmet werden.

8.4 Die Schrittmacherreaktionen einer Sequenz und ihre experimentelle Ermittlung

Wie bereits angedeutet, sind Gleichgewichts- und Ungleichgewichtsreaktionen einer Sequenz nicht a priori festgelegt, sondern können sich – je nach Stoffwechsellage – ausbilden oder unterdrückt werden. Daraus erwächst für den Analytiker die Notwendigkeit, immer wieder neu zu überprüfen, welchem Typ eine zu analysierende Reaktion jeweils angehört. Oft ist es jedoch schwierig oder gar unmöglich, exakte Angaben über die Art der Reaktion mittels Massenwirkungsquotienten und Gleichgewichtskonstanten zu machen. Die Erstellung von Energieprofilen ist in solchen Fällen ein problematisches Unterfangen, und die soeben besprochenen Methoden der Einordnung von Reaktionen sind nicht anwendbar. Deshalb sollen zum Abschluß noch zwei Möglichkeiten aufgezeigt werden, wie auf der Grundlage von Aktivitätsmessungen die „Flaschenhälse" einer Sequenz aufgefunden werden können und wie darüberhinaus auch Aussagen über die Flußrate der Sequenz möglich werden.

Eine Methode stammt von Chance (1961) und soll an einem hypothetischen Beispiel erläutert werden. Angenommen, der steady-state-Durchsatz einer Sequenz mit vier Reaktionsschritten soll vor und nach einer externen Behandlung des Versuchsmaterials untersucht werden. Um dies zu tun, ist es zunächst erforderlich, Enzymextrakte herzustellen und die Messung so einzurichten, daß die Enzyme der einzelnen Reaktionsschritte in den gleichen Proportionen verwandt werden, wie sie im in-vivo-System vorliegen. Jetzt werden v/S-Profile der einzelnen Enzyme aufgenommen, wobei darauf zu achten ist, daß die Dimension der Y-Achse (v-Achse) für alle untersuchten Enzyme gleich sein muß. Die v/S-Profile einer Sequenz mit 5 Enzymen

$$S_0 \xrightarrow{E_0} S_1 \xrightarrow{E_1} S_2 \xrightarrow{E_2} S_3 \xrightarrow{E_3} S_4 \xrightarrow{E_4} P$$

möge das in Bild 34 dargestellte Schaubild ergeben. In dem Bild ist die Abhängigkeit der Reaktionsgeschwindigkeit der einzelnen Enzyme von ihren Substraten dargestellt und zeigt folgendes. Die V_{max}-Werte der einzelnen Enzyme sind deutlich voneinander abweichend. Auffallend ist, daß das Enzym E_2 im Vergleich zu den anderen einen kleinen V_{max}-Wert hat. Ein steady-state-Fluß durch die Sequenz kann daher unter keinen Umständen schneller verlaufen als es die V_{max} dieser Reaktion zuläßt. Mit dieser Beobachtung ist aber bereits die langsamste Reaktion der Sequenz dingfest gemacht und gleichzeitig der „Flaschenhals" der Sequenz festgelegt. Für den Fall, daß S_0 in-vivo den Betrag von S_0^1 annimmt, bedeutet das folgendes. Wegen der hohen Aktivität v_0 und v_1 der Enzyme E_0 und E_1 kann Substrat S_2 akkumuliert werden, da E_2, trotz Sättigung, nicht genügend Umsatz erzielt. Das Produkt der Reaktion, S_3, wird von dem aktiven Enzym E_3 schnell verbraucht. Damit markiert E_2 eine Ungleichgewichtsreaktion und ist

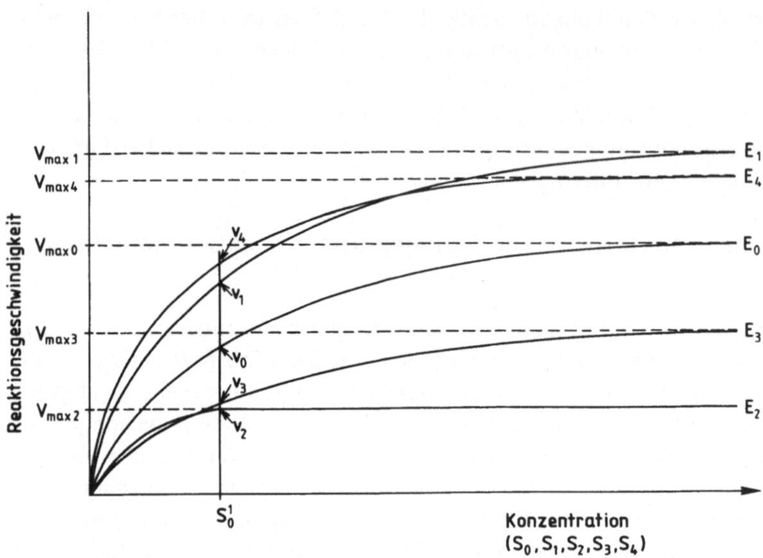

Bild 34 Substratsättigungskurven von Enzymen einer hypothetischen Reaktionssequenz.

S_0 bis S_4 sind die Substrate der Enzyme E_0 bis E_4. Bei einer vorgegebenen Konzentration des Substrates (S_0^1) erweist sich der von dem Enzym E_2 katalysierte Schritt als geschwindigkeitsbestimmend. Alle anderen Enzyme könnten bei dieser Substratkonzentration höhere Umsatzraten erzielen. Das Enzym E_2 markiert somit den „Flaschenhals" der Reaktion.

gleichzeitig Schrittmacherenzym für den Rest der Sequenz. Nach der oben gegebenen Definition beginnt die Sequenz in unserem Beispiel sogar erst bei Schritt E_2.

Selbstverständlich kann eine solche Analyse nur einen ersten Einblick in die Zusammenhänge bringen, da für diese prinzipielle Betrachtungsweise feedback-Wirkungen und allosterische Modifikationen nicht beachtet wurden. Dazu müssen die Reaktionen in einem zweiten Schritt im Detail analysiert und nach thermodynamischen und kinetischen Prinzipien untersucht werden. Die Methode ist aber durchaus geeignet, um zu überprüfen, ob nach externer Applikation von Belastungen oder Reizen (Schwermetalle, Wasserstreß, Wuchsstoffe, Chemikalien usw.) das dynamische Gefüge eines Systems erhalten geblieben oder grundsätzlich verändert worden ist. Auf diese Weise bekommen durchzuführende Untersuchungen insofern eine günstige Festlegung von Schwerpunkten, als eben nicht wie selbstverständlich die in Lehrbüchern festgelegten „wichtigen" Enzyme Zielpunkt von Analysen sind, sondern die experimentell ermittelten veränderten Schritte einer Sequenz Zielpunkt der Untersuchung werden.

Die zweite Methode, die kurz erwähnt werden soll, ist von Heinrich und Rapoport (1977) kürzlich hervorgehoben worden und macht sich die Zeithierarchie von Stoffwechselreaktionen zunutze. Wie in Kapitel 6 bereits ausgeführt, ist die Relaxationszeit τ_{ss} ein Maß für die Effizienz einer Reaktion. Wenn mit den Enzymen einer Sequenz also Relaxationsmessungen durchgeführt worden sind, wird das Enzym mit der größten Relaxationszeit am ehesten den Flaschenhals der Reaktion markieren. Selbstverständlich muß bei diesem

Vorgehen ebenfalls darauf geachtet werden, daß die Enzyme in denselben Konzentrationsproportionen wie in dem in-vivo-System verwandt werden, denn τ_{ss} ist ja eine Funktion der Enzymkonzentration (Abschnitt 6.4). Auch dieses Vorgehen ist nur ein erster Ansatz zur Charakterisierung einer Stoffwechselsituation, ist aber hilfreich, Schwerpunkte für weitere Forschungen festzulegen.

Die Literatur zum Kapitel Stoffwechselsequenzen und deren Regulation ist schier unübersehbar. Auch die Anzahl von Arbeiten, in denen grundlegende Prinzipien der Regulation von Stoffwechselsequenzen herausgearbeitet wurden, sind von so großer Zahl, daß auf Einzelzitate hier verzichtet werden mußte. Die bereits erwähnte Arbeit von Bücher und Rüssmann (1963) soll aber nochmals erwähnt werden, da sie zusammenfassend und übersichtlich am Beispiel der Glykolyse vorführt, wie die Charakterisierung von Enzymen, die Ermittlung von Zeithierarchien und thermodynamische Aspekte gleichzeitig bedacht werden müssen, um die Charakterisierung einer Stoffwechselsequenz vorzunehmen. Erst ganz am Ende solcher Bemühungen entsteht ein Bild von der Funktion eines derart komplexen Vorganges, wie es der Stoffwechsel ist. Die Arbeit belegt besonders anschaulich, wie mühsam und aufwendig die Erforschung von Zusammenhängen im Stoffwechselgeschehen ist und wie weit der durch Lehrbücher oft vermittelte Eindruck der Einfachheit des Stoffwechsels von der experimentellen Wirklichkeit entfernt ist.

Literatur

Alberty, R. A., V. Massey, C. Frieden, A. R. Fuhlbrigge (1954): Studies of the enzyme fumarase. III The dependence of the kinetic constants at 25° upon the concentration and pH of phosphate buffers. J. Amer. Chem. Soc. 76, 2485–2493.

Alberty, R. A. (1956): Enzyme Kinetics. Adv. Enzymol. 17, 1–60.

Alberty, R. A., W. H. Peirce (1957): Studies of the enzyme fumarase. V Calculation of minimum and maximum values of constants for the general fumarase mechanism. J. Amer. Chem. Soc. 79, 1526–1530.

Ainslie, G. R. Jr., I. P. Shill, K. E. Neet (1972): Transients and cooperativity. A slow transition model for relating transients and cooperative kinetics of enzymes. J. Biol. Chem. 247, 7088–7096.

Ashby, B., J. C. Wootton, J. R. S. Fincham (1974): Slow conformational changes of a Neurospora glutamate dehydrogenase studied by protein fluorescence. Biochem. J. 143, 317–329.

Atkinson, D. E., J. A. Hathaway, E. C. Smith (1965): Kinetics of regulatory enzymes. Kinetic order of the yeast diphosphopyridine nucleotide isocitrate dehydrogenase reaction and a model for the reaction. J. Biol. Chem. 240, 2682–2690.

Atkinson, D. E. (1966): Regulation of enzyme activity. Ann. Rev. Biochem. 35, 85–124.

Banks, E. C. (1961): Oxalacetic acid. Part I. The Nature of oxalacetic acid in the solid state and in neutral, aqueous solution. J. Chem. Soc. Part IV, London, 5043–5046.

Barman, Th. G. (1969): Enzyme Handbook. Springer Verlag, Berlin, Heidelberg, New York.

Benson, S. W. (1968): Thermochemical kinetics. Methods for the estimation of thermochemical data and rate parameters. John Wiley and Sons, New York, London, Sydney.

Bernasconi, C. F. (1976): Relaxation kinetics. Acad. Press, New York, San Francisco, London.

Bertalanffy, L. von, W. Beier, R. Laue (1977): Biophysik des Fließgleichgewichts. Vieweg, Braunschweig.

Bisswanger, H. (1979): Theorie und Methoden der Enzymkinetik. Verlag Chemie, Weinheim.

Bizzozero, S. A., W. K. Baumann, H. Dutler (1975): Kinetic investigation of the α-chymotrypsin catalyzed hydrolysis of peptide-ester substrates. Eur. J. Biochem. 58, 167–176.

Bock, R. M., R. A. Alberty (1953): Studies of the enzyme fumarase I. Kinetics and equilibrium. J. Amer. Chem. Soc. 75, 1921–1925.

Bosshard, H. R. (1976): Theories of enzyme specificity and their application to proteases and aminoacyl-transfer RNA synthetases. Experientia 32/8, 949–1090.

Bronstein, I., K. Semendjajew (1979): Taschenbuch der Mathematik. Verlag Harri Deutsch, Thun, Frankfurt/Main.

Boyer, P. D. (ed.) (1970): The enzymes. Third edition. Acad. Press, New York, London.

Briggs, G. E., J. B. S. Haldane (1925): A note on the kinetics of enzyme action. Biochem. J. 19, 338–339.

Brown, A. J. (1902): Enzyme action. J. Chem. Soc. 81, 373–388.

Bücher, Th., W. Rüssmann (1963): Gleichgewicht und Ungleichgewicht im System der Glykolyse. Angewandte Chemie 75/19, 881–948.

Capellos, Chr., B. H. Bielski (1972): Kinetic systems. Wiley Interscience, New York, London, Sydney, Toronto.

Chance, B. (1961): Control characteristics of enzyme systems. Cold Spring Harbor Symp. Quant. Biol. XXVI, 289–299.

Christensen, H. N., G. A. Palmer (1974): Lehrprogramm Enzymkinetik, Taschentext 23. Verlag Chemie GmbH, Weinheim.

Citri, N. (1973): Conformational adaptibility in enzymes, in A. Meister (ed.) Advances in Enzymology 37, 397–649. John Wiley and Sons, New York, London, Sydney, Toronto.

Cleland, W. W. (1963): The kinetics of enzyme catalyzed reactions with two or more substrates or products. I. Nomenclature and rate equations. II. Inhibition: nomenclature and theory. III. Prediction of initial velocity and inhibition patterns by inspection. Biochem. Biophys. Acta 67, 104–137; 173–187; 188–196.

Cold Spring Harbor Symposium on Quantitative Biology (1972): Vol. XXXVI, Structure and function of proteins at the three-dimensional level.

Conway, A., D. E. Koshland, Jr. (1968): Negative cooperativity in enzyme action. The binding of diphosphopyridine nucleotide to glyceraldehyde 3-phosphate dehydrogenase. Biochem. 7, 4011–4023.

Cornish-Bowden, A. (1976): Estimation of the dissociation constants of enzyme-substrate complexes from steady-state measurements. Biochem. J. 153, 455–461.

Czerlinski, G. H. (1966): Chemical relaxation. An introduction to theorie and application of stepwise perturbation. Marcel Dekker, Inc. New York.

Dainty, J. (1963): Water Relations of plant cells. Adv. Bot. Res. Vol. 1, 279–324.

Dalziel, K. (1968): A kinetic interpretation of the allosteric model of Monod, Wyman and Changeux. FEBS Letters 1, 346–348.

D'ans/Lax (1967): Taschenbuch für Chemiker und Physiker. Springer Verlag, Berlin, Heidelberg, New York.

De Groot, S. R. (1951): Thermodynamics of irreversible Processes. North Holland, Amsterdam.

Dowd, J. E., D. S. Riggs (1965): A comparison of estimates of Michaelis-Menten kinetic constants from various linear transformations. J. Biol. Chem. 240, 863–869.

Engel, P. C., K. Dalziel (1969): Kinetic studies of glutamate dehydrogenase with glutamate and norvaline as substrates. Coenzyme activation and negative homotropic interactions in allosteric enzymes. Biochem. J. 115, 621–631.

Florkin, M., E. H. Stotz (ed.) (1972): Comprehensive biochemistry Vol. 30. A history of biochemistry. Elsevier Publishing Company, Amsterdam, London, New York.

Frieden, C., R. G. Wolfe, Jr., R. A. Alberty (1957): Studies of the enzyme fumarase IV. The dependence of the kinetic constants at 25° on buffer concentration, composition and pH. J. Amer. Chem. Soc. 79, 1523.

Frieden, C. (1967): Treatment of enzyme kinetic data. II: The multisite case: Comparison of allosteric models and possible new mechanism. J. Biol. Chem. 242, 4045–4052.

Frieden, C. (1970): Kinetic aspects of regulation of metabolic processes. The hysteretic enzyme concept. J. Biol. Chem. 245, 5788–5799.

Frieden, C. (1979): Slow transitions and hysteretic behavior in enzymes. Ann. Rev. Biochem. 48, 471–489.

Fromm, H. J. (1975): Initial rate enzyme kinetics in: Molecular Biology, Biochemistry and Biophysics 22. Eds. A. Kleinzeller, G. F. Springer, H. G. Wittmann. Springer-Verlag Berlin, Heidelberg, New York.

Frost, A. A., R. G. Pearson (1964): Kinetik und Mechanismus homogener chemischer Reaktionen Verlag Chemie GmbH, Weinheim Bergstraße.

Guggenheim, A. E. (1926): On the determination of the velocity constant of a unimolecular reaction. Philosophical Magazine 2, 538–543.

Gutfreund, H. (1972): Enzymes: Physical prinziples. Wiley-Interscience, London, New York, Sydney, Toronto.

Haken, H. (1978): Synergetics. Nonequilibrium phase transitions and self-organization in Physics, Chemistry and Biology. Springer-Verlag, Berlin, Heidelberg, New York.

Hammes, G. G., R. E. Cathau (1964): Relaxation spectra of Ribonuclease. I. The interaction of Ribonuclease with cytidine 3'-phosphate. J. Amer. Chem. Soc. 86, 3240–3245.

Hammes, G. G., Th. E. French (1965): Relaxation spectra of Ribonuclease. II. Isomerization of Ribonuclease at neutral pH values. J. Amer. Chem. Soc. 87, 4669–4673.

Hammes, G. G., R. E. Cathau (1965): Relaxation spectra of Ribonuclease. III. Further investigation of the interaction of Ribonuclease and cytidine 3'-phosphate. J. Amer. Chem. Soc. 87, 4674–4680.

Hammes, G. G., J. E. Erman (1966): Relaxation spectra of Ribonuclease. IV. The interaction of Ribonuclease with cytidine 2',3'-cyclic phosphate. J. Amer. Chem. Soc. 88, 5607–5614.

Hammes, G. G., J. E. Erman (1966): Relaxation spectra of Ribonuclease. V. The interaction of Ribonuclease with cytidyl-3',5'-cytidine. J. Amer. Chem. Soc. 88, 5614–5617.

Hammes, G. G. (1968): Relaxation spectrometry of biological systems in C. B. Anfinsen, Jr., M. L. Anson, J. T. Edsall, F. M. Richards (eds.). Advances in protein chemistry Vol. 23, p. 1–54. Acad. Press, New York, London.

Hammes, G. G. (1968): Relaxation spectrometry of biological systems. Adv. Prot. Chem. 23, 1–54.

Hammes, G. G., R. A. Alberty (1960): The relaxation spectra of simple enzymatic mechanisms. J. Amer. Chem. Soc. 82, 1564–1569.

Heinrich, R., T. Rapoport (1974): A linear steady-state treatment of enzymatic chains. Eur. J. Biochem. 42, 89–95.

Heinrich, R., T. Rapoport (1977): Ist der steady-state eine nützliche Fiktion? in: S. M. Rapoport (ed.): Biologische Regulation durch intermolekulare Wechselwirkungen. VEB Verlag Volk und Gesundheit, p. 147–156.

Heinrich, R., S. M. Rapoport, T. A. Rapoport (1977): Metabolic regulation and mathematical models. Prog. Biophys. Molec. Biol. 32, 1–82.

Henis, Y. J., A. Levitzki (1980): The sequential nature of the negative cooperativity in rabbit muscle glyceraldehyde 3-phosphate dehydrogenase. Eur. J. Biochem. 112, 59–73.

Hess, B., K. Brand (1965): Enzyme and metabolic profiles, in B. Chance, R. W. Estrabrook, J. R. Williamson (eds.). Control of energy metabolism. Acad. Press, London, New York, pp. 111–112.

Hess, B. (1973): Organization of glycolysis: Oscillatory and stationary control in: Symposia of the society for experimental biology XXVII. D. D. Davies (ed.). Rate control of biological processes. Cambridge: At the University Press, pp. 105–133.

Higgins, J. (1965): Dynamics and control in cellular reactions in: Control of energy metabolism (B. Chance, R. W. Estabrook and J. R. Williams, eds.). Acad. Press, New York, London, pp. 13–46.

Hill, A. V. (1913): The combinations of haemoglobin with oxygen and with carbon monoxide. Biochem. J. 7, 471–480.

Hill, Ch. M., R. D. Waight, W. G. Bardsley (1977): Does any enzyme follow the Michaelis-Menten equation? Mol. and Cellular Biochem. 15, 173–178.

Höfer, M. (1977): Transport durch biologische Membranen. Das Konzept der Trägerkatalyse. Verlag Chemie, Weinheim, New York.

Jencks, W. P. (1975): Binding energy, specifity and enzymic catalysis: The circe effect, in: A. Meister (ed.). Advances in enzymology 43, pp. 220–402. John Wiley & Sons, New York, London, Sydney, Toronto.

Klotz, J. M. (1971): Energetik biochemischer Reaktionen. Eine Einführung. G. Thieme Verlag, Stuttgart, 2. Auflage.

Koshland, D. E., Jr. (1969): Conformational aspects of enzyme regulation in: B. L. Horecker, E. R. Stadtmann (eds.). Current topics in cellular regulation Vol. 1, p. 1–26. Acad. Press, New York, London.

Koshland, D. E., Jr., G. Nemethy, D. Filmer (1966): Comparison of experimental binding data and theoretical models in proteins containing subunits. Biochemistry 5, 365–385.

Koshland, D. E., Jr. (1970): The molecular basis for enzyme regulation, in: P. D. Boyer (ed.). The enzymes, I. Structure and control. Acad. Press, New York, London, 3rd Edition.

Kurganov, B. J., A. J. Dorozhko, S. Kagan, V. A. Yakoulev (1976): The theoretical analysis of kinetic behavior of „Hysteretic" allosteric enzymes. I. The kinetic manifestations of slow conformational change of an oligomeric enzyme in the Monod, Wyman and Changeux Model. J. Theor. Biol. 60, 247–269.

Laidler, K. J. (1958): The chemical kinetics of enzyme action. Oxford, at the Clarendon Press.

Laidler, K. J. (1978): Physical chemistry with biological application. The Benjamin/Cummings Publishing Co., Inc. Menlo Park, California.

Lauffer, M. A. (1975): Entropy driven processes in biology. Springer-Verlag, Berlin, Heidelberg, New York.

Lehninger, A. L. (1974): Bioenergetik. Molekulare Grundlagen der biologischen Energieumwandlung. G. Thieme Verlag Stuttgart, 2. Auflage.

Lehninger, A. L. (1977): Biochemie. 2. Auflage, Verlag Chemie, Weinheim, New York.

Levitzki, A. (1978): Quantitative aspects of allosteric mechanisms, in: Molecular biology, biochemistry and biophysics. Vol. 28, Springer-Verlag, Heidelberg.

Levitzki, A., D. E. Koshland, Jr. (1976): The role of negative cooperativity and half-of-the sites reactivity in enzyme regulation, in: B. L. Horecker, E. R. Stadtmann (eds.). Current topics in cellular regulation 10, 2–38.

Lumper, L. (1964): Grundlagen der Kinetik enzymatisch katalysierter Reaktionen, in: Hoppe-Seyler, Tierfelder. Handbuch der Physiologisch- und Phatologisch-Chemischen Analyse. Enzyme, Teil A. Springer-Verlag, Berlin, Heidelberg, Göttingen, New York, pp. 20–55.

Mahler, H. R., E. H. Cordes (1966): Biological chemistry. Harper and Row, New York, Evanston and London, and John Weatherhill, Inc., Tokyo.

Michaelis, L., M. L. Menten (1913): Die Kinetik der Invertinwirkung. Biochem. Ztschr. 49, 333–369.

Monod, J., J. Wyman, J. P. Changeux (1965): On the nature of allosteric transition: A plausible model. J. Mol. Biol. 12, 88–118.

Montgomery, R., Ch. A. Swenson (1969): Quantitative problems in the biochemical sciences. W. H. Freeman and Co., San Francisco.

Moore, W. J., D. O. Hummel (1976): Physikalische Chemie. 2. Auflage, W. de Gruyter, Berlin, New York.

Morris, J. G. (1976): Physikalische Chemie für Biologen. Verlag Chemie, Weinheim, New York.

Morris, J. F. (1982): The slow-binding and slow, tight-binding inhibition of enzyme-catalyzed reactions. TIBS 7/3, 102–104.

Nari, J., Ch. Mouttet, F. Fouchier, J. Richard (1974): Subunit interactions in enzyme catalysis. Kinetic analysis of subunit interactions in the enzyme L-phenylalanine ammonialyase. Eur. J. Biochem. 41, 499–515.

Neet, K. E., G. R. Ainslie (1976): Cooperativity and slow transitions in the regulation of oligomeric and monomeric enzymes. TIBS Vol. 1, Nr. 7, 145–147.

Neet, K. E., G. R. Ainslie, Jr. (1980): Hysteretic enzymes in D. K. Purich (ed.). Enzyme kinetics and mechanism. Methods in enzymology. Vol. 64, 193–226. Acad. Press, New York, Toronto, Sydney, San Francisco.

Newsholm, E. A. (1980): Reflections on the mechanism of action of hormones. FEBS Letters 117, K 121– K 134.

Newsholm, E. A., B. Crabtree (1973): Metabolic aspects of enzyme activity regulation, in: Symposium XXVII. Rate control of biological processes. Cambridge: At the University Press, p. 429.

Newsholm, E. A., B. Crabtree (1979): Theoretical principles in the approaches to control of metabolic pathways and their application to glycolysis in muscle. J. Molec. and Cell. Cardiology 11, 839–856.

Newsholme, E. A., B. Crabtree (1976): Substrate cycles in metabolic regulation and in heat generation. Biochem. Soc. Symp. 41, 61–109.

Newsholm, E. A., C. Start (1977): Regulation des Stoffwechsels. Verlag Chemie, Weinheim, New York.

Ning, J., D. L. Purich, H. J. Fromm (1969): Studies of the kinetic mechanism and allosteric nature of bovine brain hexokinase. J. Biol. Chem. 244, 3840–3846.

Oosawa, F., S. Asakura (1975): Thermodynamics of the polymerization of protein. Acad. Press, London, New York, San Francisco.

Pace, C. N. (1980): Enzyme inhibition. TIBS 5, Nr. 7, 173–174.

Pahlich, E., Chr. Gerlitz (1980): Deviations from Michaelis-Menten behavior of plant glutamate dehydrogenase with ammonium as variable substrate. Phytochem. 19, 11–13.

Pahlich, E., H.-J. Jäger, E. Kaschel (1981): Thermodynamische Betrachtungen über die reversible Reaktionssequenz Glutamatdehydrogenase ⇌ Prolin. Ztschr. Pflanzenphysiologie 101/2, 137–144.

Pahlich, E., H.-J. Jäger, M. Horz (1982): Weitere Untersuchungen zur thermodynamischen Struktur der Biosynthesesequenz Glutaminsäure ⟷ Prolin in wassergestreßten Buschbohnen. Ztschr. Pflanzenphysiologie 105/5, 475–478.

Price, N. C. (1979): What is meant by "competitive inhibition"? TIBS Vol. 5, 11, N272–N273.

Prigogine, I. (1961): Introduction to thermodynamics of irreversible processes. J. Wiley & Sons, New York.

Prigogine, I., I. Stengers (1980): Dialog mit der Natur. Neue Wege naturwissenschaftlichen Denkens. Piper.

Raison, J. K. (1973): Temperature-induced phase changes in membrane lipides and their influence on metabolic regulation. In: D. D. Davies (ed.). Rate Control of biological processes. Symposia of the society for experimental biology XXVII Cambridge. At the University Press, pp. 485–512.

Rauen, H. M. (1964): Biochemisches Taschenbuch. Springer Verlag, Berlin, Göttingen, Heidelberg.

Ricard, J., J.-C. Meunier, J. Buc (1974): Regulatory behavior of monomeric enzymes. The mnemonical enzyme concept. J. Biochem. 49, 195–208.

Rolleston, F. S. (1972): A theoretical background to the use of measured concentrations of intermediates in study of the control of intermediary metabolism. Curr. Top. Cell. Reg. 5, 47–75.

Romanovsky, J. M., N. V. Stepanova, D. S. Chernavsky (1974): Kinetische Modelle in der Biophysik. VEB, Gustav Fischer Verlag, Jena.

Röpke, H., I. Riemann (1968): Analogcomputer in Chemie und Biologie. Springer-Verlag, Berlin, Heidelberg, New York.

Rosen, R. (1968): Some comments on the physico-chemical description of biological activity. J. Theor. Biol. 18, 380–386.

Rudolph, F. B., H. J. Fromm (1969): Initial rate studies of adenylosuccinat synthetase with product and competitive inhibitors. J. Biol. Chem. 244, 3832–3846.

Sanwal, B. D., R. A. Cook (1966): Effect of adenylic acid on the regulation of nicotinamide-adenine dinucleotide specific isocitrate dehydrogenase. Biochemistry 5, 886–894.

Scott, E. M., R. Powell (1948): Kinetics of fumarase system. J. Amer. Chem. Soc. 70, 1104–1107.

Segel, J. H. (1975): Enzyme kinetics. John Wiley and Sons, New York, London, Sydney, Toronto.

Skrabal, A. (1941): Homogenkinetik. Verlag Theodor Steinkopff, Dresden, Leipzig.

Slater, E. C. (1955): Calculation of the rate constants of the reaction between an enzyme and its substrate from the overall kinetics of the reaction catalyzed by the enzyme. Discuss. Faraday Soc. 20, 231–240.

Slater, E. C. (1980): What is meant by "competitive inhibition"? TIBS Vol. 5, Nr. 4, X–XI.

Slater, E. C. (1981): Maxwells demons and enzymes. TIBS, Vol. 6, 280–281.

Sollberger, A. (1965): Biological rhythm research. Elsevier Publishing Comp. Amsterdam, London, New York.

Stucki, J. W. (1978): Stability analysis of biochemical systems – A practicle guide. Prog. Biophys. Molec. Biol. 33, 99–187.

Swinebourne, E. S. (1975): Auswertung und Analyse kinetischer Messungen. Taschentext 37, Verlag Chemie, Weinheim.

Taketa, K., B. M. Powell (1965): Allosteric inhibition of rat liver fructose-1,6-diphosphatase by adenosine 5'-monophosphate. J. Biol. Chem. 240, 651–662.

Thauer, R. K., K. Jungermann, K. Decker (1972): Energy conservation in chemotropic anaerobic bacteria. Bact. Rev. 41, 100–180.

Walker, D. A. (1976): CO_2-Fixation by intact chloroplasts: photosynthetic induction and its relation to transport phenomena and control mechanisms, Tab. 1, p. 263, in: J. Barber (ed.). The intact chloroplast. Elsevier Sci. Publ. Comp., Amsterdam, New York, Oxford.

Webb, J. L. (1963): Enzyme and metabolic inhibitors. Vol. 1, Acad. Press, New York, London.

Whitehead, E. (1970): The regulation of enzyme activity and allosteric transition. Progr. Biophys. Mol. Biol. 21, 321–396.

Wieker, H.-J., K.-J. Johannes, B. Hess (1970): A computer program for the determination of kinetic parameters from sigmoidal steady-state kinetics. FEBS Letters 8, 178–185.

Wilkinson, G. N. (1961): Statistical estimation of enzyme kinetics. Biochem. J. 80, 324.

Wong, J., Tze-Fei (1975): Kinetics of enzyme mechanisms. Acad. Press, London, New York, San Francisco.

Yon, R. J. (1972): Wheat-germ aspartate transcarbamylase. Kinetic behavior suggesting an allosteric mechanism of regulation. Biochem. J. 128, 311–320.

Yun, S. L., C. H. Suelter (1977): A simple method for calculating K_M and V from a single enzyme reaction progress curve. Biophys. Biochim. Acta 480, 1–13.

Sachwortverzeichnis

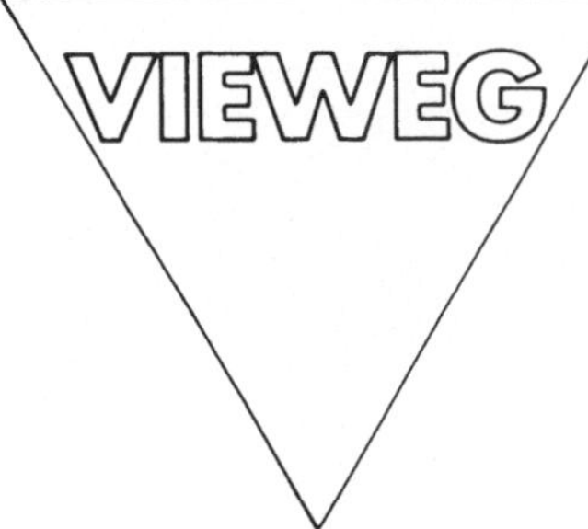

Das große Lehrbuch
und Nachschlagewerk in der 2. Auflage

Lubert Stryer

Biochemie

2., neubearb. Aufl. 1983. IX, 750 S. mit 980 meist mehrfarb. Abb. 22,5 X 24,5 cm. Gbd.

Inhalt: Moleküle und Leben: Konformation und Dynamik — Erzeugung und Speicherung der Stoffwechselenergie — Biosynthese der Vorstufen von Makromolekülen — Information — Molekularphysiologie — Anhang — Lösungen zu den Aufgaben — Register.

Das enorme Anwachsen des biochemischen Wissensstoffes machte eine überarbeitete Auflage des bewährten Lehrbuches nötig. Hierbei ist nicht nur eine Anpassung der einzelnen Kapitel und der Literaturzitate an den neuesten Stand der Forschung erfolgt, das Buch hat außerdem eine Erweiterung um zwei vollständig neue Kapitel erfahren. Das eine befaßt sich mit der Koordination und Steuerung der Stoffwechselvorgänge, das andere mit einem heute hochaktuellen Thema, mit den Möglichkeiten zur Genveränderung — einem Problemkreis, der die Wissenschaft noch einige Zeit beschäftigen wird.

Das Lehrbuch ist für Studenten der Biochemie, der Biologie und der Medizin geschrieben. Für Medizinstudenten ist dem Buch eine Synopse beigefügt, die den Inhalt in bezug auf die Anforderungen des Gegenstandskatalogs aufschlüsselt.

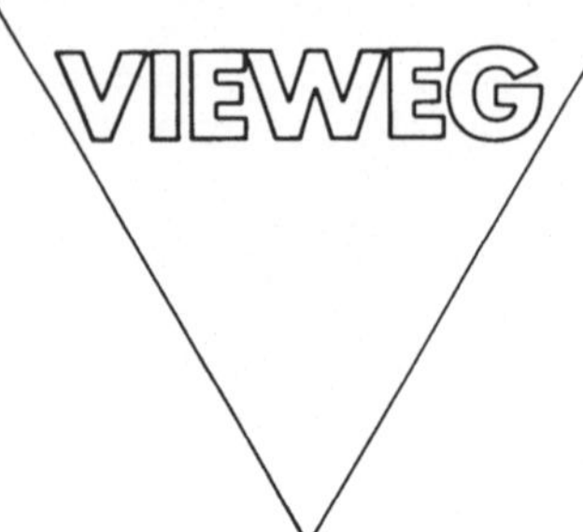

Hans-Peter Kinder, Gerhard Osius und Jürgen Timm

Statistik für Biologen und Mediziner

Mit 48 Abb. 1982. XIII, 379 S. 16,2 X 22,9 cm. (uni-text, Skriptum.) Pb.

Inhalt: Werkzeuge der Modellbildung: Grundbegriffe der Wahrscheinlichkeitsrechnung — Präzisierung der Fragestellung — Modellbildung — Versuchsplanung — Beschreibung des rohen Versuchsergebnisses: Datenverarbeitung — Präzisierung des Modells: Schätzen von Modellparametern — Schlußfolgerungen aus dem Versuch: Testen von Hypothesen.

Das Buch behandelt die für die Planung und Auswertung biologisch-medizinischer Experimente und Beobachtungen wichtigen Grundprinzipien der angewandten Statistik. Besondere Kennzeichen sind:

— Anwendungsorientierter Aufbau (von der Versuchsplanung und Modellierung bis zur Auswertung),
— Erläuterung wichtiger Begriffe und Methoden an umfangreichen Beispielen aus Biologie und Medizin,
— Taschenrechner adäquate Darstellung (u.a. Flußdiagramme und Programmierhinweise).